◉ 電気・電子工学ライブラリ ◉
UKE-ex.1

演習と応用
電気磁気学

湯本雅恵・澤野憲太郎 共著

数理工学社

編者のことば

電気磁気学を基礎とする電気電子工学は，環境・エネルギーや通信情報分野など社会のインフラを構築し社会システムの高機能化を進める重要な基盤技術の一つである．また，日々伝えられる再生可能エネルギーや新素材の開発，新しいインターネット通信方式の考案など，今まで電気電子技術が適用できなかった応用分野を開拓し境界領域を拡大し続けて，社会システムの再構築を促進し一般の多くの人々の利用を飛躍的に拡大させている．

このようにダイナミックに発展を遂げている電気電子技術の基礎的内容を整理して体系化し，科学技術の分野で一般社会に貢献をしたいと思っている多くの大学・高専の学生諸君や若い研究者・技術者に伝えることも科学技術を継続的に発展させるためには必要であると思う．

本ライブラリは，日々進化し高度化する電気電子技術の基礎となる重要な学術を整理して体系化し，それぞれの分野をより深くさらに学ぶための基本となる内容を精査して取り上げた教科書を集大成したものである．

本ライブラリ編集の基本方針は，以下のとおりである．

1) 今後の電気電子工学教育のニーズに合った使い易く分かり易い教科書．
2) 最新の知見の流れを取り入れ，創造性教育などにも配慮した電気電子工学基礎領域全般に亘る斬新な書目群．
3) 内容的には大学・高専の学生と若い研究者・技術者を読者として想定．
4) 例題を出来るだけ多用し読者の理解を助け，実践的な応用力の涵養を促進．

本ライブラリの書目群は，I 基礎・共通，II 物性・新素材，III 信号処理・通信，IV エネルギー・制御，から構成されている．

書目群 I の基礎・共通は 9 書目である．電気・電子通信系技術の基礎と共通書目を取り上げた．

書目群 II の物性・新素材は 7 書目である．この書目群は，誘電体・半導体・磁性体のそれぞれの電気磁気的性質の基礎から説きおこし半導体物性や半導体デバイスを中心に書目を配置している．

書目群 III の信号処理・通信は 5 書目である．この書目群では信号処理の基本から信号伝送，信号通信ネットワーク，応用分野が拡大する電磁波，および電気電子工学の医療技術への応用などを取り上げた．

書目群IVのエネルギー・制御は10書目である．電気エネルギーの発生，輸送・伝送，伝達・変換，処理や利用技術とこのシステムの制御などである．

「電気文明の時代」の20世紀に引き続き，今世紀も環境・エネルギーと情報通信分野など社会インフラシステムの再構築と先端技術の開発を支える分野で，社会に貢献し活躍を望む若い方々の座右の書群になることを希望したい．

2011年9月

編者 松瀬貢規 湯本雅恵
西方正司 井家上哲史

「電気・電子工学ライブラリ」書目一覧

書目群I（基礎・共通）	書目群III（信号処理・通信）
1 電気電子基礎数学	1 信号処理の基礎
2 電気磁気学の基礎	2 情報通信工学
3 電気回路	3 情報ネットワーク
4 基礎電気電子計測	4 基礎 電磁波工学
5 応用電気電子計測	5 生体電子工学
6 アナログ電子回路の基礎	**書目群IV（エネルギー・制御）**
7 ディジタル電子回路	1 環境とエネルギー
8 ハードウェア記述言語によるディジタル回路設計の基礎	2 電力発生工学
9 コンピュータ工学	3 電力システム工学の基礎
書目群II（物性・新素材）	4 超電導・応用
1 電気電子材料工学	5 基礎制御工学
2 半導体物性	6 システム解析
3 半導体デバイス	7 電気機器学
4 集積回路工学	8 パワーエレクトロニクス
5 光・電子工学	9 アクチュエータ工学
6 高電界工学	10 ロボット工学
7 電気電子化学	別巻1 演習と応用 電気磁気学
	別巻2 演習と応用 電気回路
	別巻3 演習と応用 基礎制御工学

はじめに

電気現象の本質は電荷の存在と，その移動によって引き起こされる．これらの現象を体系的にまとめたのが電気磁気学である．したがって，電気磁気学は電気系分野の基礎を支える重要な学問体系になっている．

本書は本ライブラリの『電気磁気学の基礎』を補完する位置づけとし，各章の初めに章で重要な項目をまとめた．また，各節の初めには問題の解法のポイントを整理したのちに，基本的な問題の解法を紹介し，さらに応用問題を解説する構成にしてある．つまり，「電気磁気学の基礎」で取り上げた例題の中から基本的な内容と章末の問題に加え，新しい問題も数多く取り上げた．各節ごとに加えた問題では基本的な内容の設問を選び，それぞれの問題に対して詳しい解説を巻末に加えてある．全体を通して，電気主任技術者の試験（電験）で出題された問題など，実用的な視点に立った問題も多く採用するようにし，基礎から応用のレベルまで幅広い問題を取り上げている．なお，電験の問題は制度変更後，答を選択する 5 肢択一の形式になったが，本書では答を誘導する問いかけに修正して掲載している．また，章末にも問題を用意したが，これらの問題に関しては各自で力試しのために取り組んでほしい．したがって，これらの問題に対しては解説は省き，解答のみを巻末に記載するにとどめてある．

本書全体を通し，ベクトルの扱いを丁寧に表記するようにしてある．また，物理現象を表現する上で単位が重要な意味を持つ．解答途中における式の展開のミスなどを見つけ出す上でも単位のチェックは有効である．そこで，本文の中に単位を丁寧に記述することは，『電気磁気学の基礎』と同等の扱いとした．

本書出版にあたり，数理工学社の編集諸氏には，このような場を与えていただくとともに，多大なるご支援を賜り，心から感謝の意を表す．

2013 年 10 月

湯本雅恵・澤野憲太郎

目　次

第4章

定常電流 81

第5章

電流と静磁界 93

第6章

磁性体と静磁界 115

電気用図記号について

本書の回路図は，JIS C 0617 の電気用図記号の表記（表中列）にしたがって作成したが，実際に作業現場や論文などでは従来の表記（表右列）を用いる場合も多い．参考までによく使用される記号の対応を以下の表に表す．

	新 JIS 記号（C 0617）	旧 JIS 記号（C 0301）
電気抵抗，抵抗器		
スイッチ	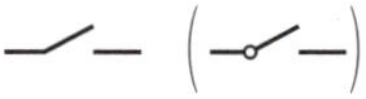	
半導体（ダイオード）	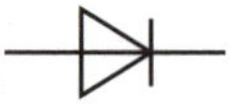	
接地（アース）	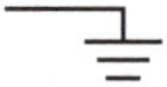	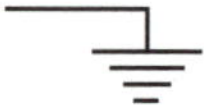
インダクタンス，コイル		
電源	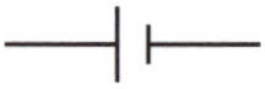	

第1章

空間における静電界

第１章では，電荷が空間に存在することにより引き起こされる現象と，それに関わる物理量を理解する．具体的には，電荷間に発生する力を説明するために「電界」という場の概念を導入する．なお，時間と場所に対して変動の無い電界の場を「静電界」と呼ぶ．その際，力には方向の表現が不可欠である．そこで，方向を有するベクトル量を扱うために，座標とベクトルとの扱いを学び，問題の解法を通して電界の性質を学ぶ．さらに，電界の場で定義される位置のエネルギー（ポテンシャル）の概念を問題の解法を通して修得する．

第 1 章の重要項目

◎電荷間にはクーロン力 $\boldsymbol{F}$ [N] が働く．これを，電荷 q [C] が電荷の周りの空間に電気的な力を生む能力を有した場を発生すると解釈し，(1.1) 式のように**電界** $\boldsymbol{E}$ を定義する．第 1 章では，電界が時間的に変化しない**静電界**を扱う．なお，電界の単位は $[\mathrm{N \cdot C^{-1}}]$ であるが，工学の分野では $[\mathrm{V \cdot m^{-1}}]$ を用いる．

$$\boldsymbol{E} = \frac{\boldsymbol{F}}{q}\ [\mathrm{V \cdot m^{-1}}] \tag{1.1}$$

◎力に関わる現象は方向の表現が必要になり，したがって，電界はベクトル量である．それを表現するには座標の扱いが重要である．電気磁気学の分野では直角座標系，円柱座標系および球座標系の 3 つが用いられる．

- **直角座標系**では座標の各方向を示す単位ベクトル $(\boldsymbol{a}_x, \boldsymbol{a}_y, \boldsymbol{a}_z)$ を用い，原点から任意の点 $\mathrm{P}(x, y, z)$ までを結ぶ距離ベクトル $\boldsymbol{r}$ [m] を (1.2) 式で表現する．

$$\boldsymbol{r} = (x\boldsymbol{a}_x + y\boldsymbol{a}_y + z\boldsymbol{a}_z)\ [\mathrm{m}] \tag{1.2}$$

原点に電荷が存在する場合，任意の点 $\mathrm{P}(x, y, z)$ の電界の方向は，(1.3) 式で表現される距離ベクトルの方向を示す単位ベクトル $\boldsymbol{r}_0$ を用いる．

$$\boldsymbol{r}_0 = \frac{x\boldsymbol{a}_x + y\boldsymbol{a}_y + z\boldsymbol{a}_z}{\sqrt{x^2 + y^2 + z^2}} \tag{1.3}$$

任意の 2 点間の距離ベクトルは，原点からそれぞれの点までの距離ベクトルの差を表現すればよい．

- **円柱座標系**は軸対称形状の解析に便利であり，座標の各方向を示す単位ベクトルを $(\boldsymbol{a}_r, \boldsymbol{a}_\theta, \boldsymbol{a}_z)$ と表現し，原点から任意の点 $\mathrm{P}(r, \theta, z)$ までの距離ベクトル $\boldsymbol{r}$ [m]，ならびに P 点の方向を示す単位ベクトル $\boldsymbol{r}_0$ は (1.4) 式のように表現する．

$$\begin{aligned} \boldsymbol{r} &= r\boldsymbol{a}_r + z\boldsymbol{a}_z, \\ \boldsymbol{r}_0 &= \frac{r\boldsymbol{a}_r + z\boldsymbol{a}_z}{\sqrt{r^2 + z^2}} \end{aligned} \tag{1.4}$$

- **球座標系**は点対称形状の解析に便利であり，$(\boldsymbol{a}_r, \boldsymbol{a}_\theta, \boldsymbol{a}_\varphi)$ を用い，原点から任意の点 $\mathrm{P}(r, \theta, \varphi)$ までの距離ベクトル $\boldsymbol{r}$ [m]，ならびに P 点の方向を示す単位ベクトル $\boldsymbol{r}_0$ は (1.5) 式のように表現する．

$$\begin{aligned} \boldsymbol{r} &= r\boldsymbol{a}_r, \\ \boldsymbol{r}_0 &= \boldsymbol{a}_r \end{aligned} \tag{1.5}$$

なお，円柱座標と球座標の各方向を示す単位ベクトルには円弧成分が存在するため，任意の 2 点間の距離を表現するには注意が必要である．

◎電界の算出法

- **クーロンの法則**を用いる．

(1)　点電荷が作る電界は

$$\begin{aligned}\boldsymbol{E} &= \frac{Q}{4\pi\varepsilon_0 r^2}\boldsymbol{r}_0 \\ &= \frac{Q\boldsymbol{r}}{4\pi\varepsilon_0 r^3}\,[\mathrm{V\cdot m^{-1}}]\end{aligned} \tag{1.6}$$

(2)　電荷が分布する場合は点電荷の作る電界を積分する．

$$\begin{aligned}\boldsymbol{E} &= \int \frac{dQ}{4\pi\varepsilon_0 r^2}\boldsymbol{r}_0 \\ &= \int \frac{dQ\boldsymbol{r}}{4\pi\varepsilon_0 r^3}\,[\mathrm{V\cdot m^{-1}}]\end{aligned} \tag{1.7}$$

- **ガウスの法則**を利用する．

$$\begin{aligned}\iint \boldsymbol{E}\cdot d\boldsymbol{S} &= \frac{Q}{\varepsilon_0} \\ &= \frac{1}{\varepsilon_0}\iiint \rho dv\end{aligned} \tag{1.8}$$

なお，微分形での表現は

$$\begin{aligned}\mathrm{div}\,\boldsymbol{E} &= \nabla\cdot\boldsymbol{E} \\ &= \frac{\rho}{\varepsilon_0}\end{aligned} \tag{1.9}$$

- 電位の傾きを算出する（電位の算出は次に示す）．

$$\begin{aligned}\boldsymbol{E} &= -\nabla V \\ &= -\,\mathrm{grad}\,V\end{aligned} \tag{1.10}$$

◎電位の定義と算出法

電位は重力場における位置エネルギーに対応し，力に沿った移動経路で電荷を移動させることにより定義する．

- 電位

$$\begin{aligned}V_{\mathrm{A}} &= -\int_{V\,=\,0\text{ の位置}}^{\mathrm{A}} \boldsymbol{E}\cdot d\boldsymbol{l} \\ &= -\int_{\infty}^{\mathrm{A}} \boldsymbol{E}\cdot d\boldsymbol{l}\,[\mathrm{V}]\end{aligned} \tag{1.11}$$

- 2 点間の電位差

$$V_{\mathrm{AB}} = -\int_{\mathrm{B}}^{\mathrm{A}} \boldsymbol{E}\cdot d\boldsymbol{l}\,[\mathrm{V}] \tag{1.12}$$

(1)　点電荷の作る電位は

$$V = \frac{Q}{4\pi\varepsilon_0 r}\,[\mathrm{V}] \tag{1.13}$$

(2)　電荷が分布する場合は点電荷の作る電位を積分する．

$$V = \int \frac{dQ}{4\pi\varepsilon_0 r}\,[\mathrm{V}] \tag{1.14}$$

1.1　電荷に働く力と電界

▶問題解法のポイント

◎クーロンの法則を用い電界を算出

- 点電荷が単独で存在する場合：(1.6) 式に示す $\boldsymbol{E} = \frac{Q}{4\pi\varepsilon_0 r^3}\boldsymbol{r}\,[\mathrm{V\cdot m^{-1}}]$ を用いる際に距離ベクトルを的確に表現する．
  - 点電荷の周りの任意の点の電界：球座標系を用い $\boldsymbol{r} = r\boldsymbol{a}_r\,[\mathrm{m}]$
  - 空間の任意の点にある電荷が任意の点に作る電界：直角座標系を用い図 1.1 に示すように

    原点から電荷のある位置までの距離ベクトル $\overrightarrow{\mathrm{OP_1}}$

    原点から電界を求める点までの距離ベクトル $\overrightarrow{\mathrm{OP_2}}$

    とすれば，点電荷の位置と電荷から任意の点までの距離ベクトル

$$\boldsymbol{r} = \overrightarrow{\mathrm{OP_2}} - \overrightarrow{\mathrm{OP_1}}\,[\mathrm{m}]$$

- 点電荷が複数存在する場合の電界は $\boldsymbol{E} = \sum_i \boldsymbol{E}_i\,[\mathrm{V\cdot m^{-1}}]$
- 電荷が連続して分布する場合：(1.7) 式に示す $\boldsymbol{E} = \int \frac{dQ}{4\pi\varepsilon_0 r^2}\boldsymbol{r}_0 = \int \frac{dQ\,\boldsymbol{r}}{4\pi\varepsilon_0 r^3}\,[\mathrm{V\cdot m^{-1}}]$ を用いる際，距離ベクトルとあわせ $dQ\,[\mathrm{C}]$ を的確に表現する．

線状に分布する場合	$dQ = \lambda dl\,[\mathrm{C}]$	なお $\lambda\,[\mathrm{C\cdot m^{-1}}]$ は線電荷密度
面状に分布する場合	$dQ = \sigma dS\,[\mathrm{C}]$	なお $\sigma\,[\mathrm{C\cdot m^{-2}}]$ は面電荷密度
体積状に分布する場合	$dQ = \rho dv\,[\mathrm{C}]$	なお $\rho\,[\mathrm{C\cdot m^{-3}}]$ は体積電荷密度

電荷の分布の形状に応じて，適切な座標系を用いて微小長さ，微小面積，微小体積を表現する．

真空の誘電率：$\varepsilon_0 = 8.85 \times 10^{-12}\,[\mathrm{F\cdot m^{-1}}]$

この値は物理定数であり，問の中で与えられていなくとも使用できる定数として受け止めるべきである．

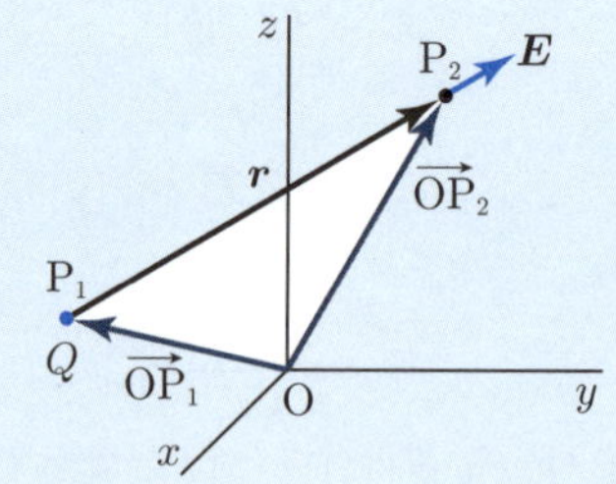

図 1.1　点電荷の位置と電荷から任意の点までの距離ベクトル

電気磁気現象に関わる問題を扱う前に，電気磁気学において用いられる座標と距離ベクトルの扱いを取り上げる．

例題 1.1

3 種類の座標系における距離ベクトルを単位ベクトルを用いて表記せよ．

(1)　直角座標系において，原点 $\mathrm{O}(0,0,0)$ と点 $\mathrm{P}_1(x_1, y_1, z_1)$ との間の $\overrightarrow{\mathrm{OP_1}}$

(2)　直角座標系において，点 $\mathrm{P}_1(x_1, y_1, z_1)$ と点 $\mathrm{P}_2(x_2, y_2, z_2)$ との間の $\overrightarrow{\mathrm{P_1P_2}}$

(3)　円柱座標系において，原点 $\mathrm{O}(0,0,0)$ と点 $\mathrm{P}(r, \theta, z)$ との間の $\overrightarrow{\mathrm{OP}}$

(4)　球座標系において，原点 $\mathrm{O}(0,0,0)$ と点 $\mathrm{P}(r, \theta, \varphi)$ との間の $\overrightarrow{\mathrm{OP}}$

【解答】　(1)　直角座標系では座標の各方向を示す単位ベクトル $(\boldsymbol{a}_x, \boldsymbol{a}_y, \boldsymbol{a}_z)$ を用い，原点から点 $\mathrm{P}_1(x_1, y_1, z_1)$ との間の距離ベクトル $\overrightarrow{\mathrm{OP_1}}$ は

$$\overrightarrow{\mathrm{OP_1}} = x_1\boldsymbol{a}_x + y_1\boldsymbol{a}_y + z_1\boldsymbol{a}_z \ [\mathrm{m}]$$

となる．

(2)　原点から任意の点までの距離ベクトルは (1) で表現できるから，2 点間の距離ベクトルは

$$\begin{aligned}\overrightarrow{\mathrm{P_1P_2}} &= \overrightarrow{\mathrm{OP_2}} - \overrightarrow{\mathrm{OP_1}} \\ &= (x_2 - x_1)\boldsymbol{a}_x + (y_2 - y_1)\boldsymbol{a}_y + (z_2 - z_1)\boldsymbol{a}_z \ [\mathrm{m}]\end{aligned}$$

となる．

(3)　距離とは 2 点間の最短経路であるから，円弧を単位ベクトルとする成分は最短経路にはなり得ない．したがって，θ 成分は含まれず

$$\overrightarrow{\mathrm{OP}} = r\boldsymbol{a}_r + z\boldsymbol{a}_z \ [\mathrm{m}]$$

となる．

(4)　(3) と同様であり

$$\overrightarrow{\mathrm{OP}} = r\boldsymbol{a}_r \ [\mathrm{m}]$$

となる．■

例題 1.2

真空中に 6 個の電荷が一辺 r [m] の正六角形の頂点 $P_1, P_2, P_3, P_4, P_5, P_6$ に置かれている．各電荷の絶対量は等しく Q [C] であるが，P_1, P_3, P_5 にある電荷は正，P_2, P_4, P_6 にある電荷は負である．P_1 に置かれた電荷に働く力を求めよ．

（H19 電験二種問題改）

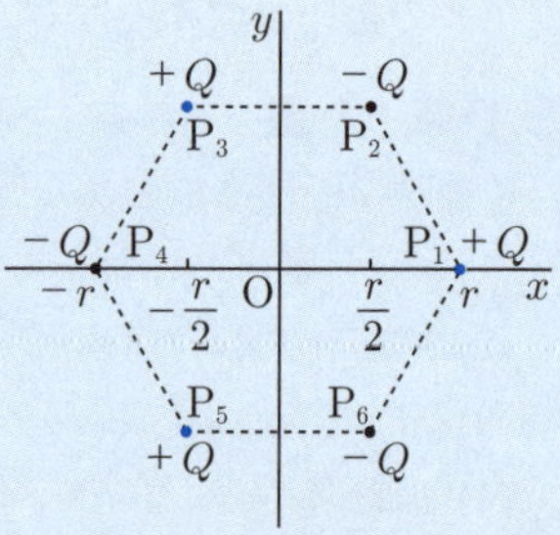

図 1.2　電荷の配置と座標

【解答】 図 1.2 に示すように，P_1 と P_4 を結ぶ直線を x 軸とし，その中点を原点，原点から P_1 方向を x 軸の正方向と定める．各電荷の位置から P_1 までの距離ベクトルを $\boldsymbol{r}_{i1}$ [m] とすれば，原点から各点までの距離は r [m] であり，x 軸とのなす角度を用いると P_2-P_1 間，P_6-P_1 間は次式となる．

$$\boldsymbol{r}_{21} = (r - r\cos 60^\circ)\boldsymbol{a}_x + (0 - r\sin 60^\circ)\boldsymbol{a}_y = \tfrac{r}{2}\boldsymbol{a}_x - \tfrac{\sqrt{3}}{2}r\boldsymbol{a}_y \text{ [m]}$$

$$\boldsymbol{r}_{61} = \{r - r\cos(-60^\circ)\}\boldsymbol{a}_x + \{0 - r\sin(-60^\circ)\}\boldsymbol{a}_y = \tfrac{r}{2}\boldsymbol{a}_x + \tfrac{\sqrt{3}}{2}r\boldsymbol{a}_y \text{ [m]}$$

P_3-P_1 間，P_5-P_1 間は同様に

$$\begin{aligned}\boldsymbol{r}_{31} &= (r + r\cos 60^\circ)\boldsymbol{a}_x + (0 - r\sin 60^\circ)\boldsymbol{a}_y \\ &= \tfrac{3}{2}r\boldsymbol{a}_x - \tfrac{\sqrt{3}}{2}r\boldsymbol{a}_y \text{ [m]} \\ \boldsymbol{r}_{51} &= \{r + r\cos(-60^\circ)\}\boldsymbol{a}_x + \{0 - r\sin(-60^\circ)\}\boldsymbol{a}_y \\ &= \tfrac{3}{2}r\boldsymbol{a}_x + \tfrac{\sqrt{3}}{2}r\boldsymbol{a}_y \text{ [m]}\end{aligned}$$

となる．図 1.2 より，P_2 と P_6 にある電荷が作る電界，並びに P_3 と P_5 の電荷が作る電界の y 軸成分は打ち消される．また，$\boldsymbol{r}_{41} = 2r\boldsymbol{a}_x$ [m] であるから，それぞれの電荷による力を $\boldsymbol{F}_{i1}$ [N] とすれば，全電荷により P_1 にある電荷に働く力は

$$\begin{aligned}\boldsymbol{F} &= \boldsymbol{F}_{21} + \boldsymbol{F}_{61} + \boldsymbol{F}_{31} + \boldsymbol{F}_{51} + \boldsymbol{F}_{41} \\ &= \frac{1}{4\pi\varepsilon_0}\left(\frac{-Q^2}{r_{21}^3}\boldsymbol{r}_{21} + \frac{-Q^2}{r_{61}^3}\boldsymbol{r}_{61} + \frac{Q^2}{r_{31}^3}\boldsymbol{r}_{31} + \frac{Q^2}{r_{51}^3}\boldsymbol{r}_{51} + \frac{-Q^2}{r_{41}^3}\boldsymbol{r}_{41}\right) \\ &= \frac{Q^2}{4\pi\varepsilon_0}\left(\frac{-r}{r^3} + \frac{3r}{(\sqrt{3}r)^3} + \frac{-2r}{(2r)^3}\right)\boldsymbol{a}_x \\ &= \frac{Q^2}{4\pi\varepsilon_0 r^2}\left(-1 + \frac{1}{\sqrt{3}} - 0.25\right)\boldsymbol{a}_x \\ &= \frac{Q^2}{4\pi\varepsilon_0 r^2}\left(\frac{1}{\sqrt{3}} - 1.25\right)\boldsymbol{a}_x \text{ [N]}\end{aligned}$$

力の向きは，負になるから原点の方向に働く．■

例題 1.3

図 1.3 に示すように x 軸上で $2a$ [m] 離れた点に，それぞれ $+Q$ と $-Q$ [C] が置かれている．点 $\mathrm{P}(x, y)$ の電界を求めよ．

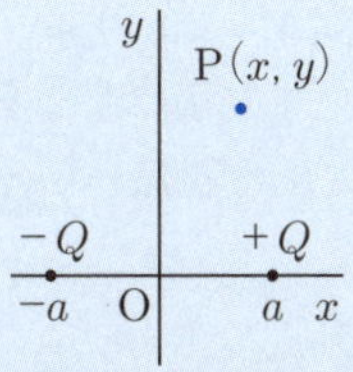

図 1.3　点電荷の配置

【解答】　原点から点 $\mathrm{P}(x, y)$ までの距離ベクトル $\boldsymbol{r}$ は $\boldsymbol{r} = x\boldsymbol{a}_x + y\boldsymbol{a}_y$ [m] であり，原点から $+Q$ [C] の置かれた位置までの距離ベクトル $\boldsymbol{r}_+$ は $\boldsymbol{r}_+ = a\boldsymbol{a}_x + 0\boldsymbol{a}_y$ [m] と表現できる．図 1.3 に示すように P 点の電界の向きは P 点と $+Q$ [C] の存在する点を結ぶ線分の電荷から P 点の方向になる．2 点間の距離ベクトルを $\boldsymbol{r}_{\mathrm{P}+}$ と表現すれば，距離ベクトルは

$$\boldsymbol{r}_{\mathrm{P}+} = \boldsymbol{r} - \boldsymbol{r}_+ = (x-a)\boldsymbol{a}_x + y\boldsymbol{a}_y \ [\mathrm{m}]$$

と表現でき，$+Q$ [C] が点 $\mathrm{P}(x, y)$ に作る電界は次式になる．

$$\boldsymbol{E}(x, y) = \frac{1}{4\pi\varepsilon_0}\frac{Q\left\{(x-a)\boldsymbol{a}_x + y\boldsymbol{a}_y\right\}}{\{(x-a)^2+y^2\}^{3/2}} \ [\mathrm{V\cdot m^{-1}}]$$

$-Q$ [C] の電荷による電界も同様に表現できるから，全体としては

$$\boldsymbol{E}(x, y) = \frac{Q}{4\pi\varepsilon_0}\left[\frac{(x-a)\boldsymbol{a}_x + y\boldsymbol{a}_y}{\{(x-a)^2+y^2\}^{3/2}} - \frac{(x+a)\boldsymbol{a}_x + y\boldsymbol{a}_y}{\{(x+a)^2+y^2\}^{3/2}}\right] \ [\mathrm{V\cdot m^{-1}}]$$

■

例題 1.4

原点に $Q = 5.0$ [nC] の点電荷を置いた場合，$r = 5$ [m] と $r = 15$ [m] における電界を求めよ．なお，$\varepsilon_0 = 8.85 \times 10^{-12}$ [$\mathrm{F\cdot m^{-1}}$] である．

【解答】　点電荷の作る電界は球座標系で表現すれば

$$\boldsymbol{E} = \frac{Q}{4\pi\varepsilon_0 r^2}\boldsymbol{a}_r \ [\mathrm{V\cdot m^{-1}}]$$

と表現できる．つまり電界は原点（電荷の位置）から放射状に遠ざかる方向に発生するので電界は r 方向だけとなり，方向の扱いが簡便になる．そこで，数値を代入すれば

$$\begin{aligned} E_{r5} &= \frac{Q}{4\pi\varepsilon_0 r^2} = \frac{5\times10^{-9}}{4\pi\cdot 8.85\times10^{-12}\cdot 5^2} \\ &\simeq 9\times10^9\,\frac{5\times10^{-9}}{5^2} = 1.8 \ [\mathrm{V\cdot m^{-1}}] \\ E_{r15} &= \frac{Q}{4\pi\varepsilon_0 r^2} \\ &\simeq 9\times10^9\,\frac{5\times10^{-9}}{15^2} \\ &= 2.0\times10^{-1} \ [\mathrm{V\cdot m^{-1}}] \end{aligned}$$

■

例題 1.5

図 1.4 に示すように線電荷密度 $\lambda\,[\mathrm{C\cdot m^{-1}}]$ の電荷が z 軸上に無限に長く分布している．電荷から $a\,[\mathrm{m}]$ 離れた $z=0$ の平面上の点の電界を求めよ．

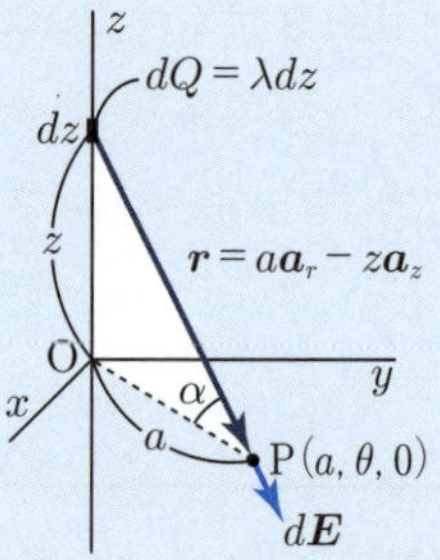

図 1.4　線電荷と電界

【解答】 軸対称形状の問題を解析する場合には円柱座標系が便利であり，P 点の座標を $(a,\theta,0)$ と表示する．また，線電荷を $dz\,[\mathrm{m}]$ の長さに細分化すると，点電荷と見なす電荷量を $dQ=\lambda dz\,[\mathrm{C}]$ と表わすことができる．原点から $z\,[\mathrm{m}]$ 離れた点 $(0,0,z)$ に存在する点電荷 dQ から P 点の方向を示す距離ベクトルは図 1.4 のように示せるので

$$\boldsymbol{r}=(a-0)\boldsymbol{a}_r+(0-z)\boldsymbol{a}_z\,[\mathrm{m}]$$

になる．距離とは，2 点間の最短経路であるから回転方向成分（θ 方向成分）が距離ベクトルには含まれない．したがって，点電荷 dQ が作る電界は $\boldsymbol{r}=a\boldsymbol{a}_r-z\boldsymbol{a}_z$ を用いて式をまとめれば

$$d\boldsymbol{E}=\frac{dQ}{4\pi\varepsilon_0 r^2}\boldsymbol{r}_0=\frac{dQ\boldsymbol{r}}{4\pi\varepsilon_0 r^3}$$
$$=\frac{\lambda dz(a\boldsymbol{a}_r-z\boldsymbol{a}_z)}{4\pi\varepsilon_0(a^2+z^2)^{3/2}}\,[\mathrm{V\cdot m^{-1}}]$$

となる．これを電荷が分布する範囲にわたり積分すれば，分布する電荷が作る電界を誘導できる．つまり

$$\boldsymbol{E}=\int_{-\infty}^{\infty}\frac{dQ\boldsymbol{r}}{4\pi\varepsilon_0 r^3}$$
$$=\int_{-\infty}^{\infty}\frac{\lambda(a\boldsymbol{a}_r-z\boldsymbol{a}_z)}{4\pi\varepsilon_0(a^2+z^2)^{3/2}}dz\,[\mathrm{V\cdot m^{-1}}]$$

を計算すればよい．これは置換積分を用いる典型的な関数である．つまり，$z=a\tan\alpha$ と変数変換すれば

$$a^2+z^2=a^2\frac{1}{\cos^2\alpha},\quad dz=\frac{a\,d\alpha}{\cos^2\alpha}$$

となる．積分範囲をとりあえず α_1 から α_2 として演算を進めると

$$\boldsymbol{E}=\frac{\lambda}{4\pi\varepsilon_0 a}\left[\sin\alpha\boldsymbol{a}_r+\cos\alpha\boldsymbol{a}_z\right]_{\alpha_1}^{\alpha_2}\,[\mathrm{V\cdot m^{-1}}]$$

となる．ここで，長さ方向に無限長であるから $\sin\alpha_2=1$, $\cos\alpha_2=0$, $\sin\alpha_1=-1$, $\cos\alpha_1=0$ になる．よって $\boldsymbol{E}=\frac{\lambda}{2\pi\varepsilon_0 a}\boldsymbol{a}_r\,[\mathrm{V\cdot m^{-1}}]$ となる． ■

例題 1.6

半径 a [m] の円周上に線電荷密度 λ [C·m^{-1}] で電荷が分布している．この電荷が作る円の中心軸上 z [m] の位置の電界を求めよ．

【解答】 電荷の分布が軸対称形状なので円柱座標系を用いる．先の［例題 1.5］と同様に図 1.5 に示すように円周上の電荷を細かく区切り，微小長さの電荷が作る電界を積分すればよい．電荷の位置から中心軸上 z [m] の位置までの距離ベクトルは

$$\boldsymbol{r} = -a\boldsymbol{a}_r + z\boldsymbol{a}_z \text{ [m]}$$

になる．また，円周方向の微小長さは $ad\theta$ [m] であるから，$\lambda ad\theta$ [C] の電荷が作る電界は

$$\begin{aligned} d\boldsymbol{E} &= \frac{dQ}{4\pi\varepsilon_0 r^2}\boldsymbol{r}_0 \\ &= \frac{dQ\boldsymbol{r}}{4\pi\varepsilon_0 r^3} \\ &= \frac{\lambda ad\theta(-a\boldsymbol{a}_r+z\boldsymbol{a}_z)}{4\pi\varepsilon_0(a^2+z^2)^{3/2}} \text{ [V}\cdot\text{m}^{-1}] \end{aligned}$$

となる．これを電荷が分布する範囲にわたり積分すれば

$$\boldsymbol{E}(z) = \int_0^{2\pi} \frac{\lambda a(-a\boldsymbol{a}_r+z\boldsymbol{a}_z)}{4\pi\varepsilon_0(a^2+z^2)^{3/2}} d\theta \text{ [V}\cdot\text{m}^{-1}]$$

となる．ここで，図 1.6 に示すように電界の r 成分は 180° 反対側の電荷が作る電界同士で打ち消し合い，電荷を一周積分するとゼロになる．したがって

$$\boldsymbol{E}(z) = \frac{\lambda az\boldsymbol{a}_z}{2\varepsilon_0(a^2+z^2)^{3/2}} \text{ [V}\cdot\text{m}^{-1}]$$

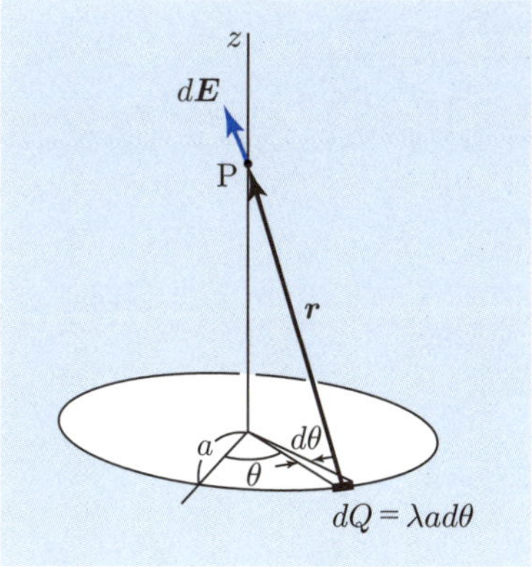

図 1.5　リング状電荷と電界

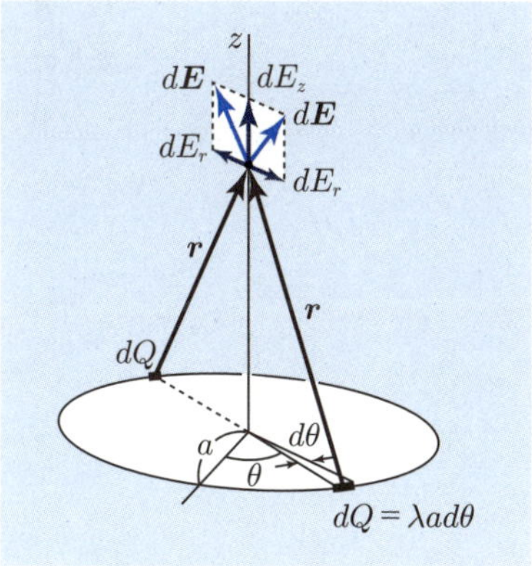

図 1.6　ベクトルの合成

1.1 節の関連問題

□ **1.1** トランジスタのチャネル中を電子が加速されて移動する場合を考える．初速度 $0\,\mathrm{m \cdot s^{-1}}$ の電子が，距離 $5 \times 10^{-8}\,\mathrm{m}$ 進んだとき，速度はいくらになっているか．なお，その距離の両端に電位差 $1\,\mathrm{V}$ が与えられており，電界の大きさは $E = 2 \times 10^{7}\,[\mathrm{V \cdot m^{-1}}]$ で一定であるとする．電子の質量は $9.11 \times 10^{-31}\,\mathrm{kg}$，電子の電荷は $1.6 \times 10^{-19}\,\mathrm{C}$ である．

□ **1.2** 直角座標系において，次の条件における原点の電界を求めよ．なお，$\varepsilon_0 = 8.85 \times 10^{-12}\,[\mathrm{F \cdot m^{-1}}]$ である．

(1) x 軸上で $x = -0.50\,[\mathrm{m}]$ の位置に $2.0\,\mathrm{nC}$ の電荷が置かれ，x 軸上で $x = 0.50\,[\mathrm{m}]$ の位置に $-2.0\,\mathrm{nC}$ の電荷が置かれている場合．

(2) x 軸上で $x = -0.50\,[\mathrm{m}]$ の位置に $2.0\,\mathrm{nC}$ の電荷が置かれ，x 軸上で $x = 0.50\,[\mathrm{m}]$ の位置に $2.0\,\mathrm{nC}$ の電荷が置かれている場合．

□ **1.3** 直角座標系において，点 $\mathrm{A}(x_0, 0, 0)$ に点電荷 $Q_1\,[\mathrm{C}]$ が，点 $\mathrm{B}(0, 0, z_0)$ に点電荷 $Q_2\,[\mathrm{C}]$ が置かれている．任意の点 $\mathrm{P}(x, y, z)$ の電界を求めよ．

□ **1.4** 図1に示すように半径 $a\,[\mathrm{m}]$ の球殻の表面に面電荷密度 $\sigma\,[\mathrm{C \cdot m^{-2}}]$ の電荷が分布している．この球の中心から $r\,[\mathrm{m}]$ 離れた点の電界を点電荷の作る電界を合成する考え方により求めよ．なお $\int \frac{B \sin\theta\, d\theta}{\sqrt{A - k\cos\theta}}$ は $A - k\cos\theta = X^2$ と置換すればよい．

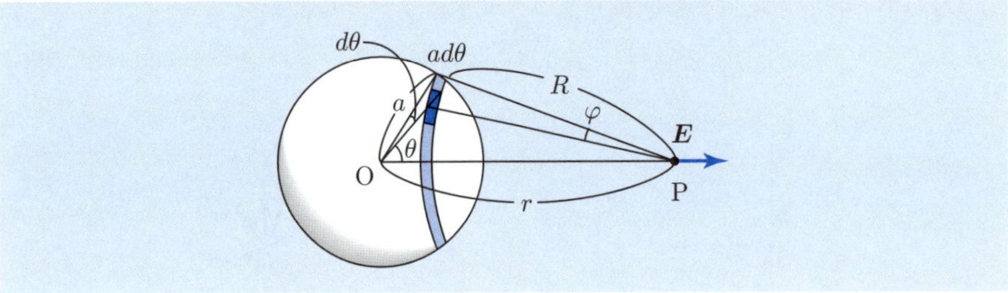

図1

1.2 電位と電位差および電位の傾き

▶問題解法のポイント

◎電界を線積分することにより電位，電位差を算出

電位は電圧ゼロの位置から (1.11) 式のように，2 点間の電位差は (1.12) 式のように線積分する．

- 線積分とは移動経路と被積分関数との内積の演算をする．

移動経路 ⇒ 線素ベクトルの表現

$$\text{直角座標系}:d\boldsymbol{l} = dx\boldsymbol{a}_x + dy\boldsymbol{a}_y + dz\boldsymbol{a}_z\ [\mathrm{m}]$$

$$\text{円柱座標系}:d\boldsymbol{l} = dr\boldsymbol{a}_r + rd\theta\boldsymbol{a}_\theta + dz\boldsymbol{a}_z\ [\mathrm{m}]$$

$$\text{球座標系}:d\boldsymbol{l} = dr\boldsymbol{a}_r + rd\theta\boldsymbol{a}_\theta + r\sin\theta\, d\varphi\boldsymbol{a}_\varphi\ [\mathrm{m}]$$

- 電荷の分布する状況に応じ適切な座標系で移動経路を定める．
- 移動経路と電界との内積を $\boldsymbol{E}\cdot d\boldsymbol{l}$ と表記し演算する．

◎点電荷の作る電位を算出

- 点電荷が単独で存在する場合，(1.13) 式を利用
- 点電荷が複数存在する場合の電位は

$$V = \sum_i V_i\ [\mathrm{V}]$$

- 電荷が連続して分布する場合，(1.14) 式を利用

◎電位の傾きの算出

- $\boldsymbol{E} = -\nabla V = -\operatorname{grad} V$ ··· (1.10) 式の演算
- 電荷の分布に応じた座標系の選定をし，微分の演算

$$\text{直角座標系}:\nabla V = \frac{\partial V}{\partial x}\boldsymbol{a}_x + \frac{\partial V}{\partial y}\boldsymbol{a}_y + \frac{\partial V}{\partial z}\boldsymbol{a}_z$$

$$\text{円柱座標系}:\nabla V = \frac{\partial V}{\partial r}\boldsymbol{a}_r + \frac{1}{r}\frac{\partial V}{\partial \theta}\boldsymbol{a}_\theta + \frac{\partial V}{\partial z}\boldsymbol{a}_z$$

$$\text{球座標系}:\nabla V = \frac{\partial V}{\partial r}\boldsymbol{a}_r + \frac{1}{r}\frac{\partial V}{\partial \theta}\boldsymbol{a}_\theta + \frac{1}{r\sin\theta}\frac{\partial V}{\partial \varphi}\boldsymbol{a}_\varphi$$

本節の問題を解く上で必要となる線素ベクトルの扱いを取り上げる．

例題 1.7

次のベクトルの計算をせよ．

(1) 直角座標系において，電界が $\boldsymbol{E} = E_x \boldsymbol{a}_x$ [V·m^{-1}] の場合 $\boldsymbol{E} \cdot d\boldsymbol{l}$ を求めよ．

(2) 円柱座標系において，磁束密度が $\boldsymbol{B} = B_\theta \boldsymbol{a}_\theta$ [T] の場合 $\boldsymbol{B} \cdot d\boldsymbol{l}$ を求めよ．

(3) 球座標系において，電界が $\boldsymbol{E} = E_r \boldsymbol{a}_r$ [V·m^{-1}] の場合 $\boldsymbol{E} \cdot d\boldsymbol{l}$ を求めよ．

【解答】 (1) 直角座標系の場合　線素ベクトルは $d\boldsymbol{l} = dx\boldsymbol{a}_x + dy\boldsymbol{a}_y + dz\boldsymbol{a}_z$ [m] であるから

$$\boldsymbol{E} \cdot d\boldsymbol{l} = (E_x \boldsymbol{a}_x) \cdot (dx\boldsymbol{a}_x + dy\boldsymbol{a}_y + dz\boldsymbol{a}_z) = E_x dx \text{ [V]}$$

(2) 円柱座標系の場合　線素ベクトルは $d\boldsymbol{l} = dr\boldsymbol{a}_r + rd\theta\boldsymbol{a}_\theta + dz\boldsymbol{a}_z$ [m] である．なお，距離に円弧成分が含まれることはあり得ないが，移動経路に円弧部分は存在し得る．円弧部分の長さは，孤度法によればラジアン [rad] で表示した開き角に半径を掛ければよい．

$$\boldsymbol{B} \cdot d\boldsymbol{l} = (B_\theta \boldsymbol{a}_\theta) \cdot (dr\boldsymbol{a}_r + rd\theta\boldsymbol{a}_\theta + dz\boldsymbol{a}_z) = B_\theta r d\theta \text{ [T·m]}$$

(3) 球座標系の場合　線素ベクトルは $d\boldsymbol{l} = dr\boldsymbol{a}_r + rd\theta\boldsymbol{a}_\theta + r\sin\theta\, d\varphi\boldsymbol{a}_\varphi$ [m] である．θ 方向の円弧の長さは半径 r に $d\theta$ を掛ければよいが，φ 方向の場合は半径が $r\sin\theta$ となる．これは，地球儀で緯度方向のある角度差に対する地上の移動距離は緯度と経度に関わらず等しいが，経度方向の地球上の移動距離は経度の差が同一であっても，緯度によって違うことがわかるであろう．つまり，経度方向の移動距離は，ある緯度における北極と南極とを結ぶ軸からその緯度における地表までの距離が円弧の半径になるからである．

$$\boldsymbol{E} \cdot d\boldsymbol{l} = (E_r \boldsymbol{a}_r) \cdot (dr\boldsymbol{a}_r + rd\theta\boldsymbol{a}_\theta + r\sin\theta\, d\varphi\boldsymbol{a}_\varphi) = E_r dr \text{ [V]}$$

■

例題 1.8

原点に $Q = 5.0$ [nC] の点電荷を置いた場合，$r = 5$ [m] の $r = 15$ [m] に対する電位差を求めよ．なお，$\varepsilon_0 = 8.85 \times 10^{-12}$ [F·m^{-1}] である．

【解答】 点電荷の作る電界は $\boldsymbol{E}(r) = \frac{Q_0}{4\pi\varepsilon_0 r^2}\boldsymbol{a}_r$ [V·m^{-1}]，$d\boldsymbol{l} = dr\boldsymbol{a}_r + rd\theta\boldsymbol{a}_\theta + r\sin\theta\, d\varphi\boldsymbol{a}_\varphi$ [m] である．電位差は $V_{\mathrm{AB}} = -\int_{\mathrm{B}}^{\mathrm{A}} \boldsymbol{E} \cdot d\boldsymbol{l}$ と定義されるから

$$\begin{aligned} V_{5-15} &= -\int_{15}^{5} \frac{Q}{4\pi\varepsilon_0}\frac{1}{r^2}\boldsymbol{a}_r \cdot dr\boldsymbol{a}_r \\ &= -\int_{15}^{5} \frac{Q}{4\pi\varepsilon_0}\frac{1}{r^2}dr = \frac{5\times 10^{-9}}{4\pi\varepsilon_0}\left(\frac{1}{5} - \frac{1}{15}\right) \\ &\simeq (9\times 10^9)(5\times 10^{-9})\left(\frac{1}{5} - \frac{1}{15}\right) = 6 \text{ [V]} \end{aligned}$$

■

例題 1.9

半径 a [m] の円周上に線電荷密度 λ [C·m^{-1}] で電荷が分布している．この電荷が作る円の中心軸上 z [m] の位置の電位を求めよ．

【解答 1】［例題 1.7］より，図 1.7 に示すように，リング電荷の作る z 軸上の電界は z 成分のみであり，その大きさは

$$\boldsymbol{E}(z) = \frac{\lambda a z \boldsymbol{a}_z}{2\varepsilon_0 (a^2+z^2)^{3/2}} \ [\mathrm{V \cdot m^{-1}}]$$

のように求まったので電位は無限遠を基準（$V = 0$ [V]）とするから，z 軸に沿って積分する．$dl = dz\boldsymbol{a}_z$ になるから

$$V(z) = -\int_{\infty}^{z} \frac{\lambda a z}{2\varepsilon_0 (a^2+z^2)^{3/2}} \boldsymbol{a}_z \cdot dz \boldsymbol{a}_z$$
$$= -\int_{\infty}^{z} \frac{\lambda a z dz}{2\varepsilon_0 (a^2+z^2)^{3/2}} \ [\mathrm{V}]$$

ここで，［例題 1.6］と同様に $z = a \tan\alpha$ と変数変換すれば

$$V(z) = -\int_{\infty}^{z} \frac{\lambda a^3 \frac{\sin\alpha}{\cos^3\alpha} d\alpha}{2\varepsilon_0 a^3 \frac{1}{\cos^3\alpha}}$$
$$= \frac{\lambda}{2\varepsilon_0} [\cos\alpha]_{\pi/2}^{\alpha} = \frac{\lambda}{2\varepsilon_0} \cos\alpha$$

であり $\cos\alpha = \frac{a}{\sqrt{a^2+z^2}}$ であるから

$$V(z) = \frac{\lambda}{2\varepsilon_0} \frac{a}{\sqrt{a^2+z^2}} \ [\mathrm{V}]$$

なお，$a^2 + z^2 = X^2$ と変数変換すれば

$$V(z) = -\int_{\infty}^{\sqrt{a^2+z^2}} \frac{\lambda a X dX}{2\varepsilon_0 X^3}$$
$$= \frac{\lambda a}{2\varepsilon_0} \left[\frac{1}{X}\right]_{\infty}^{\sqrt{a^2+z^2}} = \frac{\lambda}{2\varepsilon_0} \frac{a}{\sqrt{a^2+z^2}} \ [\mathrm{V}]$$

と同一の答が誘導できる．

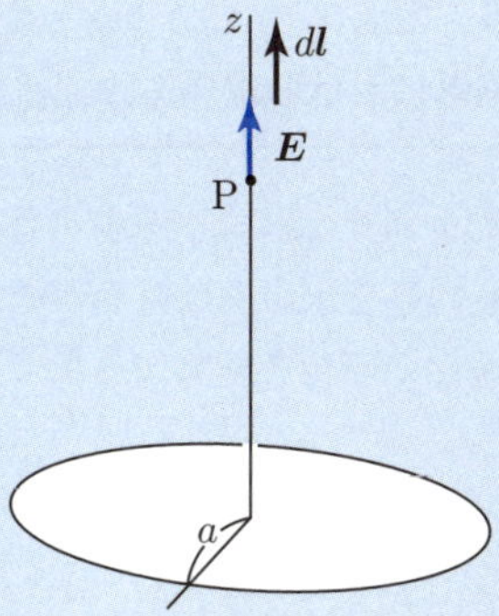

図 1.7　リング電荷の作る電界の線積分

【解答 2】 電荷の分布が軸対称形状の配置なので円柱座標系を用いる．先の［例題 1.6］と同様に図 1.8 に示すように円周上の電荷を細かく区切り，微小長さの電荷が作る電位を積分すればよい．円周方向の微小長さは $ad\theta\,[\mathrm{m}]$ となり，$\lambda ad\theta\,[\mathrm{C}]$ の電荷が作る電位は

$$dV = \frac{\lambda ad\theta}{4\pi\varepsilon_0\sqrt{a^2+z^2}}\,[\mathrm{V}]$$

であるから，これを電荷が分布する範囲にわたって積分すると次式になる．

$$\begin{aligned} V &= \int_0^{2\pi} \frac{\lambda ad\theta}{4\pi\varepsilon_0\sqrt{a^2+z^2}} \\ &= \frac{2\pi a\lambda}{4\pi\varepsilon_0\sqrt{a^2+z^2}} = \frac{\lambda}{2\varepsilon_0}\frac{a}{\sqrt{a^2+z^2}}\,[\mathrm{V}] \end{aligned}$$

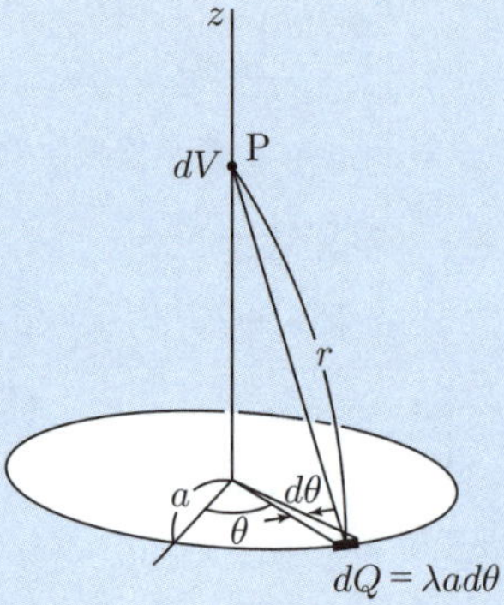

図 1.8　リング電荷の作る電位 ■

■ 例題 1.10 ■

半径 $a\,[\mathrm{m}]$ の円周上に線電荷密度 $\lambda\,[\mathrm{C\cdot m^{-1}}]$ で電荷が分布している．このリング電荷の中心軸上 $z\,[\mathrm{m}]$ の位置における電界を，電位の傾きを利用して求めよ．

【解答】［例題 1.9］で円周上に分布するリング電荷の作る電位を算出した．この結果を利用して，円柱座標における傾きを求めれば電界が導ける．［例題 1.9］の答は z のみが変数になっているので，電位の傾きを計算する上で z で偏微分すればよいことになる．

$$\begin{aligned} \boldsymbol{E}(z) &= -\nabla V = -\left(\frac{\partial V}{\partial r}\boldsymbol{a}_r + \frac{\partial V}{r\partial\theta}\boldsymbol{a}_\theta + \frac{\partial V}{\partial z}\boldsymbol{a}_z\right) \\ &= -\frac{\partial}{\partial z}\left(\frac{\lambda a}{2\varepsilon_0\sqrt{a^2+z^2}}\right)\boldsymbol{a}_z \\ &= \frac{\lambda az}{2\varepsilon_0(a^2+z^2)^{3/2}}\boldsymbol{a}_z\,[\mathrm{V\cdot m^{-1}}] \end{aligned}$$

■

例題 1.11

面電荷密度 σ [C・m^{-2}]，半径 a [m] の円板上に電荷が配置されている．円板の中心軸上 z [m] の位置の電位を求め，その傾きから電界を求めよ．

【解答】 ［例題 1.9］を参考にすれば，円板上の任意の点の電荷が作る電位は

$$dV = \frac{\sigma dr\, rd\theta}{4\pi\varepsilon_0\sqrt{r^2+z^2}} \text{ [V]}$$

であり，電荷は円周方向に 1 周，半径方向には中心から a [m] まで分布するから

$$\begin{aligned} V(z) &= \iint_0^{2\pi} \frac{\sigma dr\, rd\theta}{4\pi\varepsilon_0\sqrt{r^2+z^2}} \\ &= \int_0^a \frac{2\pi r\sigma dr}{4\pi\varepsilon_0\sqrt{r^2+z^2}} = \int_0^a \frac{\sigma r dr}{2\varepsilon_0\sqrt{r^2+z^2}} \end{aligned}$$

ここで，$r^2 + z^2 = X^2$ と変数変換すれば $2rdr = 2XdX$ になるから

$$\begin{aligned} V(z) &= \int_z^{\sqrt{a^2+z^2}} \frac{\sigma X dX}{2\varepsilon_0 X} \\ &= \frac{\sigma}{2\varepsilon_0}[X]_z^{\sqrt{a^2+z^2}} = \frac{\sigma}{2\varepsilon_0}\left(\sqrt{a^2+z^2} - z\right) \text{ [V]} \end{aligned}$$

したがって，この傾きを求めれば

$$\begin{aligned} \boldsymbol{E}(z) &= -\frac{\partial}{\partial z}\left\{\frac{\sigma}{2\varepsilon_0}(\sqrt{a^2+z^2} - z)\right\}\boldsymbol{a}_z \\ &= \frac{\sigma}{2\varepsilon_0}\left(1 - \frac{z}{\sqrt{a^2+z^2}}\right)\boldsymbol{a}_z \text{ [V} \cdot \text{m}^{-1}\text{]} \end{aligned}$$

a が無限に広がれば $\boldsymbol{E}(z) = \frac{\sigma}{2\varepsilon_0}\boldsymbol{a}_z$ [V・m^{-1}] になることがわかる． ■

1.2 節の関連問題

□ **1.5** 次のベクトルの内積の計算をせよ．

(1) $\boldsymbol{A} = A_x\boldsymbol{a}_x + A_y\boldsymbol{a}_y + A_z\boldsymbol{a}_z$, $\boldsymbol{B} = B_x\boldsymbol{a}_x + B_y\boldsymbol{a}_y + B_z\boldsymbol{a}_z$ のとき，$\boldsymbol{A} \cdot \boldsymbol{B}$

(2) $\boldsymbol{A} = 4\boldsymbol{a}_x - 2\boldsymbol{a}_y - \boldsymbol{a}_z$, $\boldsymbol{B} = \boldsymbol{a}_x + 4\boldsymbol{a}_y - 4\boldsymbol{a}_z$ のとき $\boldsymbol{A} \cdot \boldsymbol{B}$ を求め，2 つのベクトルのなす角度を求めよ．

□ **1.6** 一様な電界の中で 1 C の電荷を 1 V の電位差の間，移動させた．このときに要するエネルギーを求めよ．あわせて，電子が V [V] の電位差間で得るエネルギーを求めよ．

□ **1.7** 直角座標系において電界が $\boldsymbol{E} = \frac{E_x}{a}\left(\frac{x}{2} + 2y\right)\boldsymbol{a}_x + \frac{E_y}{b}2x\boldsymbol{a}_y$ [V・m^{-1}] で与えられている．原点を基準とした (4, 0, 0) の電位を求めよ．なお，座標軸の数字は [m] 単位である．

□ **1.8** 真空中において一直線上の A 点に正電荷 $4Q$ [C]，この点から l [m] 離れた同一直線上の B 点に $-Q$ [C] が置かれている．この直線上で電位が 0 V になる AB 間の位置を求めよ．

（H22 電験三種問題改）

1.3　ガウスの法則

▶問題解法のポイント

◎ガウスの法則：(1.8) 式を利用する上で

- 左辺の計算

電荷の作る電気力線と垂直に交わる面の面積素ベクトルの選択 ⇒ 適切な座標系の設定

(1)　面対称に電荷が分布する場合：直角座標を用い x 方向に着目する場合

$\iint \boldsymbol{E} \cdot d\boldsymbol{S} = 2ES$　（第 2, 3 章では ES になる設定をする場合がある.）

(2)　軸対称に電荷が分布する場合：円柱座標を用いる

$$\begin{aligned}\iint \boldsymbol{E} \cdot d\boldsymbol{S} &= \iint_0^h E_r r d\theta dz \\ &= \int_0^{2\pi} E_r h r d\theta = E_r 2\pi r h\end{aligned}$$

(3)　点対称に電荷が分布する場合：球座標を用いる

$$\begin{aligned}\iint \boldsymbol{E} \cdot d\boldsymbol{S} &= \iint_0^{2\pi} E_r r d\theta r \sin\theta \, d\varphi \\ &= \int_0^{\pi} E_r 2\pi r^2 \sin\theta \, d\theta = E_r 4\pi r^2\end{aligned}$$

- 右辺の計算

電荷の分布形状に応じて計算（3 次元に電荷が分布するとすれば）

解析する領域に応じて積分範囲を十分に認識する必要あり

(1) の場合

$$\frac{1}{\varepsilon_0} \iiint \rho dv = \frac{1}{\varepsilon_0} \int \rho S dx$$

(2) の場合

$$\frac{1}{\varepsilon_0} \iiint \rho dv = \frac{1}{\varepsilon_0} \int \rho 2\pi r h dr$$

(3) の場合

$$\frac{1}{\varepsilon_0} \iiint \rho dv = \frac{1}{\varepsilon_0} \int \rho 4\pi r^2 dr$$

- 電荷の分布の状況に応じて，対応が必要
- 積分範囲を十分に認識する必要あり

電界を算出しようとする場所に閉曲面を設定

⇒閉曲面より内部に存在する電荷だけが電界を発生

　＝外部の電荷は影響しない

本節以降の問題を解く上で必要となる面積素ベクトルの扱いを取り上げる．

例題 1.12

次のベクトルの計算をせよ．

(1)　各座標系において面積素ベクトル $d\boldsymbol{S}$ を求めよ．

①　直角座標系において x 軸と垂直な面の $d\boldsymbol{S}$

②　円柱座標系において θ 軸と垂直な面の $d\boldsymbol{S}$

③　球座標系において r 軸と垂直な面の $d\boldsymbol{S}$

(2)　直角座標系において，電界が $\boldsymbol{E} = E_x\boldsymbol{a}_x\,[\mathrm{V\cdot m^{-1}}]$ の場合 $\boldsymbol{E}\cdot d\boldsymbol{S}$ を求めよ．

(3)　円柱座標系において，磁束密度が $\boldsymbol{B} = B_\theta\boldsymbol{a}_\theta\,[\mathrm{T}]$ の場合 $\boldsymbol{B}\cdot d\boldsymbol{S}$ を求めよ．

(4)　球座標系において，電界が $\boldsymbol{E} = E_r\boldsymbol{a}_r\,[\mathrm{V\cdot m^{-1}}]$ の場合 $\boldsymbol{E}\cdot d\boldsymbol{S}$ を求めよ．

(5)　直角座標系において，次の外積を求めよ．

①　電流が $\boldsymbol{I} = I_x\boldsymbol{a}_x\,[\mathrm{A}]$，磁束密度が $\boldsymbol{B} = B_y\boldsymbol{a}_y\,[\mathrm{T}]$ の場合 $\boldsymbol{I}\times\boldsymbol{B}$

②　電流が $\boldsymbol{I} = I_y\boldsymbol{a}_y\,[\mathrm{A}]$，磁束密度が $\boldsymbol{B} = B_x\boldsymbol{a}_x\,[\mathrm{T}]$ の場合 $\boldsymbol{I}\times\boldsymbol{B}$

【解答】　(1)　面積は 2 辺の垂直成分の積であるから外積を用いればよく

①　$d\boldsymbol{S} = dy\boldsymbol{a}_y \times dz\boldsymbol{a}_z = dydz\boldsymbol{a}_x\,[\mathrm{m^2}]$

②　$d\boldsymbol{S} = dz\boldsymbol{a}_z \times dr\boldsymbol{a}_r = dzdr\boldsymbol{a}_\theta\,[\mathrm{m^2}]$

③　$d\boldsymbol{S} = rd\theta\boldsymbol{a}_\theta \times r\sin\theta\,d\varphi\boldsymbol{a}_\varphi = r^2\sin\theta\,d\theta d\varphi\boldsymbol{a}_r\,[\mathrm{m^2}]$

であり，面ベクトルの方向は面と垂直方向を示す．ガウスの法則を使いこなす上で，重要な概念である．

(2)　直角座標系の場合　面積素ベクトルは $d\boldsymbol{S} = dydz\boldsymbol{a}_x + dzdx\boldsymbol{a}_y + dxdy\boldsymbol{a}_z\,[\mathrm{m^2}]$ であるから

$$\boldsymbol{E}\cdot d\boldsymbol{S} = (E_x\boldsymbol{a}_x)\cdot(dydz\boldsymbol{a}_x + dzdx\boldsymbol{a}_y + dxdy\boldsymbol{a}_z) = E_x dydz\,[\mathrm{V\cdot m}]$$

(3)　円柱座標系の場合　面積素ベクトルは $d\boldsymbol{S} = rd\theta dz\boldsymbol{a}_r + dzdr\,\boldsymbol{a}_\theta + dr\,rd\theta\boldsymbol{a}_z\,[\mathrm{m^2}]$ であるから

$$\boldsymbol{B}\cdot d\boldsymbol{S} = (B_\theta\boldsymbol{a}_\theta)\cdot(rd\theta dz\boldsymbol{a}_r + dzdr\boldsymbol{a}_\theta + dr\,rd\theta\boldsymbol{a}_z) = B_\theta dzdr\,[\mathrm{T\cdot m^2}]$$

(4)　球座標系の場合　面積素ベクトルは $d\boldsymbol{S} = rd\theta\,r\sin\theta\,d\varphi\boldsymbol{a}_r + r\sin\theta\,d\varphi dr\boldsymbol{a}_\theta + dr\,rd\theta\boldsymbol{a}_\varphi\,[\mathrm{m^2}]$ であるから

$$\begin{aligned}\boldsymbol{E}\cdot d\boldsymbol{S} &= (E_r\boldsymbol{a}_r)\cdot(rd\theta\,r\sin\theta\,d\varphi\boldsymbol{a}_r + r\sin\theta\,d\varphi dr\boldsymbol{a}_\theta + dr\,rd\theta\boldsymbol{a}_\varphi)\\ &= E_r r^2\sin\theta\,d\theta d\varphi\,[\mathrm{V\cdot m}]\end{aligned}$$

(5)　外積は直角座標系の場合　$\boldsymbol{A}\times\boldsymbol{B} = \begin{vmatrix}\boldsymbol{a}_x & \boldsymbol{a}_y & \boldsymbol{a}_z\\ A_x & A_y & A_z\\ B_x & B_y & B_z\end{vmatrix}$ の計算をすることになるので

①　$\boldsymbol{I}\times\boldsymbol{B} = I_x B_y\boldsymbol{a}_z\,[\mathrm{N\cdot m^{-1}}]$

②　$\boldsymbol{I}\times\boldsymbol{B} = I_y B_x(-\boldsymbol{a}_z)\,[\mathrm{N\cdot m^{-1}}]$

■

例題 1.13

円柱座標系において，長さ方向には十分に長く，半径方向には $0 < r < a$ の空間に体積電荷密度 $\rho_0\,[\mathrm{C \cdot m^{-3}}]$ で電荷が一様に分布しているものとする．空間での電界分布を求めよ．なお，電位の基準点を r_0（$a \ll r_0$）として，電位分布を求めよ．

【解答】〔電界分布〕 ガウスの法則の左辺を計算する上で，電気力線の広がりを考える．電気力線は電荷から四方に広がり，互いに交差しない性質がある．そのため，軸対称に電荷が分布していれば r-θ 平面から見れば z 軸を中心に放射状に，r-z 平面から見れば z 軸から平行に一様に広がる分布が想定できる．したがって，図 1.9 に示すように電気力線の方向と垂直に交わる面の面積素ベクトルは $d\boldsymbol{S} = rd\theta\boldsymbol{a}_\theta \times dz\boldsymbol{a}_z = rd\theta dz\boldsymbol{a}_r\,[\mathrm{m^2}]$ である．

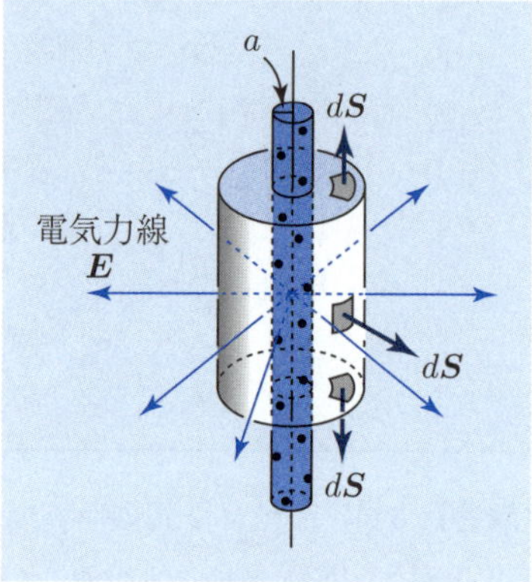

図 1.9 電荷分布と閉曲面

電荷を囲む閉曲面を構成するには円筒の上面と下面の計算も必要であり $d\boldsymbol{S} = dr\boldsymbol{a}_r \times rd\theta\boldsymbol{a}_\theta = rd\theta dr\boldsymbol{a}_z\,[\mathrm{m^2}]$ の面積素ベクトルも考えなければならない．しかし，この面は電気力線と平行になるから内積はゼロになる．ここで，z 方向は無限に長いので積分範囲を，電荷を囲む閉曲面とすれば計算は無限に発散してしまう．そこで，有限な長さ $h\,[\mathrm{m}]$ にして計算をすると次式になる．

$$\begin{aligned}\text{左辺} &= \int_S \boldsymbol{E}\cdot d\boldsymbol{S} = \iint E_r\boldsymbol{a}_r \cdot rd\theta dz\boldsymbol{a}_r \\ &= \iint_0^{2\pi} E_r rd\theta dz = \int_0^h 2\pi r E_r dz = 2\pi r h E_r(r)\end{aligned}$$

右辺は $\frac{1}{\varepsilon_0}\int_v \rho dv$ であるが，電荷は半径 $a\,[\mathrm{m}]$ の内部に分布し，電気力線は電荷の存在する位置から発生することを考えれば，$a\,[\mathrm{m}]$ の内部と外部で違う値になる．そこで，2 つの領域に分けて扱うこととする．

● $r < a$ の場合　電気力線は一様に広がるから，閉曲面を横切る電気力線は閉曲面の内部に分布する電荷だけが寄与することになる．そこで，右辺は閉曲面で囲まれた内部の空間に存在する電荷量を算出することになり

$$\begin{aligned}\text{右辺} &= \frac{1}{\varepsilon_0}\iiint_0^{2\pi} \rho dzdr\, rd\theta = \frac{1}{\varepsilon_0}\iint_0^h \rho 2\pi r dr dz \\ &= \frac{1}{\varepsilon_0}\int_0^r \rho 2\pi r h dr = \frac{1}{\varepsilon_0}\rho\pi r^2 h\end{aligned}$$

となり，$E_r(r) = \frac{\rho\pi r^2 h}{2\pi r h\varepsilon_0} = \frac{\rho r}{2\varepsilon_0}\,[\mathrm{V \cdot m^{-1}}]$

●$r > a$ の場合　閉曲面を横切る電気力線は分布する電荷全体が作ることになるから

$$\text{右辺} = \frac{1}{\varepsilon_0}\iiint_0^{2\pi} \rho dz dr\, r d\theta$$
$$= \frac{1}{\varepsilon_0}\iint_0^{h} \rho 2\pi r dr dz$$
$$= \frac{1}{\varepsilon_0}\int_0^{a} \rho 2\pi r h dr$$
$$= \frac{1}{\varepsilon_0}\rho\pi a^2 h$$

となり

$$E_r(r) = \frac{\rho\pi a^2 h}{2\pi r h \varepsilon_0}$$
$$= \frac{\rho a^2}{2\varepsilon_0 r}\ [\mathrm{V \cdot m^{-1}}]$$

〔電位分布〕　電位は

$$V_{\mathrm{A}} = -\int_{V\,=\,0\ \text{の場所}}^{\mathrm{A}} \boldsymbol{E}\cdot d\boldsymbol{l}$$

と定義される．ここで，電界が位置によって違っており，電位の基準点 r_0 は $a \ll r_0$ と与えられているから，電位分布を求めるためには $r > a$ の領域から計算をする必要がある．

●$r > a$ の場合

$$V(r) = -\int_{r_0}^{r} \frac{\rho a^2}{2\varepsilon_0 r} dr$$
$$= \frac{\rho a^2}{2\varepsilon_0} \ln\frac{r_0}{r}\ [\mathrm{V}]$$

●$r < a$ の場合　電界を連続して線積分する際，位置によって電界の関数が違うから

$$V(r) = -\left(\int_{r_0}^{a} \frac{\rho a^2}{2\varepsilon_0 r} dr + \int_{a}^{r} \frac{\rho r}{2\varepsilon_0} dr\right)$$
$$= \frac{\rho}{2\varepsilon_0}\left\{a^2 \ln\frac{r_0}{a} + \left(\frac{a^2}{2} - \frac{r^2}{2}\right)\right\}\ [\mathrm{V}]$$

電界分布と電位分布を図 1.10 に示す．■

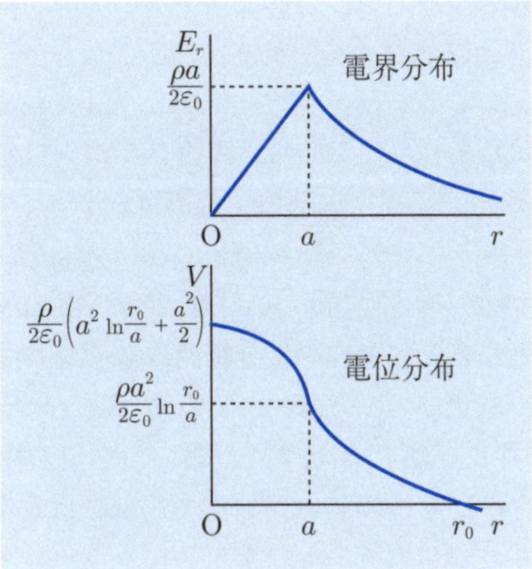

図 1.10　円柱状電荷の作る電界分布と電位分布

ここで，積分は $-\ln\frac{r}{r_0}$ となるが，解析すべき空間の対象は $a < r \ll r_0$ であり対数の中は 1 以下のため対数は負になるから，上式のような表現をするのが工学分野では一般的な表記である．

なお，本書では領域を分ける上で，すべて不等号を用いている．数学的には厳密でない印象を持つであろう．しかし，工学的な観点に立てば，物質の表面は原子レベルで凹凸があり，厳密に表面の位置を決定することは難しい．そこで，あまり厳密さを要求しても実用的には意味のない場合が多く不等号を用いている．

例題 1.14

半径 a [m] の厚さの無視できる球殻に表面電荷密度 σ [C·m^{-2}] で電荷が分布している．この電荷が作る電界分布と電位分布を求めよ．

【解答】〔電界分布〕 電気力線は互いに交わることはなく，四方に広がる性質があるから，点対称に電荷が分布している場合には，電気力線は球座標において r 方向に広がる．そこで，球座標系を用い，中心位置から r 離れた点の電気力線と垂直に交わる面の面積素ベクトルは

$$d\boldsymbol{S} = rd\theta\boldsymbol{a}_\theta \times r\sin\theta\, d\varphi\boldsymbol{a}_\varphi = r^2\sin\theta\, d\theta d\varphi\boldsymbol{a}_r\ [\mathrm{m}^2]$$

になる．したがって，ガウスの法則の左辺は

$$\begin{aligned}左辺 &= \int_S \boldsymbol{E}\cdot d\boldsymbol{S}\\ &= \iint E_r\boldsymbol{a}_r\cdot r^2\sin\theta\, d\theta d\varphi\boldsymbol{a}_r = \iint_0^{2\pi} E_r r^2\sin\theta\, d\theta d\varphi\\ &= \int_0^\pi 2\pi E_r r^2\sin\theta\, d\theta = 4\pi r^2 E_r(r)\end{aligned}$$

となる．φ 方向の積分範囲は $0\sim 2\pi$ であるが，θ 方向は $0\sim\pi$ になる．

右辺は $\frac{1}{\varepsilon_0}\int_v \rho dv$ であるが，電荷は半径 a [m] の部分だけにシート状に分布しており $\frac{1}{\varepsilon_0}\int_S \sigma dS$ で表現すればよい（右辺の扱いは問題に応じて対応する必要がある）．

$r < a$ の場合　閉曲面の内部には電荷は存在しないので

$$右辺 = 0$$

$r > a$ の場合

$$\begin{aligned}右辺 &= \frac{1}{\varepsilon_0}\iint_0^{2\pi} \sigma a^2\sin\theta\, d\theta d\varphi\\ &= \frac{1}{\varepsilon_0}\int_0^\pi \sigma 2\pi a^2\sin\theta\, d\theta = \frac{1}{\varepsilon_0}\sigma 4\pi a^2\end{aligned}$$

となる．したがって，電界分布は

- $r < a$ の場合　$E_r(r) = 0\ [\mathrm{V\cdot m^{-1}}]$
- $r > a$ の場合　$E_r(r) = \frac{\sigma}{\varepsilon_0}\frac{4\pi a^2}{4\pi r^2} = \frac{\sigma}{\varepsilon_0}\frac{a^2}{r^2}\ [\mathrm{V\cdot m^{-1}}]$

〔電位分布〕 電位分布は［例題 1.12］と同様に扱えばよく

- $r > a$ の場合　$V(r) = -\int_\infty^r \frac{\sigma a^2}{\varepsilon_0 r^2}dr = \frac{\sigma a^2}{\varepsilon_0}\frac{1}{r}\ [\mathrm{V}]$
- $r < a$ の場合　$V(r) = -\left(\int_\infty^a \frac{\sigma a^2}{\varepsilon_0 r^2}dr + \int_a^r 0dr\right) = \frac{\sigma}{\varepsilon_0}a\ [\mathrm{V}]$

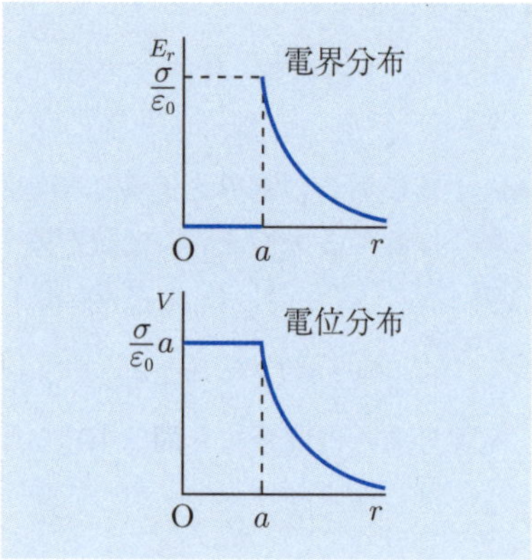

図 1.11　球表面に分布する電荷の作る電界分布と電位分布

図 1.11 に電界分布と電位分布を示す． ■

例題 1.15

図 1.12 に示すように，面電荷密度が $+\sigma$ [C・m^{-2}] と $-\sigma$ [C・m^{-2}] に帯電した 2 枚の十分に広いシートが，互いに距離 d [m] 離れて平行に置かれている．この 2 枚のシートが作る電界をガウスの法則を用いて求めよ．その際，閉曲面を図に示す位置でそれぞれとり，得られる答を求め，最終的には答を総合して空間の電界分布を決定すること．

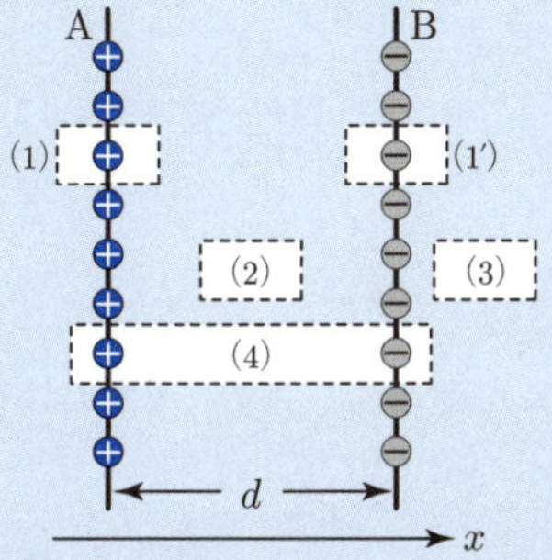

図 1.12 平行に配置された面電荷

【解答】 シート状の電荷からは一様かつ平行に電気力線は広がることが想像できよう．ここで，電気力線と垂直に交わる面の面積素ベクトルは

$$d\boldsymbol{S} = dy\boldsymbol{a}_y \times dz\boldsymbol{a}_z = dydz\boldsymbol{a}_x \, [\mathrm{m}^2]$$

になる．閉曲面にするためには，z-x 平面と x-y 平面も考える必要があるが，これらの面積素ベクトルと電気力線との内積はゼロとなる．

なお，すべての電荷を囲むような閉曲面で積分をすれば無限大に発散してしまう．そこで，有限な広さ S に対して計算をする．

(1) で閉曲面を考えると，シートの右側の閉曲面の位置においても，左側においても電気力線は閉曲面から出ていく方向である．右側の部分の電界を $E_{x1\text{右}}$，左側の電界を $E_{x1\text{左}}$ とし，いずれも閉曲面から外に出る方向であり，ガウスの法則は

$$\text{左辺} = \int_S \boldsymbol{E} \cdot d\boldsymbol{S} = (E_{x1\text{右}} + E_{x1\text{左}})S,$$
$$\text{右辺} = \frac{1}{\varepsilon_0}\int_S \sigma dS = \frac{\sigma}{\varepsilon_0}S$$

したがって

$$E_{x1\text{右}} + E_{x1\text{左}} = \frac{\sigma}{\varepsilon_0}$$

(1′) で閉曲面を考えると，シートの右側の閉曲面の位置においても，左側においても電気力線は閉曲面内に入ってくる方向である．右側の部分の電界を $E_{x1'\text{右}}$，左側の電界を $E_{x1'\text{左}}$ とし，閉曲面内に入る方向であり

$$\text{左辺} = \int_S \boldsymbol{E} \cdot d\boldsymbol{S} = -(E_{x1'\text{右}} + E_{x1'\text{左}})S,$$
$$\text{右辺} = \frac{1}{\varepsilon_0}\int_S -\sigma dS = -\frac{\sigma}{\varepsilon_0}S$$

したがって

$$E_{x1'\text{右}} + E_{x1'\text{左}} = \frac{\sigma}{\varepsilon_0}$$

(2) で閉曲面を考え，閉曲面の右側の部分の電界を $E_{x2右}$，左側の電界を $E_{x2左}$ とし，(1), (1′) の考察より，方向は右方向とすれば

$$左辺 = \int_S \boldsymbol{E} \cdot d\boldsymbol{S} = (-E_{x2右} + E_{x2左})S,$$
$$右辺 = \frac{1}{\varepsilon_0} \int_S \sigma dS = 0$$

したがって

$$E_{x2右} = E_{x2左}$$

(3) で閉曲面を考え，閉曲面の右側の部分の電界を $E_{x3右}$，左側の電界を $E_{x3左}$ とし，(2) と同様に方向は右方向とすれば

$$左辺 = \int_S \boldsymbol{E} \cdot d\boldsymbol{S} = (-E_{x3右} + E_{x3左})S,$$
$$右辺 = \frac{1}{\varepsilon_0} \int_S \sigma dS = 0$$

したがって

$$E_{x3右} = E_{x3左}$$

(4) で閉曲面を考え，閉曲面の右側の部分の電界を $E_{x4右}$，左側の電界を $E_{x4左}$ とし，(2) と同様に方向は右方向とすれば

$$左辺 = \int_S \boldsymbol{E} \cdot d\boldsymbol{S} = (-E_{x4右} + E_{x4左})S,$$
$$右辺 = \frac{1}{\varepsilon_0} \int_S \sigma dS = 0$$

ここで，(2), (3) の場合には閉曲面内に電荷が存在しないので，閉曲面の右と左とで電界の大きさが等しい，との判断しかできないが，(4) では電荷が存在するにも関わらず右辺がゼロになる．この場合には

$$E_{x4右} = E_{x4左} = 0$$

と判断できる．

総合すると

$$E_{x3右} = E_{x3左} = E_{x4右} = 0$$

が決定できる．

一方 (1) と (1′) の結果では，電気力線の分布は左右対称になるはずである．図 1.13 に示すように，正の電荷からは $\frac{\sigma}{2\varepsilon_0}$ [V · m^{-1}] の電界が両方向に一様に広がる方向に発生しているはずであり，負電荷からは $\frac{\sigma}{2\varepsilon_0}$ [V · m^{-1}] の電界が負電荷に向かう方向に発生しているはずである．つまり，負電荷より右側の空間では正の電荷が作る電界と負の電荷が作る電界が打ち消しあってゼロに，正電荷から左側の空間も同様に打ち消しあっていると判断できる．また，電荷間の空間はそれぞれの電界が加算され $\frac{\sigma}{\varepsilon_0}$ [V · m^{-1}] の電界が (2) の結果からわかるように，電荷間の空間で一様に正電荷から負電荷に向かって発生していると解釈できる．

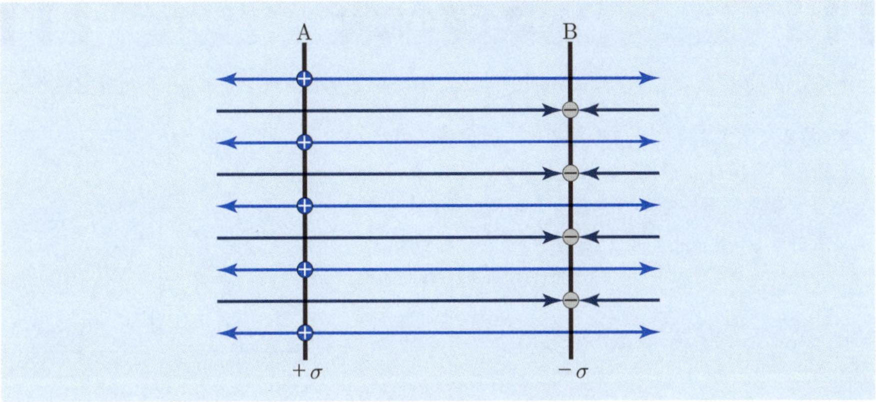

図 1.13　面電荷の周りの電気力線

なお，ガウスの法則では設定した閉曲面から外側に流れ出すベクトルを正と定義するので，電荷の配置に対応させて座標系を固定して計算をすると，方向の扱いに混乱が生じるので注意をする必要がある．

1.3 節の関連問題

□ **1.9**　Q [C] の電荷から r [m] 離れた位置の電界をガウスの法則を用いて導け．

□ **1.10**　$x = -10,\ 10$ [m] における電界はそれぞれ $E_x = -100,\ +100$ [V · m^{-1}] であるものとする．また，この間に電荷は一様に分布しており電界は直線的に変化するものとする．y, z 方向に対しては一様に電荷が分布しているとした場合，$x = -10 \sim 10$ [m] の空間における単位体積あたりの電荷量を求めよ．なお，$\varepsilon_0 = 8.85 \times 10^{-12}$ [F · m^{-1}] である．

□ **1.11**　長さ方向に十分に長い半径 a [m] の円筒の表面に面電荷密度 σ [C · m^{-2}] の電荷が分布している場合，円筒の中心軸から任意の距離 r [m] における電界 $\boldsymbol{E}(r)$ [V · m^{-1}] と電位 $V(r)$ [V] を求めよ．なお，電位の基準点を r_0（$a \ll r_0$）として，電位分布を求めよ．

□ **1.12**　体積電荷密度 ρ [C · m^{-3}] が $r < a$ で $\rho(r) = \rho_0 \frac{r}{a}$，$a < r$ で $\rho(r) = 0$ で分布しているものとする．空間の電界分布と電位分布を求めよ．あわせて，電界の発散を計算せよ．

第1章の問題

□ **1**　球座標系において，原点に Q_0 [C] が置かれている場合，点 $\mathrm{P}(r, \theta, \varphi)$ の電界を求めよ．

□ **2**　図2に示すように x-y 座標上に一辺が $2a$ [m] の正三角形の各頂点に Q [C] の電荷が置かれている．A 点から x 軸上に垂線を下ろした点を座標の原点として，原点から y [m] 上方の点 $\mathrm{P}(0, y)$ の電界を求めよ．

（H20 電験三種問題改）

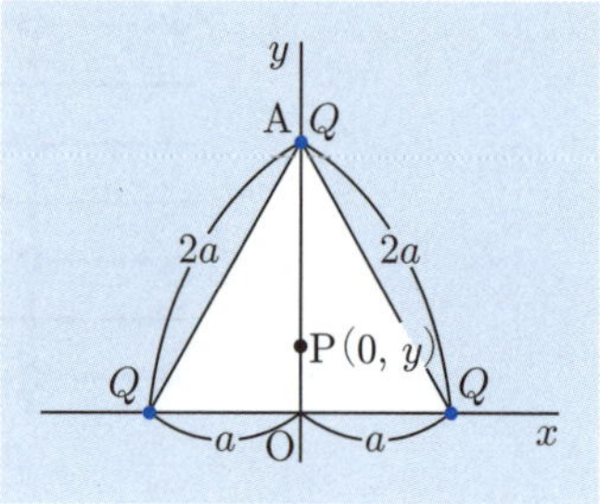

図2

□ **3**　関連問題1.4と同様に，半径 a [m] の球殻の表面に面電荷密度 σ [$\mathrm{C \cdot m^{-2}}$] の電荷が分布している．この球の中心から r [m] 離れた点の電位を，点電荷が作る電位を積分する考えにより求め，その傾きから電界を求めよ．なお $\int \frac{B \sin\theta \, d\theta}{\sqrt{A - k\cos\theta}}$ は $A - k\cos\theta = X^2$ と置換すればよい．

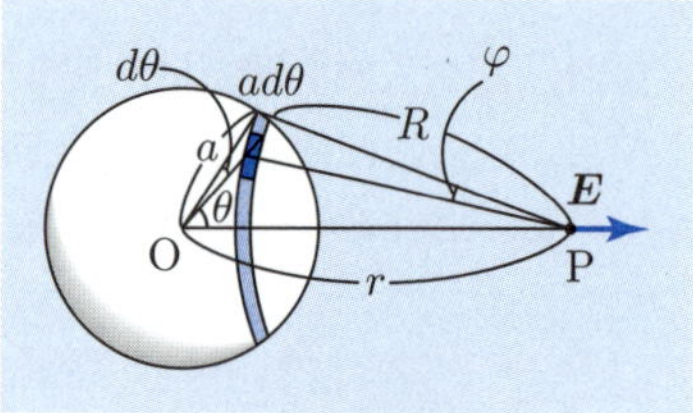

図3　関連問題1.4

□ **4**　直角座標系で一様な電界 $\boldsymbol{E} = E_x \boldsymbol{a}_x + E_y \boldsymbol{a}_y$ [$\mathrm{V \cdot m^{-1}}$] があるものとする．点 $\mathrm{P}_0(x_0, y_0, z_0)$ に対する点 $\mathrm{P}_1(x_1, y_1, z_1)$ の電位（P_0-P_1 間の電位差）を求めよ．

□ **5**　円柱座標系において，電界 $\boldsymbol{E}$ が r 方向成分のみで $E_r = \frac{\lambda}{2\pi\varepsilon_0 r}$ [$\mathrm{V \cdot m^{-1}}$] で与えられる．

(1)　点 $\mathrm{P}_1(r_1, 0, 0)$ に対する点 $\mathrm{P}_2(r_2, 0, 0)$ の電位を求めよ．

(2)　点 $\mathrm{P}_1(r_1, 0, 0)$ に対する点 $\mathrm{P}_3(r_3, \varphi_3, 0)$ の電位を求めよ．

□ **6**　図4のように点電荷 $+Q$ と $-Q$ [C] が $2a$ [m] 離れて置かれている．このときの P 点での電位を求め，その傾きから電界を求めよ．なお $r \gg a$ として近似すること．

□ **7**　球座標系で，$a < r < b$ [m] の球殻の領域に電荷密度 ρ [$\mathrm{C \cdot m^{-3}}$] で電荷が分布している．この空間の電界分布と電位分布を求めよ．

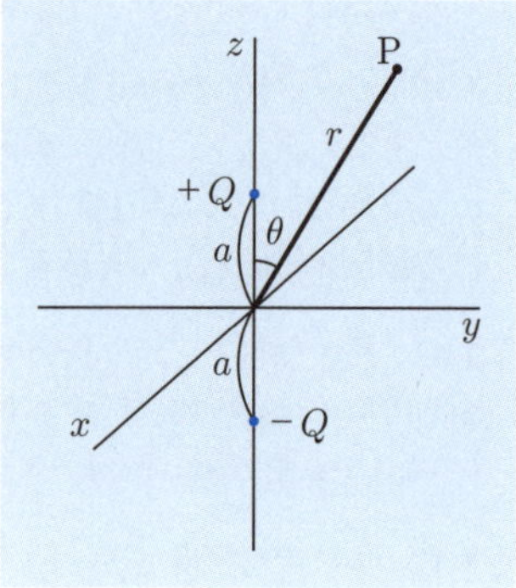

図4

□ **8** 図 5 のように，半径 a [m] の球の内部に全電荷量 $-Q$ [C] の電荷が一様に分布し，球の中心には $+Q$ [C] の点電荷があるものとする．この場合の空間の電界分布，電位分布を求め，それぞれの結果をグラフに示せ．なお，電位の基準点は無限遠点とする．

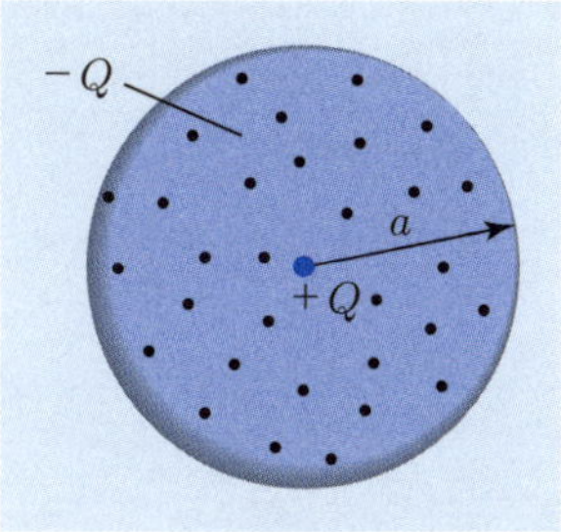

図 5

□ **9** ある空間において，半径が a [m] の円柱状に電荷が分布している．その電荷密度は円柱の中心軸からの距離 r [m] により，図 6 のように直線的に変化するものとする．空間の電界分布と電位分布を求めよ．なお，電位の基準点を a_0（$a \ll a_0$）とする．

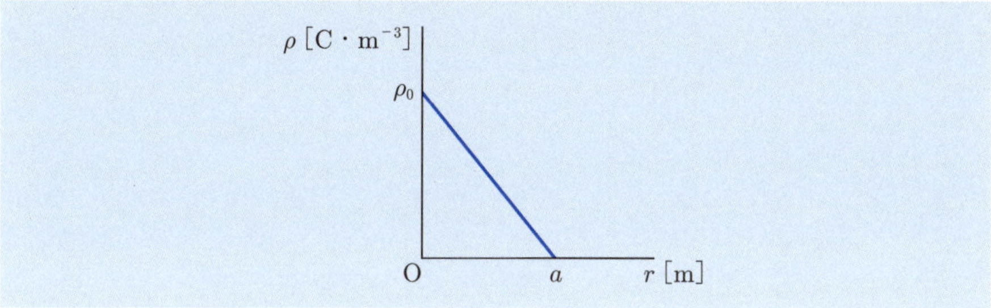

図 6

□ **10** ある球座標空間において，電界の大きさが以下の式で与えられている場合，電荷密度分布はどうなっているか．

$$\boldsymbol{E} = \frac{\rho_0 r}{\varepsilon_0}\boldsymbol{a}_r\,[\mathrm{V\cdot m^{-1}}] \quad (r < a),$$
$$\boldsymbol{E} = \frac{\rho_0 a^3}{\varepsilon_0 r^2}\boldsymbol{a}_r\,[\mathrm{V\cdot m^{-1}}] \quad (r > a)$$

第2章

導体のある場の静電界

電気の移動，つまり電流が流れるためにはその経路が必要である．電流を流す物質は数多くあり，これらを導体と呼ぶ．ここで，電流の流れやすさによって，その境界となる数値が明確に区分されているわけではないが，導体，半導体，絶縁体とに分類される．また，導体は用途によっては電線，電極などとも呼ばれる．電荷の移動現象を扱う前に，第 2 章では，これら導体が静電界の存在する場の中に置かれた場合の振舞いを，問題の解法を通して学ぶ．

本章は 2 節に分かれており，導体の性質を学んだ後に電気回路・電子回路で用いられるキャパシタ（コンデンサ）の定義とその性質を問題の解法を通して学ぶ．さらに，エネルギーと力という実用的に極めて重要な項目に対して，問題を解く手法を学ぶ．

なお，キャパシタを日本ではコンデンサと呼ぶことが一般的になっているが，本書では国際共通語としてのキャパシタを用いている．

第2章の重要項目

◎電界の性質は，導体が存在しても空間においては第 1 章で学んだ振舞いと同一.

◎物質の性質

- 本質的に中性である.
- **導体**とは電荷が自由に移動できる物質 ⇒ 導体内部の静電界の大きさはゼロ
- 電界の存在する空間に導体が置かれると
  導体表面に電荷が誘導：

$$\textbf{誘導電荷密度：}\sigma = \varepsilon_0 \boldsymbol{E} \cdot \boldsymbol{n}\,[\mathrm{C \cdot m^{-2}}] \tag{2.1}$$

  導体は静電界中では等電位：電気力線はどこでも導体と垂直に出入りする.
  導体で囲った内部の空間に電荷が存在しなければ，囲われた空間の電界はゼロ
  ⇒ **静電遮へい**（シールド）

◎**接地**とは導体の電位をゼロにすること

- 接地により，接地した導体と無限遠点との電位差はゼロになる.
  接地した導体の外側の電界はゼロになる.
- 接地の操作により，外側表面に分布する誘導電荷は電線を通して移動する.

◎**静電容量**：

$$C = \frac{Q}{V}\,[\mathrm{F}] \tag{2.2}$$

- **キャパシタ**（**コンデンサ**）とはエネルギーを蓄える素子である.
- キャパシタの接続

$$\bullet\ \textbf{並列接続：}C = \sum_i C_i \tag{2.3}$$

$$\bullet\ \textbf{直列接続：}\frac{1}{C} = \sum_i \frac{1}{C_i} \tag{2.4}$$

- キャパシタに蓄えられるエネルギー：$W = \frac{Q^2}{2C} = \frac{1}{2}CV^2\,[\mathrm{J}]$ (2.5)

◎導体に働く力

- **仮想変位法**：$F = \pm\left(\frac{\partial W}{\partial x}\right)_{\substack{+:\,V\ \text{一定} \\ -:\,Q\ \text{一定}}}\,[\mathrm{N}]$ (2.6)
  仮想変位法を用いれば，最終的な式の符号で力の向きが特定できる.
  ＋：力が働くと仮想した距離が増える方向
  −：力が働くと仮想した距離が減る方向
- **マクスウェルのひずみ力**：$f = \frac{\varepsilon_0}{2}E^2\,[\mathrm{N \cdot m^{-2}}]$ (2.7)
  電気力線の方向には空間が縮む方向の力が発生

2.1　導体の性質と電界

▶問題解法のポイント

◎電界の性質は，導体が存在しても空間においては第 1 章で学んだ振舞いと同一．したがって同一の解析手法を用いる．

◎電界の算出はガウスの法則を用いる．
直角座標系を用いる場合，閉曲面の一方を導体内に設定し左辺 $= \iint \boldsymbol{E} \cdot d\boldsymbol{S} = ES$ とする．

(1)　**電荷が与えられた場合の電界分布と電位分布の算出法**

- 電界分布の算出
  導体は等電位 ⇒ 導体内の静電界はゼロ
  導体が接地されれば，接地された位置より遠くの電界はゼロ
  (接地の操作により外側表面に分布する誘導電荷は電線を通して移動しゼロに)
- 電位分布の算出
  電位は
  $$V(r) = -\int_{V\,=\,0\ \text{の場所}}^{r} \boldsymbol{E} \cdot d\boldsymbol{l}$$
  と定義
  電位がゼロである「接地点」あるいは「無限遠点」から積分を開始
  導体が存在すると，位置により電界の関数に違いが発生
  (移動経路を連続して計算 ⇒ 積分範囲によって関数形を変更)
  $$V(r) = -\left(\int_{V\,=\,0\ \text{の場所}}^{b} \boldsymbol{E}' \cdot d\boldsymbol{l} + \int_{b}^{a} \boldsymbol{E}'' \cdot d\boldsymbol{l} + \int_{a}^{r} \boldsymbol{E}''' \cdot d\boldsymbol{l}\right)$$

(2)　**導体の電位が与えられた場合の電界分布と電位分布の算出法**

1. 導体に電荷が充電されているものとして Q [C] を仮定しガウスの法則を用い電界分布を算出
2. 電位の定義に従って導体の電位を算出
3. 与えられた電位を用いて仮定した電荷量を決定
4. 仮定した電荷量を用いて誘導された電界分布・電位分布に 3. で算出された値を代入し，電界分布・電位分布を決定

◎導体で囲まれた内部の空間内に電荷が存在しなければ，
導体の電位に関わらず内部は等電位 = 電界はゼロ（遮へい効果）

例題 2.1

半径 a [m] と b [m]（$a < b$）の厚さの無視できる 2 つの金属球殻が同心状に配置され，導体間の空間に体積電荷密度 ρ [C·m^{-3}] で電荷が一様に分布している．全空間の電界分布を求めよ．

【解答】 ガウスの法則を用いれば，点対称形状の問題であるから

$$\begin{aligned}左辺 &= \int \boldsymbol{E} \cdot d\boldsymbol{S} \\ &= \iint E_r r d\theta r \sin\theta \, d\varphi \\ &= E_r 4\pi r^2 \\ 右辺 &= \frac{1}{\varepsilon_0}\int \rho dv\end{aligned}$$

である．ここで，右辺は領域によって電界の分布の状況が違っているから

$0 < r < a$　この領域に電荷は分布していないので右辺はゼロ

$a < r < b$

$$\begin{aligned}右辺 &= \frac{1}{\varepsilon_0}\int \rho dv \\ &= \frac{1}{\varepsilon_0}\iiint_0^{2\pi} \rho dr\, r d\theta r \sin\theta \, d\varphi \\ &= \frac{1}{\varepsilon_0}\iint_0^{\pi} \rho dr 2\pi r^2 \sin\theta \, d\theta \\ &= \frac{1}{\varepsilon_0}\int_a^r \rho 4\pi r^2 dr \\ &= \frac{\rho}{\varepsilon_0}\frac{4\pi}{3}(r^3 - a^3)\end{aligned}$$

$b < r$

$$\begin{aligned}右辺 &= \frac{1}{\varepsilon_0}\int \rho dv \\ &= \frac{1}{\varepsilon_0}\int_a^b \rho 4\pi r^2 dr \\ &= \frac{\rho}{\varepsilon_0}\frac{4\pi}{3}(b^3 - a^3)\end{aligned}$$

したがって，電界分布は

$0 < r < a$

$$E_r(r) = 0 \, [\mathrm{V \cdot m^{-1}}]$$

$a < r < b$

$$E_r(r) = \frac{\rho(r^3 - a^3)}{3\varepsilon_0 r^2} \, [\mathrm{V \cdot m^{-1}}]$$

$b < r$

$$E_r(r) = \frac{\rho(b^3 - a^3)}{3\varepsilon_0 r^2} \, [\mathrm{V \cdot m^{-1}}]$$

電界分布を図 2.1 に［例題 2.2］の結果と対比して示す．

例題 2.2

［例題 2.1］と同一の条件で半径 b [m] の金属球殻を接地した場合，全空間の電界分布を求めよ．

【解答】 ［例題 2.1］と同様にガウスの法則を用いれば

$0 < r < a$ この領域に電荷は分布していないので右辺はゼロ

$a < r < b$

$$\text{右辺} = \frac{1}{\varepsilon_0}\int \rho dv = \frac{1}{\varepsilon_0}\frac{4\pi\rho}{3}(r^3 - a^3)$$

$b < r$ 半径 b [m] の金属球殻を接地したのだから，電位はゼロになり無限遠点（電圧の基準点）との電位差はなくなる．よって，球殻の外側では電位の傾きである電界はゼロになる．

導体の内側表面に誘導する電荷は存在し続けるが，外側表面に誘導する電荷は接地に流れ出したと解釈すればよい．そして，内側表面の電荷が導体間の電荷を打ち消している．導体表面の誘導電荷の解釈は［例題 2.3］および［例題 2.4］で解説を加える．

したがって，電界分布は

$$0 < r < a \quad E_r(r) = 0\,[\mathrm{V \cdot m^{-1}}]$$

$$a < r < b \quad E_r(r) = \frac{\rho(r^3 - a^3)}{3\varepsilon_0 r^2}\,[\mathrm{V \cdot m^{-1}}]$$

$$b < r \quad E_r(r) = 0\,[\mathrm{V \cdot m^{-1}}]$$

電界分布を図 2.1 に［例題 2.1］の結果と対比して示す． ■

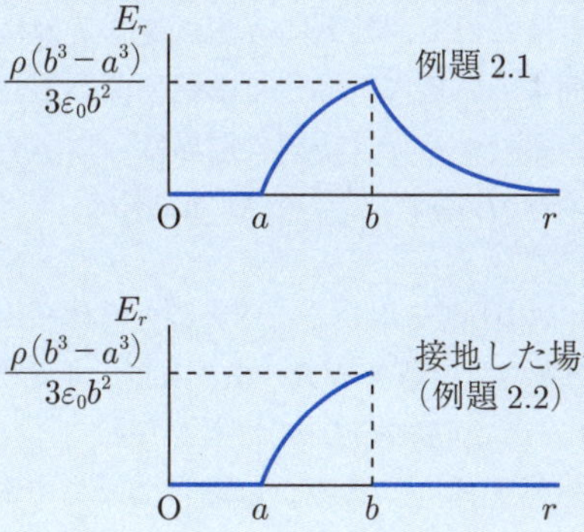

図 2.1 電界分布

■ 例題 2.3 ■

図 2.2 に示すような半径 a [m] の円柱導体と同軸状に，内半径 b [m]，外半径 c [m] の円筒導体があり，円柱導体に軸方向の単位長さあたり $\lambda\,[\mathrm{C\cdot m^{-1}}]$ の電荷を充電した．電界分布と導体表面に誘導される電荷密度を求めよ．あわせて電位分布を求めよ．なお，電位の基準点は $r_0 \gg c$ とする．

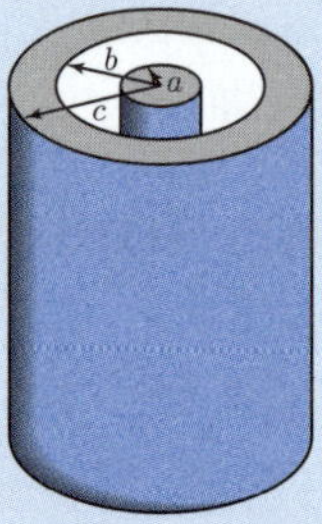

図 2.2　同軸電極

【解答】〔電界分布と誘導電荷密度〕 半径 r [m]，高さ h [m] の円筒の閉曲面をとりガウスの法則を用いれば，軸対称形状の配置であるから

$$
\begin{aligned}
\text{左辺} &= \int \boldsymbol{E}\cdot d\boldsymbol{S} \\
&= \iint E_r r d\theta dz = E_r 2\pi r h
\end{aligned}
$$

第1章で解説したが，円筒表面だけでは閉曲面が構成されたわけではない．しかし，円柱の天井と底に対応する部分の面積素ベクトルは電界との内積がゼロであるため，上式がガウスの法則の左辺の計算結果となる．

$$\text{右辺} = \frac{1}{\varepsilon_0}\int \lambda dz = \frac{\lambda}{\varepsilon_0}h$$

ここで，右辺は領域によって電界の分布の状況が違っている．

$r < a$ の領域は導体内であり電界はゼロである．

$a < r < b$ の領域でガウスの法則を用いる．その際，問で与えられたように，導体に単位長さあたり $\lambda\,[\mathrm{C\cdot m^{-1}}]$ の電荷を充電したものとしてガウスの法則を用いる．なお，電荷は導体表面に分布するので，軸上に λ を仮定するのは物理現象としては正しくない．しかし，導体表面より外側の電界分布は同一になるので，このような仮定をして式を扱うことが多い．したがって，空間の電界は

$$E_r(r) = \frac{\lambda}{2\pi r\varepsilon_0}\,[\mathrm{V\cdot m^{-1}}]$$

となる．

$b < r < c$ の領域でガウスの法則を用いる．その際，導体の内側表面に電荷は誘導するが，軸方向単位長さあたりの電荷量を $\lambda'\,[\mathrm{C\cdot m^{-1}}]$ としてガウスの法則を表現すれば

$$E_r 2\pi r h = \frac{\lambda+\lambda'}{\varepsilon_0}h$$

となる．ここで，この領域は導体内であるから電界はゼロであり，$\lambda' = -\lambda$ になる．したがって，導体の内側表面に誘導する単位面積あたりの電荷量を $\sigma'\,[\mathrm{C\cdot m^{-2}}]$ とすると

$$2\pi b h\sigma' = h\lambda' = -h\lambda$$

になるから

$$\sigma' = -\frac{\lambda}{2\pi b}\,[\mathrm{C\cdot m^{-2}}]$$

である．

$c < r$ の空間を考える場合，閉曲面内部には円柱導体と円筒導体の内側表面，さらに円筒導体の外側表面に電荷が存在する．円筒導体全体としては電気的に中性であるから，導体の内側表面に $\sigma'\,[\mathrm{C\cdot m^{-2}}]$，外側表面に $\sigma''\,[\mathrm{C\cdot m^{-2}}]$ の電荷が存在するとした場合 $2\pi bh\sigma' + 2\pi ch\sigma'' = 0$ になる．したがって

$$\begin{aligned} E_r(r) &= \frac{1}{\varepsilon_0}\frac{\lambda h + 2\pi bh\sigma' + 2\pi ch\sigma''}{2\pi rh} \\ &= \frac{1}{2\pi\varepsilon_0}\frac{\lambda}{r}\,[\mathrm{V\cdot m^{-1}}] \end{aligned}$$

また，$\sigma'' = \frac{\lambda}{2\pi c}\,[\mathrm{C\cdot m^{-2}}]$ となる．

〔電位分布〕　電位は $V(r) = -\int_{V=0\,\text{の場所}}^{r} \boldsymbol{E}\cdot d\boldsymbol{l}$ と定義され，ここでは電位の基準点を $r_0 \gg c$ としてあるから，外側の空間から連続して線積分を計算する必要がある．

$$\begin{aligned} c < r \qquad V(r) &= -\int_{V=0\,\text{の場所}}^{r} \boldsymbol{E}\cdot d\boldsymbol{l} \\ &= -\int_{r_0}^{r} \frac{1}{2\pi\varepsilon_0}\frac{\lambda}{r}dr \\ &= -\frac{\lambda}{2\pi\varepsilon_0}[\ln r]_{r_0}^{r} \\ &= \frac{\lambda}{2\pi\varepsilon_0}\ln\frac{r_0}{r}\,[\mathrm{V}] \end{aligned}$$

$$\begin{aligned} b < r < c \qquad V(r) &= -\left(\int_{r_0}^{c} \frac{1}{2\pi\varepsilon_0}\frac{\lambda}{r}dr + \int_{c}^{r} 0dr\right) \\ &= -\frac{\lambda}{2\pi\varepsilon_0}[\ln r]_{r_0}^{c} \\ &= \frac{\lambda}{2\pi\varepsilon_0}\ln\frac{r_0}{c}\,[\mathrm{V}] \end{aligned}$$

$$\begin{aligned} a < r < b \qquad V(r) &= -\left(\int_{r_0}^{c} \frac{1}{2\pi\varepsilon_0}\frac{\lambda}{r}dr + \int_{c}^{b} 0dr + \int_{b}^{r} \frac{1}{2\pi\varepsilon_0}\frac{\lambda}{r}dr\right) \\ &= \frac{\lambda}{2\pi\varepsilon_0}\left(\ln\frac{r_0}{c} + \ln\frac{b}{r}\right)\,[\mathrm{V}] \end{aligned}$$

$$\begin{aligned} r < a \qquad V(r) &= -\left(\int_{r_0}^{c} \frac{1}{2\pi\varepsilon_0}\frac{\lambda}{r}dr + \int_{c}^{b} 0dr + \int_{b}^{a} \frac{1}{2\pi\varepsilon_0}\frac{\lambda}{r}dr + \int_{a}^{r} 0dr\right) \\ &= \frac{\lambda}{2\pi\varepsilon_0}\left(\ln\frac{r_0}{c} + \ln\frac{b}{a}\right)\,[\mathrm{V}] \end{aligned}$$

電界分布と電位分布を図 2.3(a) に［例題 2.4］の結果と対比して示す．■

ここで，$c < r$ において積分結果は $-\frac{\lambda}{2\pi\varepsilon_0}\ln\frac{r}{r_0}$ と表現される．しかし，解析すべき空間の対象は $c < r \ll r_0$ であるので，対数は負になることが明白であるから，工学の分野では，多くの場合，上のような表現にする．

例題 2.4

［例題 2.3］と同一の状況において外側の円筒導体を接地した場合の電界分布と電位分布を求めよ．

【解答】〔電界分布と誘導電荷密度〕 $r < a$ は導体内であり電界はゼロである．

$a < r < b$ の領域の電界分布は［例題 2.3］と同一である．

$b < r < c$ の領域も導体で電界はゼロであり，［例題 2.3］と同一である．導体の内側表面に誘導される表面電荷密度も同一である．

$c < r$ の空間を考える．導体は接地したので電位は 0 V である．電圧の基準点の電位が 0 V であるから，導体の外側表面と外側の空間との間の電位差は無いことになる．したがって，この空間の電界はゼロでなければならず

$$\sigma'' = 0\,[\mathrm{C\cdot m^{-2}}]$$

となる．つまり，接地をすることによって円筒導体の外側表面に誘導していた電荷が大地に流れたと解釈すればよい．

〔電位分布〕 電位のゼロの位置から線積分を始める必要があるが，ここでは円筒電極が接地されている．そこで

$b < r$ は導体が接地されたので外側の空間と導体の電位は 0 V となる．

$a < r < b$ の空間の電界分布は

$$E_r(r) = \tfrac{\lambda}{2\pi r\varepsilon_0}\,[\mathrm{V\cdot m^{-1}}]$$

であるから

$$\begin{aligned} V(r) &= -\textstyle\int_{V\,=\,0\text{ の場所}}^{r} \boldsymbol{E}\cdot d\boldsymbol{l} \\ &= -\textstyle\int_b^r \tfrac{1}{2\pi\varepsilon_0}\tfrac{\lambda}{r}dr \\ &= -\tfrac{\lambda}{2\pi\varepsilon_0}\left[\ln r\right]_b^r \\ &= \tfrac{\lambda}{2\pi\varepsilon_0}\ln\tfrac{b}{r}\,[\mathrm{V}] \end{aligned}$$

$r < a$ は導体内で電界はゼロであるから

$$\begin{aligned} V(r) &= -\textstyle\int_{V\,=\,0\text{ の場所}}^{r} \boldsymbol{E}\cdot d\boldsymbol{l} \\ &= -\left(\textstyle\int_b^a \tfrac{1}{2\pi\varepsilon_0}\tfrac{\lambda}{r}dr + \int_a^r 0dr\right) \\ &== \tfrac{\lambda}{2\pi\varepsilon_0}\ln\tfrac{b}{a}\,[\mathrm{V}] \end{aligned}$$

電界分布と電位分布を図 2.3(b) に［例題 2.3］の結果と対比して示す．■

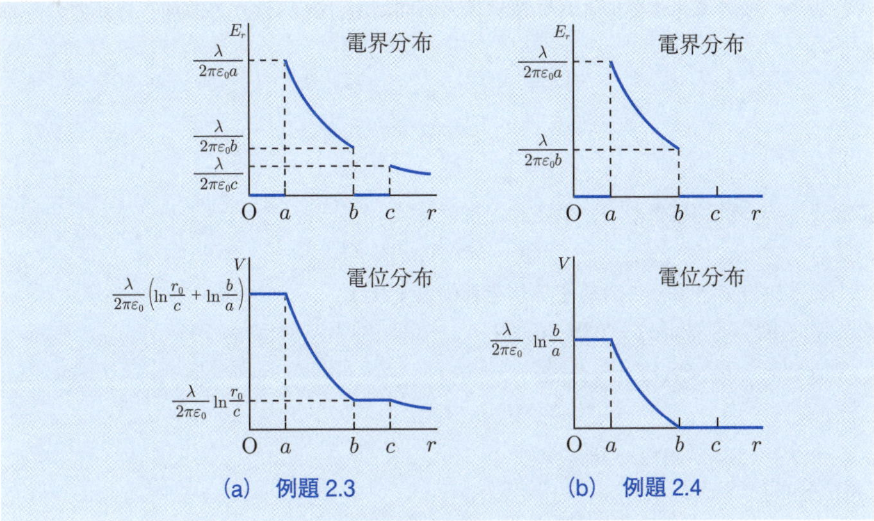

図 2.3　同軸電極の電界分布と電位分布

例題 2.5

図 2.4 に示すような半径 a [m] の球導体と同心状に，内半径 b [m]，外半径 c [m] の球殻導体があり，導体間に V_0 [V] の電源を接続し，球殻導体は接地した場合の電界分布，電位分布を求めよ．

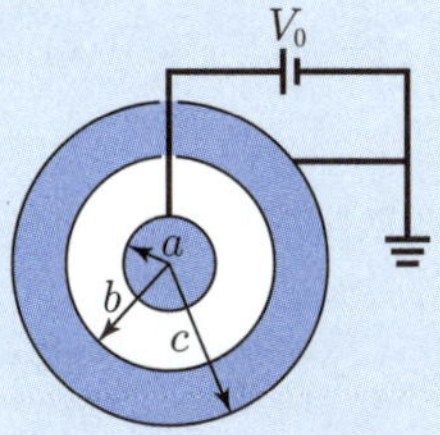

図 2.4　同心球電極

【解答】〔電界分布〕 $r < a$ は導体内であり電界はゼロである．

$a < r < b$ の領域の電界分布を導く上で，ガウスの法則は電荷が作る電気力線と電界の関係を与える法則であるが，ここでは電位差が与えられている．ところで，導体に電源を接続すれば導体は電位を有するから周りの空間には電界が発生する．つまり，球導体には電源から電荷が流れこむ．そこで，導体に Q [C] の電荷が充電されたものと仮定すれば

$$E_r(r) = \frac{1}{4\pi\varepsilon_0}\frac{Q}{r^2}\ [\mathrm{V\cdot m^{-1}}]$$

となる．

$b < r < c$ の領域も導体で電界はゼロである．

$c < r$ の空間を考える．導体は接地したので電界は $0\,\mathrm{V\cdot m^{-1}}$ である．

ここで，球殻導体が接地されて球導体との間に V_0 [V] の電位差が加えられているのだから

$$V_0 = -\int_{V=0\text{ の場所}}^{a} \boldsymbol{E}\cdot d\boldsymbol{l}$$
$$= -\int_b^a \frac{1}{4\pi\varepsilon_0}\frac{Q}{r^2}dr$$
$$= \frac{Q}{4\pi\varepsilon_0}\left(\frac{1}{a}-\frac{1}{b}\right)\ [\mathrm{V}]$$

になる．この計算結果から，仮定した電荷量は

$$Q = 4\pi\varepsilon_0 V_0 \frac{ab}{b-a}\ [\mathrm{C}]$$

であると決定できる．この値をそれぞれ代入すれば

$r < a$　$E_r(r) = 0\ [\mathrm{V\cdot m^{-1}}]$

$a < r < b$　$E_r(r) = \frac{1}{4\pi\varepsilon_0}\frac{Q}{r^2} = \frac{ab}{b-a}\frac{V_0}{r^2}\ [\mathrm{V\cdot m^{-1}}]$

$b < r$　$E_r(r) = 0\ [\mathrm{V\cdot m^{-1}}]$

〔電位分布〕

$b < r$　$V(r) = 0\ [\mathrm{V}]$

$a < r < b$　$V(r) = -\int_b^r \frac{ab}{b-a}\frac{V_0}{r^2}dr = \frac{abV_0}{b-a}\left(\frac{1}{r}-\frac{1}{b}\right)\ [\mathrm{V}]$

$r < a$　$V(r) = -\left(\int_b^a \frac{ab}{b-a}\frac{V_0}{r^2}dr + \int_a^r 0\,dr\right) = \frac{abV_0}{b-a}\left(\frac{1}{a}-\frac{1}{b}\right) = V_0\ [\mathrm{V}]$

電界分布と電位分布を図 2.5 に示す．

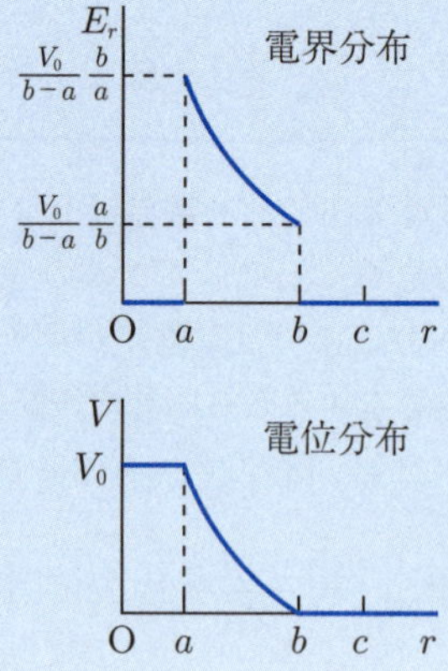

図 2.5　同心球電極の電界分布と電位分布

例題 2.6

図 2.6 に示すような［例題 2.5］と同一の状態で球電極には電気的な接続はせず，球殻導体に V_0 [V] の電源を接続した場合の電界分布，電位分布を求めよ．

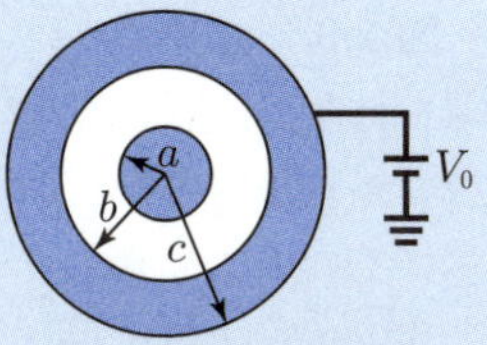

図 2.6 同心球電極

【解答】〔電界分布〕 $r < a$ は導体内で電界はゼロである．

$a < r < b$ では，球導体には電気的に接続されていないので，電荷の出入りはあり得ない．また，物質は本質的に中性であるから，球電極の表面に電荷は分布し得ない．閉曲面内で電荷は存在しないから $E_r(r) = 0\,[\mathrm{V \cdot m^{-1}}]$ である．

$b < r < c$ は導体内であるから電界はゼロ．

$c < r$ の空間の電界は，球殻導体に Q [C] の電荷が充電されたものと仮定すれば $E_r(r) = \frac{1}{4\pi\varepsilon_0}\frac{Q}{r^2}\,[\mathrm{V \cdot m^{-1}}]$ となる．ここで，球殻導体に V_0 [V] の電源を接続したのだから $V_0 = -\int_{V=0\,\text{の場所}}^{c} \boldsymbol{E} \cdot d\boldsymbol{l} = -\int_{\infty}^{c} \frac{1}{4\pi\varepsilon_0}\frac{Q}{r^2}dr = \frac{Q}{4\pi\varepsilon_0 c}$ [V] となり，仮定した電荷量 $Q = 4\pi\varepsilon_0 c V_0$ [C] が決定できる．したがって $E_r(r) = \frac{c}{r^2}V_0\,[\mathrm{V \cdot m^{-1}}]$ となる．

〔電位分布〕 $c < r$ $V(r) = -\int_{\infty}^{r} \boldsymbol{E} \cdot d\boldsymbol{l} = -\int_{\infty}^{r} \frac{c}{r^2}V_0 dr = \frac{c}{r}V_0$ [V]

$r < c$ は空間も導体も電界がゼロであるから

$$V(r) = -\int_{\infty}^{r} \boldsymbol{E} \cdot d\boldsymbol{l} = -\left(\int_{\infty}^{c} \frac{c}{r^2}V_0 dr + \int_{c}^{r} 0 dr\right) = V_0\ [\mathrm{V}]$$

電界分布と電位分布を図 2.7 に示す．導体で囲まれた内部の空間は，導体によってシールドされ，電界はゼロになる．

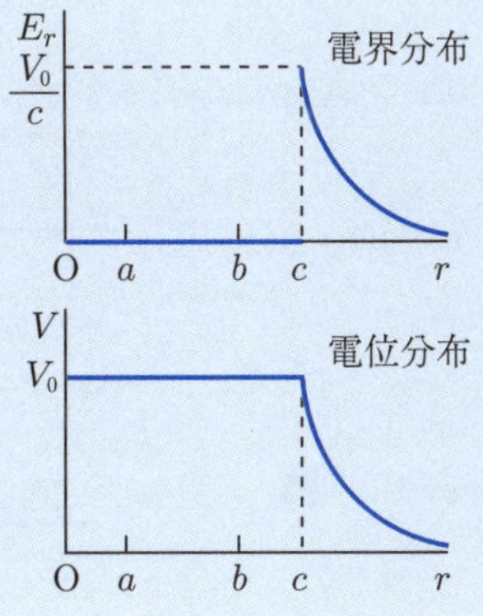

図 2.7 電界分布と電位分布

例題 2.7

図 2.8 に示すように，A, D の 2 枚の十分に広い接地された平行平板電極の間に，B, C の 2 枚の厚さの無視できる薄い電極を挿入する．B 電極に V_B [V]，C 電極に V_C [V] の電源をそれぞれ接続した場合，各部の電界 E_1, E_2, E_3 [$V \cdot m^{-1}$] と電位分布 $V(x)$ [V] を求めよ．なお，電極端部での電界の乱れは無視できるものとする．

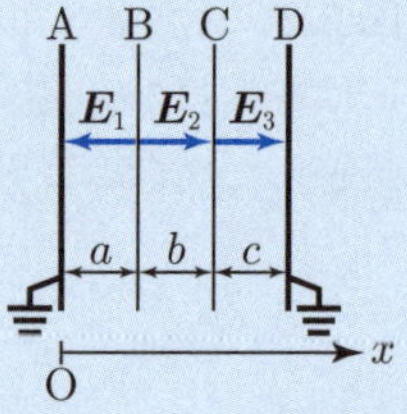

図 2.8　平行平板電極

【解答】〔電界分布〕 図のように A 電極の位置を x 軸の原点として D 電極の方向を正ととり，A-B 電極間の電界を導く場合，A 電極に単位面積あたり σ [$C \cdot m^{-2}$] の電荷を充電したものとする．A 電極は接地されているので電気力線は右方向にだけ発生するはずである．また，電界は図中の矢印の向きとし，それに伴ないガウスの法則を用いれば

$$\text{左辺} = \int \boldsymbol{E} \cdot d\boldsymbol{S} = -E_x S$$

$$\text{右辺} = \frac{1}{\varepsilon_0} \int \sigma dS = \frac{1}{\varepsilon_0} \sigma S$$

となり，空間の電界は $E_x = -\frac{\sigma}{\varepsilon_0}$ [$V \cdot m^{-1}$] である．電極間の電位差を求めると

$$V_B = -\int_0^a -\frac{\sigma}{\varepsilon_0} dz = \frac{\sigma}{\varepsilon_0} a \, [\mathrm{V}]$$

となる．したがって，電界は $\boldsymbol{E}_1(x) = -\frac{V_B}{a} \boldsymbol{a}_x$ [$V \cdot m^{-1}$] となる．

同様に B-C 電極間の電界を導く場合，$V_B > V_C$ とすれば

$$\boldsymbol{E}_2(x) = \frac{V_B - V_C}{b} \boldsymbol{a}_x \, [\mathrm{V \cdot m^{-1}}]$$

C-D 電極間の電界は

$$\boldsymbol{E}_3(x) = \frac{V_C}{c} \boldsymbol{a}_x \, [\mathrm{V \cdot m^{-1}}]$$

となる．

〔電位分布〕 電位ゼロの位置から線積分を開始すればよいから

$$V(x) = -\int_{V=0\text{ の場所}}^{x} \boldsymbol{E} \cdot d\boldsymbol{l}$$

を実行すると

A-B 電極間 $V(x) = \frac{V_B}{a} x$ [V],

B-C 電極間 $V(x) = -\frac{V_B - V_C}{b} x + V_B$ [V],

C-D 電極間 $V(x) = \frac{V_C}{c}(c - x)$ [V] ■

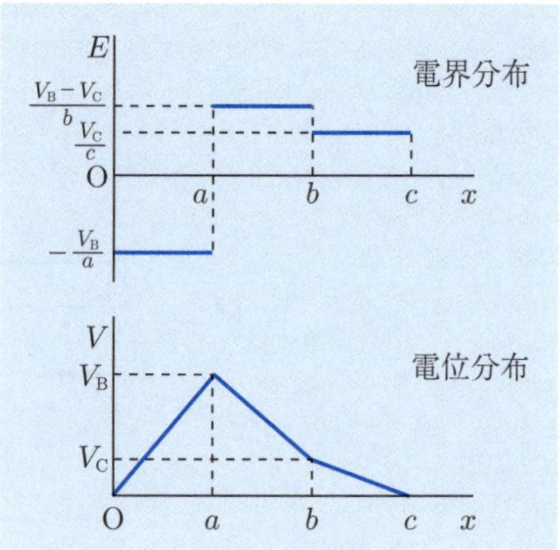

図 2.9　平行平板電極間の電界分布と電位分布

2.1 節の関連問題

□ **2.1** 無限に広い，接地された導体板があり，表面に一様に電荷が分布している．導体から 30 cm 離れた P 点での電界の大きさが $6 \times 10^2\ \mathrm{V \cdot m^{-1}}$ であるとき，導体の表面電荷密度と P 点での電位を求めよ．

□ **2.2** 円柱座標系において，図 1 のように外半径 a [m] の円柱導体と内半径 b [m]，外半径 c [m] の円筒導体が同軸状に置かれている（$a < b < c$）．いま，円柱導体に電源 V_0 [V] を接続し，円筒導体は接地した．

(1) 電界分布，電位分布を求めよ．

(2) 円柱導体の外側表面，円筒導体の内側表面に生じる電荷密度を求めよ．

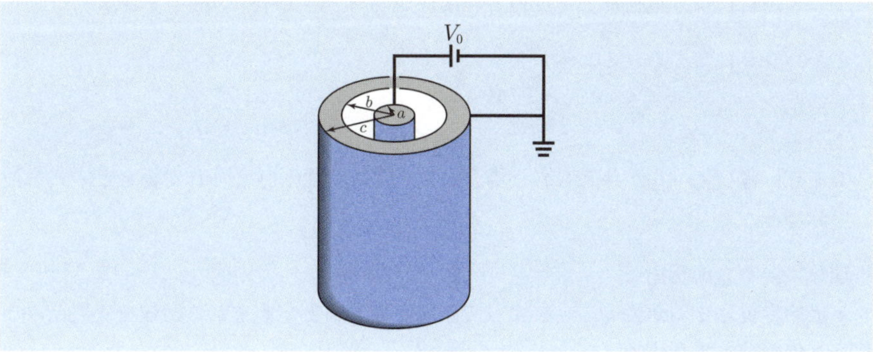

図 1

□ **2.3** 厚さの無視できる内半径 a [m] の円筒導体の内側には体積電荷密度 $\rho\ [\mathrm{C \cdot m^{-3}}]$ の電荷が分布しており，外側の空間には電荷は存在しないものとする．導体は接地されているものとして電界分布 $E_r(r)$ と電位分布 $V(r)$ を求めよ．

□ **2.4** 半径 a [m] の導体球と同心で内半径 b [m]，外半径 c [m] の導体球殻がある．外側の導体球殻に Q_0 [C] の電荷が充電されている．

(1) 導体球は何も接続されていない場合，空間の電界分布，電位分布を求めよ．

(2) 導体球が接地されている場合の空間の電界分布，電位分布を求めよ．

2.2 静電容量およびキャパシタに蓄えられるエネルギーと力

▶問題解法のポイント

◎静電容量の算出

- 2.1 節において，導体に電位が与えられた場合の展開を行う．
  1. 導体に Q [C] の電荷が充電されているものと仮定しガウスの法則を用い電界分布を算出
  2. 電位の定義に従って導体の電位を算出
  3. 与えられた電位を用いて仮定した電荷量を決定

  この過程により電荷量と電位差との関係が誘導でき C [F] が決定できる．

◎キャパシタに蓄えられるエネルギーは

$$\begin{aligned} W &= \frac{Q^2}{2C} \\ &= \frac{1}{2}CV^2 \text{ [J]} \end{aligned}$$

であり，電荷 Q [C] が与えられた場合と電位差 V [V] が与えられた場合とで式を使い分ける．

◎導体に働く力の算出

- **仮想変位法**：力が働くことによって距離が変わると想定される距離を変数とみなし偏微分を実行する．

$$F = \pm\left(\frac{\partial W}{\partial x}\right)_{\substack{+\,:\,V\ 一定 \\ -\,:\,Q\ 一定}} \text{ [N]}$$

  演算の際，一定の電荷が充電されている場合：負符号が付く

  　　　　　一定の電圧が印加されている場合：正符号が付く

  最終的な式の符号で力の向きが特定できる．

  ＋：力が働くと仮想した距離が増える方向

  −：力が働くと仮想した距離が減る方向

- **マクスウェルのひずみ力**：

$$f = \frac{\varepsilon_0}{2}E^2 \text{ [N} \cdot \text{m}^{-2}\text{]}$$

  単位面積あたりの力（圧力）である．

  電気力線の方向には空間が縮む方向の力が発生

例題 2.8

半径 a [m] の球電極と同心に内半径 b [m] の球殻導体が配置されている．この導体間の静電容量 C [F] を求めよ．次に，b を無限大にした場合の球電極の静電容量を求めよ．あわせて，地球（半径 6400 km）の静電容量を求めよ．

【解答】　［例題 2.5］と同様にガウスの法則を用い，電界分布を求め導体球の電位を算出すると $V_0 = -\int_{V=0\text{ の場所}}^{a} \boldsymbol{E}\cdot d\boldsymbol{l} = -\int_b^a \frac{1}{4\pi\varepsilon_0}\frac{Q}{r^2}dr = \frac{Q}{4\pi\varepsilon_0}\left(\frac{1}{a}-\frac{1}{b}\right)$ [V] になる．この計算結果から $Q = 4\pi\varepsilon_0 V_0 \frac{ab}{b-a}$ [C] となり，静電容量の定義から

$$C = \frac{Q}{V_0} = 4\pi\varepsilon_0 \frac{ab}{b-a}\ [\mathrm{F}]$$

である．b を無限大にした場合，上式より $C = 4\pi\varepsilon_0 a$ [F] となり，地球の静電容量は数値を代入すれば 0.71 mF となる．■

例題 2.9

電極面積が S [m^2]，電極間距離が d [m] の平行平板電極の静電容量を求めよ．なお，電極端部での電界の乱れは無視できるものとする．

【解答】　［例題 2.7］と同様に一方の電極を接地し，接地していない電極に σ [C·m^{-2}] の電荷密度で電荷を充電したものとすれば，電極間の電界は $E_x = -\frac{\sigma}{\varepsilon_0}$ [V·m^{-1}] となり，電極間の電位差を算出すれば $V = -\int_0^d \left(-\frac{\sigma}{\varepsilon_0}\right)dx = \frac{\sigma}{\varepsilon_0}d$ [V] となり，静電容量は

$$C = \frac{Q}{V} = \frac{\sigma S}{V} = \frac{\varepsilon_0}{d}S\ [\mathrm{F}]$$

■

例題 2.10

静電容量が 5000 pF で，電圧を 500 V まで印加できる（耐電圧 500 V）キャパシタがある．1800 V まで電圧を印加する回路の中に組み込むために必要な数を求めよ．また，1800 V まで電圧を印加する回路の中で 0.05 μF のキャパシタを必要とする場合，先に示したキャパシタをいくつ必要とするか．

【解答】　1 つのキャパシタの耐電圧以上の電圧を印加しなければならないときには，キャパシタを直列に接続して，各キャパシタに加わる電圧を減らさなければならない．1800 V の電圧に耐えるためには 4 つのキャパシタを直列にする必要がある．直列にした場合の合成容量は (2.4) 式に示すように $\frac{1}{C} = \sum_i \frac{1}{C_i}$ であるから，1250 pF になる．これを並列に接続して 0.05 μF にするためには，並列の場合の合成容量は (2.3) 式に示すように $C = \sum_i C_i$ であるから，$\frac{0.05\ \mu\mathrm{F}}{1250\ \mathrm{pF}} = 40$ となる．したがって，直列にしたキャパシタが 40 組必要になるから，合計すると 160 個のキャパシタを用意する必要がある．■

例題 2.11

図 2.10 に示すように静電容量がそれぞれ $4\,\mu\mathrm{F}$ と $2\,\mu\mathrm{F}$ のキャパシタ C_1, C_2 ならびにスイッチからなる2種類の回路がある．それぞれのキャパシタ C_1 に $2\,\mu\mathrm{C}$，C_2 には $4\,\mu\mathrm{C}$ の電荷が蓄えられている．スイッチを閉じたときに C_1 の端子電圧をそれぞれの回路について求めよ． (H24 電験三種問題改)

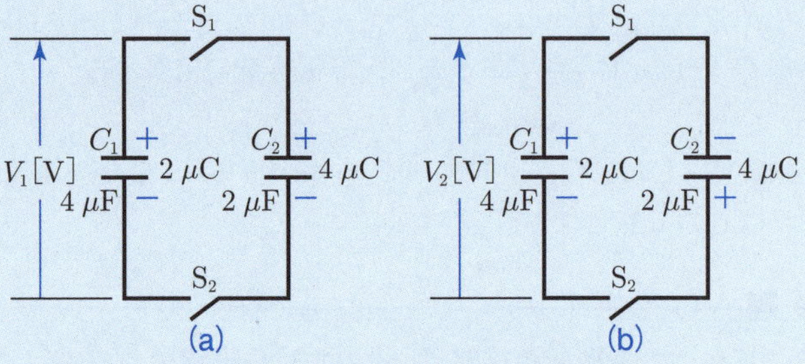

図 2.10 **2つのキャパシタの接続**

【解答】 スイッチを閉じた後はキャパシタが並列の状態になるので合成容量は

$$C = C_1 + C_2 = 6\,[\mu\mathrm{F}]$$

図 2.10(a) の場合はスイッチを閉じた後の電荷量は $6\,\mu\mathrm{C}$

図 2.10(b) の場合はスイッチを閉じた後の電荷量は $-2\,\mu\mathrm{C}$

したがって，スイッチを閉じた後の端子電圧は図 2.10(a) の場合 $1\,\mathrm{V}$，図 2.10(b) の場合 $-\frac{1}{3}\,\mathrm{V}$ ■

例題 2.12

直流 $1000\,\mathrm{V}$ の電源で充電された静電容量 $8\,\mu\mathrm{F}$ の平行平板キャパシタがある．キャパシタを電源から外した後に電荷を保持したまま，電極間距離を最初の半分に縮めたとき，静電容量と電界のエネルギーの値を求めよ．

(H23 電験三種問題改)

【解答】 平行平板電極間の静電容量は，電極間に誘電率 ε の物質が挿入されている場合には $C = \frac{\varepsilon S}{d}\,[\mathrm{F}]$ である．電極間距離を半分にしたら，静電容量はこの式より2倍になり $16\,\mu\mathrm{F}$ になる．電界によるエネルギーは電荷量が保存されているので $W = \frac{Q^2}{2C}\,[\mathrm{J}]$ であり，電源を接続した場合に蓄えられる電荷量は $Q = CV = 8\times10^{-6}\times1000 = 8\times10^{-3}\,[\mathrm{C}]$ である．したがって

$$W = \frac{(8\times10^{-3})^2}{2\cdot16\times10^{-6}} = 2\,[\mathrm{J}]$$ ■

例題 2.13

電極面積が $S\,[\mathrm{m}^2]$，電極間距離が $d\,[\mathrm{m}]$ の平行平板電極に $Q\,[\mathrm{C}]$ の電荷を充電した場合にキャパシタに蓄えられるエネルギーを求め，電極に働く力を求めよ．なお，電極端部での電界の乱れは無視できるものとする．

【解答 1】 ［例題 2.9］の結果を利用すれば，静電容量は $C = \frac{Q}{V} = \frac{\sigma S}{V} = \frac{\varepsilon_0}{d} S\,[\mathrm{F}]$ である．したがって，キャパシタに蓄えられるエネルギーは $W = \frac{Q^2}{2C} = \frac{dQ^2}{2\varepsilon_0 S}\,[\mathrm{J}]$ である．そこで，仮想変位の考え方を利用するためには，電荷が充電された条件の問題であるから，力が働いた結果，変化する距離で微分する際に，負符号を付ける必要がある．したがって

$$F = -\frac{\partial W}{\partial x} = -\frac{\partial}{\partial d}\left(\frac{dQ^2}{2\varepsilon_0 S}\right) = -\frac{Q^2}{2\varepsilon_0 S}\,[\mathrm{N}]$$

となる．計算結果が負であることより，力の向きは変化する距離，つまり電極間距離が小さくなる方向である．

【解答 2】 マクスウェルのひずみ力で解釈すれば，導体表面の電界は $E = \frac{\sigma}{\varepsilon_0} = \frac{Q}{\varepsilon_0 S}\,[\mathrm{V \cdot m^{-1}}]$ である．$f = \frac{\varepsilon_0 E^2}{2} = \frac{Q^2}{2\varepsilon_0 S^2}\,[\mathrm{N \cdot m^{-2}}]$ の圧力が働き，電気力線の方向には空間が縮む方向の力になる．空間が縮む方向であるから電極間距離が短くなる方向となる．電極全体に働く力は圧力に面積を掛ければよい． ■

例題 2.14

電極面積が $S\,[\mathrm{m}^2]$，電極間距離が $d\,[\mathrm{m}]$ の平行平板電極間に $V_0\,[\mathrm{V}]$ の電圧を印加した場合に電極に働く力を求めよ．なお，電極端部での電界の乱れは無視できるものとする．

【解答 1】 キャパシタに蓄えられるエネルギーは $W = \frac{C}{2} V_0^2 = \frac{\varepsilon_0 S}{2d} V_0^2\,[\mathrm{J}]$ になる．仮想変位の考え方を利用すれば，電源が接続された条件の問題であるから，微分する際の符号は正なので

$$F = \frac{\partial W}{\partial x} = \frac{\partial}{\partial d}\left(\frac{\varepsilon_0 S V_0^2}{2d}\right) = -\frac{\varepsilon_0 S V_0^2}{2d^2}\,[\mathrm{N}]$$

となる．計算結果が負であり，電極間距離が小さくなることを意味している．

【解答 2】 マクスウェルのひずみ力で解釈すれば，導体表面の電界は $E = \frac{V_0}{d}\,[\mathrm{V \cdot m^{-1}}]$ である．したがって $f = \frac{\varepsilon_0 E^2}{2} = \frac{\varepsilon_0 V_0^2}{2d^2}\,[\mathrm{N \cdot m^{-2}}]$ の圧力が働き，電気力線の方向には空間が縮む方向の力になる．空間が縮む方向であるから電極間距離が短くなる方向となる．電極全体に働く力は圧力に面積を掛ければよい． ■

例題 2.15

空気には最大で 3 MV・m^{-1} 程度の電界を印加することができる．この場合，導体表面に誘導する電荷密度を求めよ．あわせて，導体の単位面積あたりに働く力を求めよ．

【解答】 導体表面の電界と誘導電荷密度との関係は (2.1) 式のように

$$\sigma = \varepsilon_0 \boldsymbol{E} \cdot \boldsymbol{n}\,[\mathrm{C \cdot m^{-2}}]$$

であるから，数値を代入すれば

$$\begin{aligned}\sigma &= \varepsilon_0 E \\ &= 2.66 \times 10^{-5}\,[\mathrm{C \cdot m^{-2}}]\end{aligned}$$

となる．

マクスウェルのひずみ力の考えを用いれば

$$\begin{aligned}f &= \frac{\varepsilon_0 E^2}{2} \\ &= 39.8\,[\mathrm{N \cdot m^{-2}}]\ (= [\mathrm{Pa}])\end{aligned}$$

■

2.2 節の関連問題

□ **2.5** 円柱座標系において，外半径 a [m] の円柱導体と内半径 b [m]，外半径 c [m] の円筒導体が同軸状に置かれている（$a < b < c$）．両導体間の単位長さあたりの静電容量を求めよ．

□ **2.6** 図 2 のように，半径 a [m] の十分に長い直線状の導線が 2 本，間隔 d [m] で平行に置かれている．単位長さあたりの静電容量を求めよ．

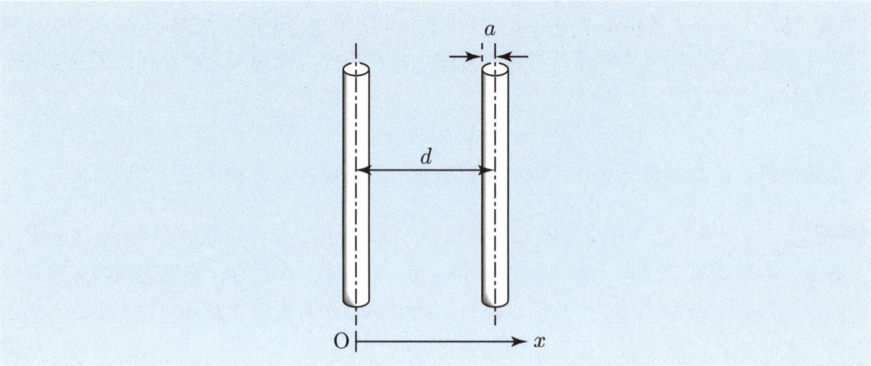

図 2

□ **2.7**　図 3 に示す 5 つの回路は，直流電圧 V [V] の電源と静電容量 C [F] のキャパシタの個数と組合せを異にしたものである．これらの回路のうちで，キャパシタ全体に蓄えられている電界のエネルギーが最も小さい回路はどれか．　（H21 電験三種問題改）

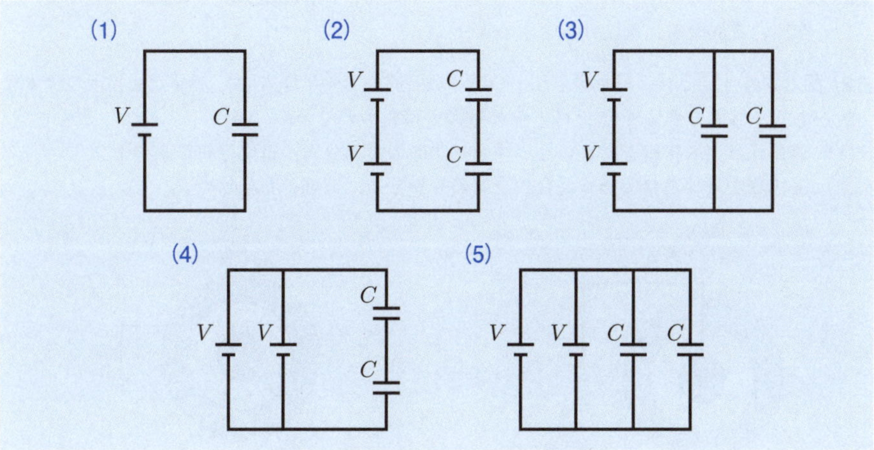

図 3　電源とキャパシタの接続

□ **2.8**　図 4 のように真空中に置かれた電極面積 S [m^2]，電極間距離 d [m] の平行平板電極 A_1, A_2 がある．A_1 電極から x [m] の位置に，厚さの無視できる平板電極 A_3 を平行平板電極と平行に配置してある．以下の問に答えよ．　（H12 電験二種問題改）

(1)　A_1-A_3 電極間の静電容量を求めよ．

(2)　A_2-A_3 電極間の静電容量を求めよ．

(3)　A_1, A_2 をともに接地し，A_3 に Q [C] の電荷を充電したとき，この電極系に蓄えられる電界のエネルギーを求めよ．

(4)　このとき，A_3 に働く力を求め，$0 < x < \frac{d}{2}$ のとき，力の向きを求めよ．

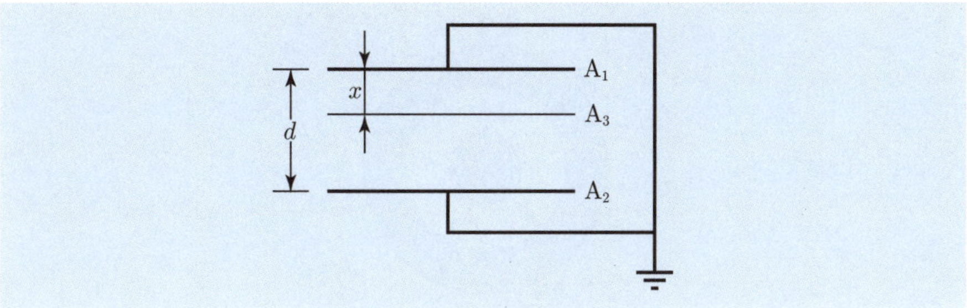

図 4　平行平版電極の配置

第2章の問題

□**1**　図5に示すように，外半径 a [m] の導体球と同心で内半径 b [m]，外半径 c [m] の導体球殻がある．導体球に V_0 [V] の電源が接続されている．導体球殻は何も接続されていない場合，空間の電界分布，電位分布を求めよ．

□**2**　図6に示すように，外半径 a [m] の導体球と同心で内半径 b [m]，外半径 c [m] の導体球殻がある．外側の導体球殻に V_0 [V] の電源が接続されている．

(1)　導体球は何も接続されていない場合，空間の電界分布，電位分布を求めよ．

(2)　導体球が接地されている場合の空間の電界分布，電位分布を求めよ．

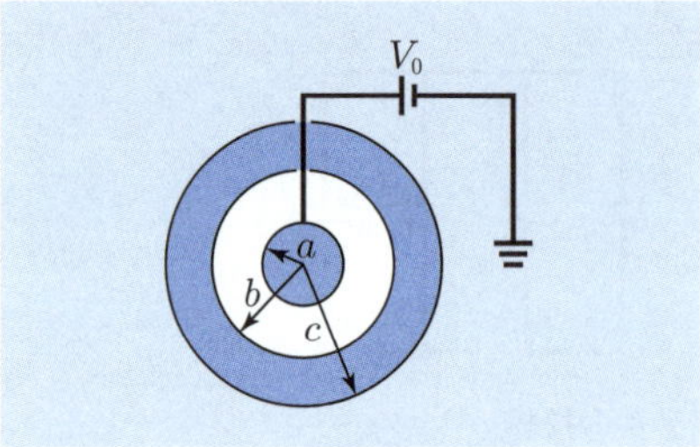

図5

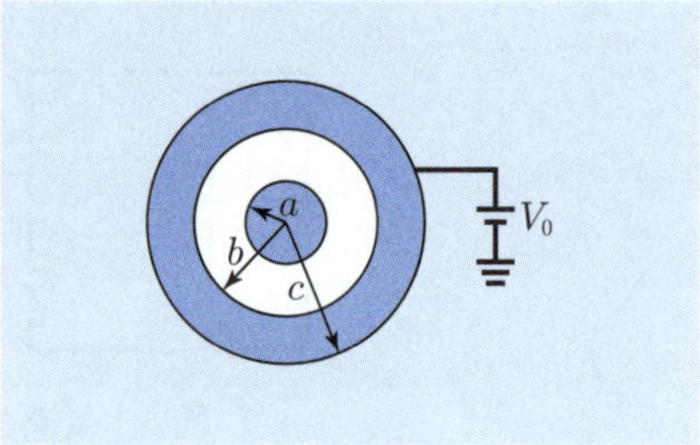

図6

□**3**　図7に示すように，外半径 a [m] の導体球と同心で，内半径 b [m]，外半径 c [m] の導体球殻が置かれている．この場合，次の問に答えよ．

(1)　導体1に Q [C] の電荷を充電し，導体2は他の物体とは全く接続されていない場合，導体1の静電容量を求めよ．

(2)　導体2に Q [C] の電荷を充電し，導体1は他の物体とは全く接続されていない場合，導体2の静電容量を求めよ．

(3)　導体2に Q [C] の電荷を充電し，導体1を接地した場合の導体2の静電容量を求めよ．

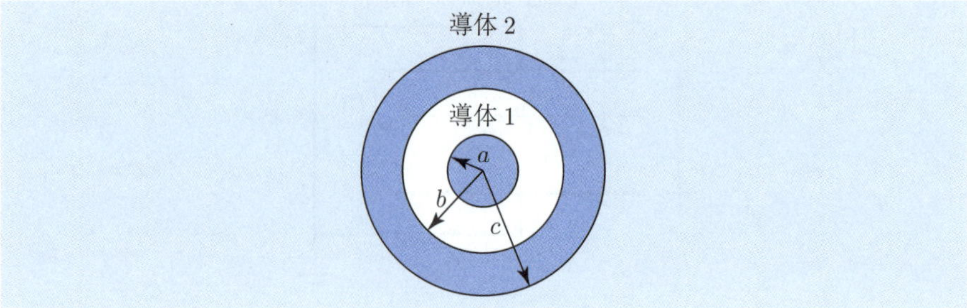

図7

□ **4** 図 8 に示すように，半径 a [m] の 2 つの金属球を距離 d [m] 離して配置した．この球間の静電容量を求めよ．なお，$a \ll d$ とする．

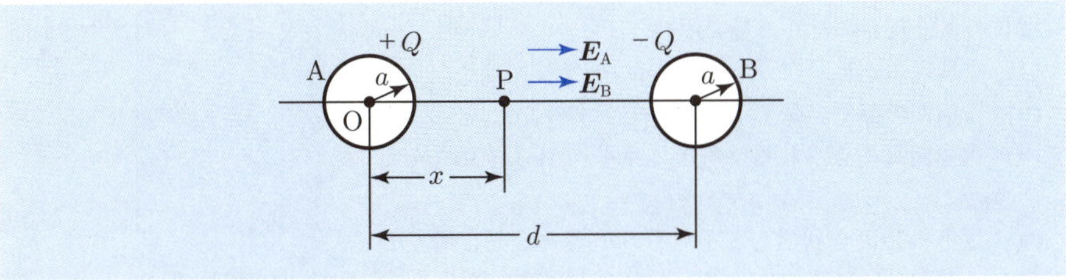

図 8

□ **5** 図 9 に示すように，静電容量 C_1, C_2 [F] の平行平板キャパシタがあり，それぞれ V_1, V_2 [V] に充電されている．負の電荷が誘導される側の電極は抵抗 0 Ω の導線で接続し，正側の電極は抵抗 R [Ω] とスイッチを通して接続する．スイッチを投入後しばらくの間は電流が流れ，やがて両者の端子電圧が等しく V_0 [V] になったものとする．電荷の移動はゆっくり行われるものとし，次の問に答えよ．

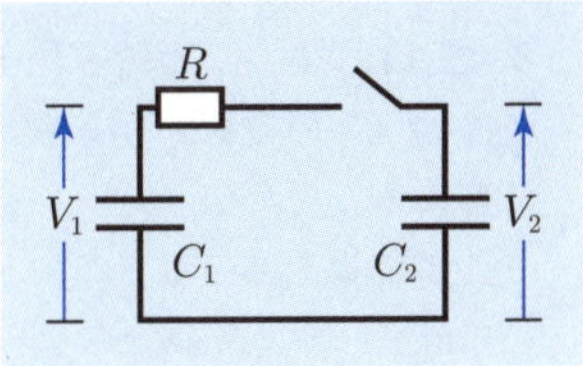

図 9

(1) 抵抗で接続する前の 2 つのキャパシタに蓄えられていたエネルギーの総和を求めよ．

(2) V_0 [V] の値を求めよ．

(3) 接続後の全体のエネルギーと最初のエネルギーの差を求めよ．

(4) このエネルギーの差はどのように消費されたのかを考えよ．

□ **6** 半径 a [m] と b [m]（$a < b$）の厚さの無視できる球殻導体があり，同心状に配置されている．半径 a [m] の内側の空間には，体積電荷密度 ρ [C·m^{-3}] で電荷が一様に分布している．また，半径 b [m] の外側導体は接地され，半径 a [m] の内側導体は電気的に全く接続されていないものとする．次の問に答えよ．

(1) 空間全体の電界分布と電位分布を求めよ．

(2) 各空間におけるエネルギー密度を求めよ．

(3) 全空間に蓄えられる全エネルギーを求めよ．

(4) 外側導体（$r = b$）の内側表面における単位面積あたりに働く力を求めよ．

① 仮想変位の考えに基づき求めよ．

② マクスウェルのひずみ力の考えにより求めよ．

□ **7** 図10のような内導体の外半径 a [m]，外導体の内半径が b [m] の同軸電極がある．この導体間に V_0 [V] の電源が接続されている．次の問に答えよ．なお，(2), (3), (4) は導体の単位長さあたりの量で示せ．

(1) 電極間の電界分布 $\boldsymbol{E}(r)$ [$\mathrm{V \cdot m^{-1}}$] を求めよ．

(2) 電極間の静電容量 C [$\mathrm{F \cdot m^{-1}}$] を求めよ．

(3) 電極間に蓄えられる静電エネルギー W [$\mathrm{J \cdot m^{-1}}$] を求めよ．

(4) 以上の結果を利用してそれぞれの導体表面に働く力 F_a, F_b [$\mathrm{N \cdot m^{-1}}$] の大きさと方向をそれぞれ求めよ．

(5) 電極間に蓄えられるエネルギー密度 w [$\mathrm{J \cdot m^{-3}}$] を求め，それぞれの電極表面での単位面積あたり働く力 f_a, f_b [$\mathrm{N \cdot m^{-2}}$] の大きさと方向をそれぞれ求めよ．

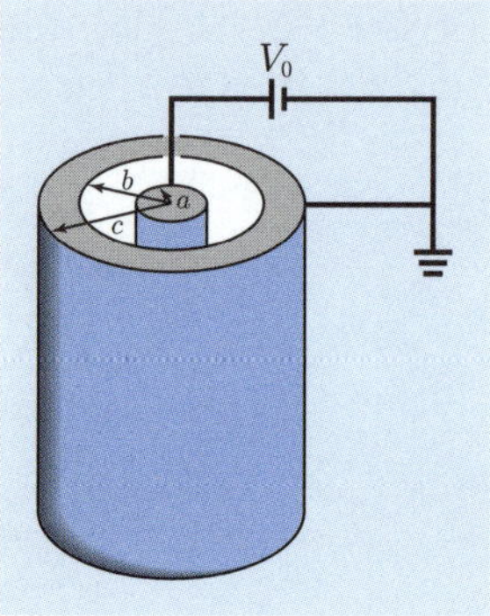

図 10

□ **8** 図11のような面積 S [$\mathrm{m^2}$] の平行平板電極間に同じサイズの導体板を挿入した．導体板には Q [C] の電荷が与えられている．電極端部の電界の乱れは無いものとして，以下の問に答えよ．ただし，$d_1 < d_2$ とする．

(1) 導体板上部の電界の大きさを E_1，下部の電界の大きさを E_2 としたとき，これらの間に成立しなくてはならない条件を式で示せ．

(2) E_1 および E_2 を求めよ．

(3) 導体板に働く力の大きさと方向を答えよ．

(4) 導体板の接地電極に対する静電容量を求めよ．

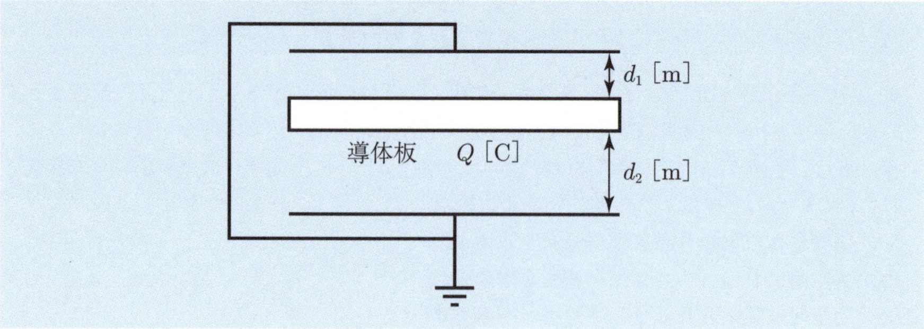

図 11

第3章

誘電体と静電界

ここまでに，電荷の作る電界や導体の存在する場における電界の性質と問題の解法を学んできた．ところで，実用上は電圧の加わった導体を支えるために，あるいは感電するのを防ぐために電流を流さない物質（絶縁物（insulator））で導体を被覆する必要がある．また，身の周りにはエレクトレットマイクロフォンや圧電素子などのセンサが数多く用いられている．これらも電気的には絶縁体であるが，機能性を有するために誘電体と呼ばれる．そこで，本書では，後者も含んだ絶縁体よりも広い意味で用いられる「誘電体」の用語を用いることにする．

誘電体が存在する場における静電界の解析には，電界の他に，新たに電束密度を定義する必要がある．本章では誘電体の電界に対する振舞いを，問題の解法を通して理解し，電界の存在する場の解析方法を学ぶ．特に，本章の内容は実用の上で重要な要素を多く含んでおり，具体的な数値を用いた問題も用意してある．

第 3 章の重要項目

◎誘電体の静電界に対する振舞いの解釈

- 微視的な解釈：**双極子モーメント** $Q\boldsymbol{l} = \boldsymbol{p}$ [C·m] を定義

$$\boldsymbol{p} = \alpha \boldsymbol{E}\ [\mathrm{C \cdot m}]$$

- 巨視的な解釈：**分極** $\boldsymbol{P} = \frac{\sum_i \boldsymbol{p}_i}{v}$ [C·m^{-2}] を定義

$$\boldsymbol{P} = \varepsilon_0 \chi_\mathrm{e} \boldsymbol{E}\ [\mathrm{C \cdot m^{-2}}]$$

◎誘電体の存在する場におけるガウスの法則

$$\int \boldsymbol{D} \cdot d\boldsymbol{S} = \int \rho dv \tag{3.1}$$

電束密度：

$$\begin{aligned} \boldsymbol{D} &= \varepsilon_0 \boldsymbol{E} + \boldsymbol{P} = \varepsilon_0 \boldsymbol{E} + \varepsilon_0 \chi_\mathrm{e} \boldsymbol{E} \\ &= \varepsilon_0 (1 + \chi_\mathrm{e}) \boldsymbol{E} = \varepsilon_0 \varepsilon_\mathrm{r} \boldsymbol{E} = \varepsilon \boldsymbol{E}\ [\mathrm{C \cdot m^{-2}}] \end{aligned} \tag{3.2}$$

ε：物質の誘電率 [F·m^{-1}]　　ε_r：比誘電率（無次元の量），$\varepsilon_\mathrm{r} > 1$

- 境界条件

$$\text{電束密度}\quad D_1 \cos\theta_1 = D_2 \cos\theta_2 \tag{3.3}$$

$$\text{電界}\quad E_1 \sin\theta_1 = E_2 \sin\theta_2 \tag{3.4}$$

◎電界に蓄えられるエネルギー

- 電界のエネルギー密度：$w = \int \boldsymbol{E} \cdot d\boldsymbol{D} = \frac{\varepsilon E^2}{2} = \frac{D^2}{2\varepsilon}$ [J·m^{-3}]　(3.5)

$$W = \iiint w dv = \frac{1}{2} C V^2 = \frac{1}{2C} Q^2\ [\mathrm{J}] \qquad \cdots (2.5)$$

◎境界面に働く力

- **仮想変位法**：$F = \pm \left(\frac{\partial W}{\partial x} \right)_{\substack{+ : V\ \text{一定} \\ - : Q\ \text{一定}}}$ [N]　(3.6)
- **マクスウェルのひずみ力**

  電界によって空間や物質がひずむ力：$f = \frac{\varepsilon}{2} E^2 = \frac{1}{2\varepsilon} D^2$ [N·m^{-2}]

  　電気力線の方向：圧縮力

  　電気力線と垂直方向：膨張力

◎その他の解析手法

- **ポアソンの方程式**（電荷の分布する場の解析）：　$\nabla^2 V = -\frac{\rho}{\varepsilon}$　(3.7)
- **ラプラスの方程式**（電荷の分布しない場の解析）：$\nabla^2 V = 0$　(3.8)
- **影像法**　電界，電位，さらに電束密度に対して境界条件を満たすように電荷を配置し，第 1 章で学んだ解析法を利用する手法．

3.1　分極と誘電体の存在する場の静電界

▶問題解法のポイント

◎ガウスの法則を用いる上で，電束密度 $\boldsymbol{D}$ を以下のように定義する．

$$\begin{aligned}\boldsymbol{D} &= \varepsilon_0\boldsymbol{E} + \boldsymbol{P}\\ &= \varepsilon_0\varepsilon_{\rm r}\boldsymbol{E} = \varepsilon\boldsymbol{E}\,[\mathrm{C\cdot m^{-2}}]\end{aligned}$$

ε：物質の誘電率 $[\mathrm{F\cdot m^{-1}}]$　　$\varepsilon_{\rm r}$：比誘電率（無次元の量），$\varepsilon_{\rm r} > 1$

- 電束密度に関するガウスの法則（場の基本的な解析手法）

$$\int \boldsymbol{D}\cdot d\boldsymbol{S} = \int \rho dv$$

- ガウスの法則の解法は第 2 章で学んだ方法と同一

左辺：電荷の分布の形状に応じて座標系を使い分ける．

(1)　面対称に電荷が分布する場合：直角座標を用い

$$\iint \boldsymbol{D}\cdot d\boldsymbol{S} = DS \quad (x\ 方向)$$

（閉曲面の一方を導体内に設定するため）

(2)　軸対称に電荷が分布する場合：円柱座標を用い

$$\iint \boldsymbol{D}\cdot d\boldsymbol{S} = D_r 2\pi rh$$

(3)　点対称に電荷が分布する場合：球座標を用い

$$\iint \boldsymbol{D}\cdot d\boldsymbol{S} = D_r 4\pi r^2$$

右辺：電荷の分布形状に応じて計算（3 次元に電荷が分布するとすれば）．

(1) の場合

$$\iiint \rho dv = \int \rho S dx \quad (x\ 方向)$$

(2) の場合

$$\iiint \rho dv = \int \rho 2\pi rh dr$$

(3) の場合

$$\iiint \rho dv = \int \rho 4\pi r^2 dr$$

解析する領域に応じて積分範囲を十分に認識する必要あり．

- 境界条件

境界面と垂直に交わる電束密度の大きさが等しい（連続）

$$D_1\cos\theta_1 = D_2\cos\theta_2$$

境界面と平行な電界の強さが等しい（連続）

$$E_1\sin\theta_1 = E_2\sin\theta_2$$

例題 3.1

半径 a [m] の球電極に V_0 [V] の電圧を印加してある．この電極が比誘電率 ε_{r} の誘電体で半径 b [m]（$a < b$）まで包まれている場合，誘電体内，外の電界分布を求めよ．あわせて導体に接している誘電体の表面と誘電体の外側表面に現れる分極電荷密度 σ_{P} [$\mathrm{C \cdot m^{-2}}$] を求めよ．

【解答】 電荷量を Q [C] と仮定して電束密度に関するガウスの法則を用いれば

$$\begin{aligned} \text{左辺} &= \int \boldsymbol{D} \cdot d\boldsymbol{S} = \iint_0^{\pi} D_r r \sin\theta \, d\varphi \, r d\theta \\ &= \int_0^{2\pi} D_r 2r^2 d\varphi = D_r(r) 4\pi r^2 \\ \text{右辺} &= Q \end{aligned}$$

であり，境界が電気力線と垂直の配置の場合電束密度は連続するから，全ての領域（$a < r$）において

$$D_r(r) = \frac{Q}{4\pi r^2} \, [\mathrm{C \cdot m^{-2}}]$$

電界分布は

$$\begin{aligned} a < r < b \quad & E_r(r) = \frac{D_r(r)}{\varepsilon_0 \varepsilon_{\mathrm{r}}} = \frac{Q}{\varepsilon_0 \varepsilon_{\mathrm{r}} 4\pi r^2}, \\ b < r \quad & E_r(r) = \frac{D_r(r)}{\varepsilon_0} = \frac{Q}{\varepsilon_0 4\pi r^2} \, [\mathrm{V \cdot m^{-1}}] \end{aligned}$$

$$V_0 = -\left(\int_\infty^b \frac{Q}{4\pi\varepsilon_0} \frac{dr}{r^2} + \int_b^a \frac{Q}{4\pi\varepsilon_0\varepsilon_{\mathrm{r}}} \frac{dr}{r^2} \right) = \frac{Q}{4\pi\varepsilon_0} \left\{ \frac{1}{b} + \frac{1}{\varepsilon_{\mathrm{r}}} \left(\frac{1}{a} - \frac{1}{b} \right) \right\} [\mathrm{V}]$$

となり，ここで求まった電荷量 Q を代入すれば

$$\begin{aligned} & D_r(r) = \frac{\varepsilon_0 V_0}{r^2} \frac{1}{\frac{1}{b} + \frac{1}{\varepsilon_{\mathrm{r}}}\left(\frac{1}{a} - \frac{1}{b}\right)} \, [\mathrm{C \cdot m^{-2}}] \\ a < r < b \quad & E_r(r) = \frac{V_0}{\varepsilon_{\mathrm{r}} r^2} \frac{1}{\frac{1}{b} + \frac{1}{\varepsilon_{\mathrm{r}}}\left(\frac{1}{a} - \frac{1}{b}\right)}, \\ b < r \quad & E_r(r) = \frac{V_0}{r^2} \frac{1}{\frac{1}{b} + \frac{1}{\varepsilon_{\mathrm{r}}}\left(\frac{1}{a} - \frac{1}{b}\right)} \, [\mathrm{V \cdot m^{-1}}] \end{aligned}$$

となる．分極は $\boldsymbol{P} = \boldsymbol{D} - \varepsilon_0 \boldsymbol{E}$ であるから

$$\begin{aligned} a < r < b \quad P_r(r) &= D_r(r) - \varepsilon_0 E_r(r) \\ &= \frac{\varepsilon_0 V_0}{r^2} \frac{1}{\frac{1}{b} + \frac{1}{\varepsilon_{\mathrm{r}}}\left(\frac{1}{a} - \frac{1}{b}\right)} \left(1 - \frac{1}{\varepsilon_{\mathrm{r}}}\right) [\mathrm{C \cdot m^{-2}}], \\ b < r \quad P_r(r) &= D_r(r) - \varepsilon_0 E_r(r) \\ &= 0 \, [\mathrm{C \cdot m^{-2}}] \end{aligned}$$

となり，分極電荷密度は

$$\begin{aligned} \sigma_{\mathrm{P}}(a) &= -\boldsymbol{P} \cdot \boldsymbol{n} = -\frac{\varepsilon_0 V_0}{a^2} \frac{1}{\frac{1}{b} + \frac{1}{\varepsilon_{\mathrm{r}}}\left(\frac{1}{a} - \frac{1}{b}\right)} \left(1 - \frac{1}{\varepsilon_{\mathrm{r}}}\right) [\mathrm{C \cdot m^{-2}}], \\ \sigma_{\mathrm{P}}(b) &= -\boldsymbol{P} \cdot \boldsymbol{n} = \frac{\varepsilon_0 V_0}{b^2} \frac{1}{\frac{1}{b} + \frac{1}{\varepsilon_{\mathrm{r}}}\left(\frac{1}{a} - \frac{1}{b}\right)} \left(1 - \frac{1}{\varepsilon_{\mathrm{r}}}\right) [\mathrm{C \cdot m^{-2}}] \end{aligned}$$

図 3.1 に電界分布と電束密度分布とあわせ分極の様子を描く．

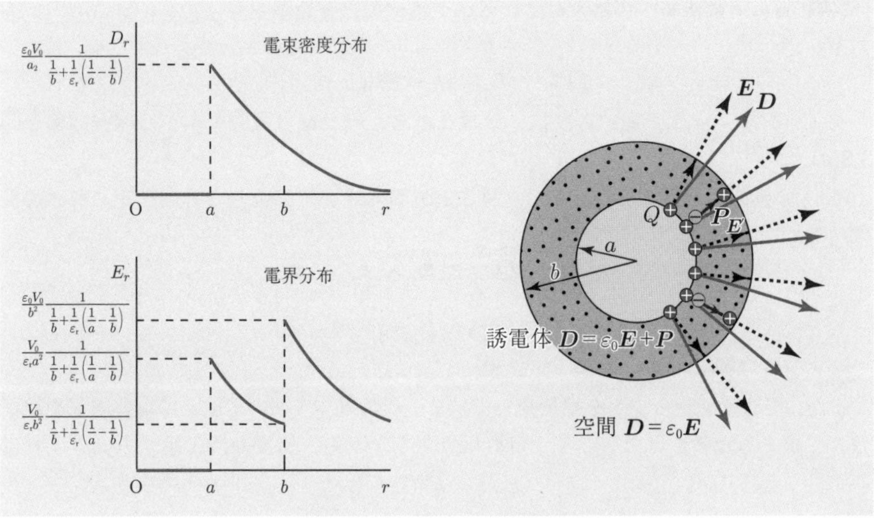

図 3.1　電界分布と電束密度分布および分極

例題 3.2

エレクトレットは電界を加えなくても分極 $\boldsymbol{P}\,[\mathrm{C\cdot m^{-2}}]$ が存在しており，外部から弱い電界を加えても配向の状態が変化しない物質である．このような物質を電極間隔 $d\,[\mathrm{m}]$ の十分に広い平行平板電極間に挿入する．

(1)　図 3.2(a) のように電極間を短絡した場合，誘電体内部の電界と電束密度を求めよ．

(2)　図 3.2(b) のように電極間を短絡したまま電極間隔 $l\,[\mathrm{m}]$ $(d < l)$ とした場合，誘電体内外の電界と電束密度，および電極間の電界分布を求めよ．

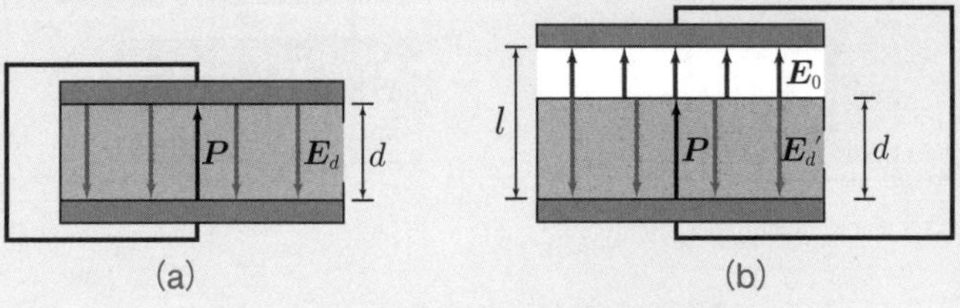

図 3.2　分極した誘電体と電極の配置

【解答】 (1) 電極間が短絡されているので電位差はゼロであり $E_d = 0\,[\mathrm{V\cdot m^{-1}}]$．したがって

$$\boldsymbol{D} = \varepsilon_0 \boldsymbol{E} + \boldsymbol{P} = \boldsymbol{P}\,[\mathrm{C\cdot m^{-2}}]$$

イメージをつかみやすいように，分極を示す力線と電束密度を示す力線の関係を図 3.3(a) に示す．

(2) 分極電荷が電界を作るので，図 3.2(b) に示すように記号と方向を定めれば誘電体内部では

$$\boldsymbol{D} = \varepsilon_0 \boldsymbol{E}'_d + \boldsymbol{P}$$

空間では

$$\boldsymbol{D} = \varepsilon_0 \boldsymbol{E}_0$$

で電束密度は連続する．

また，接地電極から空間を線積分して求まった誘電体表面の電位と誘電体内部を線積分して求まった電位とは等しくなければならないから，電界が図に示す方向とすれば

$$E'_d d = E_0(l - d)$$

である．

ここで，図 3.3(b) に示すように分極を示す力線と電束密度の方向は一致する．また，境界条件から電束密度は連続するから

$$\varepsilon_0(-E'_d) + P = \varepsilon_0 E_0$$

となり，電位の条件とあわせれば

$$E'_d = \frac{P}{\varepsilon_0}\frac{l-d}{l},$$
$$E_0 = \frac{P}{\varepsilon_0}\frac{d}{l}\,[\mathrm{V\cdot m^{-1}}]$$
$$D = \frac{d}{l}P\,[\mathrm{C\cdot m^{-2}}]$$

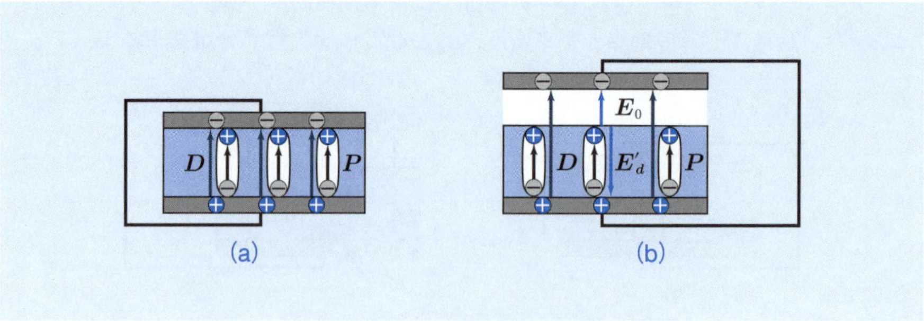

図 3.3 誘電体内外の力線

例題 3.3

2 つの誘電体が接する境界面を電気力線が図 3.4 の様に通過している．それぞれの誘電体の誘電率は $\varepsilon_1, \varepsilon_2\,[\mathrm{F \cdot m^{-1}}]$ で，電気力線が法線に対してなす角度は $\theta_1 = 45°, \theta_2 = 30°$ である．この 2 つの誘電率の比率を求めよ．なお，境界面には真電荷は存在していないものとする．　(H7 以前 電験二種問題改)

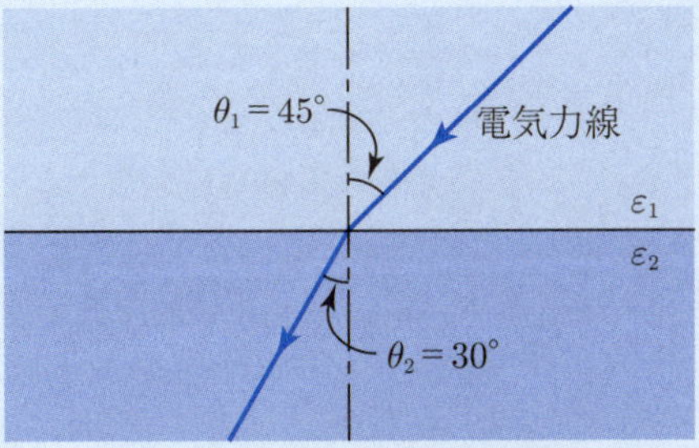

図 3.4　**2 つの誘電体の境界**

【解答】 境界条件として，電界は境界と平行な成分が連続，電束密度は境界と垂直成分が連続するから誘電率 ε_1 の 内部の電束密度を $D_1\,[\mathrm{C \cdot m^{-2}}]$，電界を $E_1\,[\mathrm{Vm^{-1}}]$，ε_2 の内部の電束密度を $D_2\,[\mathrm{C \cdot m^{-2}}]$，電界を $E_2\,[\mathrm{V \cdot m^{-1}}]$ とすれば

$$D_1 \cos 45° = D_2 \cos 30°$$

したがって

$$\varepsilon_1 E_1 \frac{1}{\sqrt{2}} = \varepsilon_2 E_2 \frac{\sqrt{3}}{2}$$

電界の境界条件より

$$E_1 \sin 45° = E_2 \sin 30°$$

したがって

$$E_1 \frac{1}{\sqrt{2}} = E_2 \frac{1}{2}$$

となるから

$$\begin{aligned} \varepsilon_1 E_1 \frac{1}{\sqrt{2}} &= \varepsilon_1 E_2 \frac{1}{2} \\ &= \varepsilon_2 E_2 \frac{\sqrt{3}}{2} \end{aligned}$$

したがって

$$\frac{\varepsilon_1}{\varepsilon_2} = \sqrt{3}$$

となる．■

例題 3.4

電極面積が $S\,[\mathrm{m}^2]$，電極間距離が $d\,[\mathrm{m}]$ の 2 つの平行平板キャパシタが並列に接続され，直流電圧 $V_0\,[\mathrm{V}]$ が印加されている．一方のキャパシタ C_1 には比誘電率が $\varepsilon_{\mathrm{r1}}$ の誘電体が，他方のキャパシタ C_2 には比誘電率が $\varepsilon_{\mathrm{r2}}$ の誘電体が挿入されている．真空の誘電率は $\varepsilon_0\,[\mathrm{F\cdot m^{-1}}]$ として以下の問に答えよ．

（H21 電験三種問題改）

(1)　それぞれのキャパシタ内部の電界を求めよ．

(2)　それぞれのキャパシタ内部の電束密度を求めよ．

(3)　それぞれのキャパシタに蓄えられる電荷量を求めよ．

【解答】　(1)　印加電圧はいずれも $V_0\,[\mathrm{V}]$ であり電極間距離は等しいから，電界はいずれも

$$\begin{aligned} E_1 &= E_2 \\ &= \tfrac{V_0}{d}\,[\mathrm{V\cdot m^{-1}}] \end{aligned}$$

となる．

(2)　$D = \varepsilon E$ であるから

$$\begin{aligned} D_1 &= \varepsilon_0\varepsilon_{\mathrm{r1}}E_1 \\ &= \varepsilon_0\varepsilon_{\mathrm{r1}}\tfrac{V_0}{d}, \\ D_2 &= \varepsilon_0\varepsilon_{\mathrm{r2}}E_2 \\ &= \varepsilon_0\varepsilon_{\mathrm{r2}}\tfrac{V_0}{d}\,[\mathrm{C\cdot m^{-2}}] \end{aligned}$$

(3)　$Q = \sigma S = \boldsymbol{D}\cdot\boldsymbol{n}S$ であるから

$$\begin{aligned} Q_1 &= D_1 S \\ &= \tfrac{\varepsilon_0\varepsilon_{\mathrm{r1}}S}{d}V_0, \\ Q_2 &= D_2 S \\ &= \tfrac{\varepsilon_0\varepsilon_{\mathrm{r2}}S}{d}V_0\,[\mathrm{C}] \end{aligned}$$

となる．■

例題 3.5

図 3.5 に示すように電極間距離が 10 mm で十分に広い平行平板電極が空気中に置かれ，電極と同形同面積の厚さ 4 mm で比誘電率 4 の固体誘電体が下部電極から 2 mm の位置に下部電極と平行に挿入されている．下部電極は接地し，上部電極に V_0 [kV] の電圧を印加した．端部での電界の乱れは無視できるものとし，次の問に答えよ．

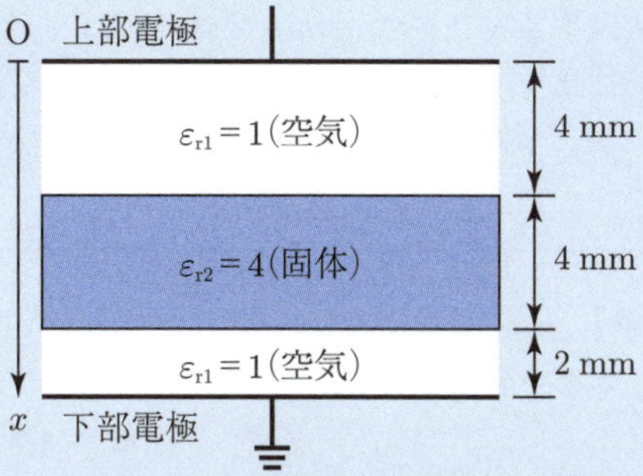

図 3.5 平行平板電極と誘電体の配置

（H21 電験三種問題改）

(1) 電極間の電束密度分布と電界分布をグラフに描け．

(2) 空気の部分の電界が $2\,\mathrm{kV\cdot mm^{-1}}$ となる場合の印加電圧の値を求めよ．

【解答】 (1) 電気力線が境界と垂直に交わる場合には，電束密度が連続する．したがって，誘電体内部の電束密度と空気の部分の電束密度は等しい．

$D=\varepsilon E$ であるから，誘電体内部の電界を $E_{\mathrm{d}}\,[\mathrm{V\cdot m^{-1}}]$，空間の電界を $E_{\mathrm{a}}\,[\mathrm{V\cdot m^{-1}}]$ とすれば

$$E_{\mathrm{d}}=\frac{D}{\varepsilon_0\varepsilon_{\mathrm{r2}}}=\frac{D}{4\varepsilon_0},$$
$$E_{\mathrm{a}}=\frac{D}{\varepsilon_0\varepsilon_{\mathrm{r1}}}=\frac{D}{\varepsilon_0}\,[\mathrm{V\cdot m^{-1}}]$$

であるから図 3.6 に示すように空間の電界の方が 4 倍大きな値になる．

(2) 電位差は

$$V_{\mathrm{AB}}=-\int_{\mathrm{B}}^{\mathrm{A}}\boldsymbol{E}\cdot d\boldsymbol{l}\,[\mathrm{V}]$$

と定義される．空間が誘電体の両側に存在しても空間の電界は等しいから，空間に加わる電位差の総和は空間の電界に空間の距離の和を掛ければよく

$$\begin{aligned}V&=E_{\mathrm{d}}4+E_{\mathrm{a}}6\\&=\frac{E_{\mathrm{a}}}{4}4+E_{\mathrm{a}}6\\&=2+12\\&=14\,[\mathrm{kV}]\end{aligned}$$

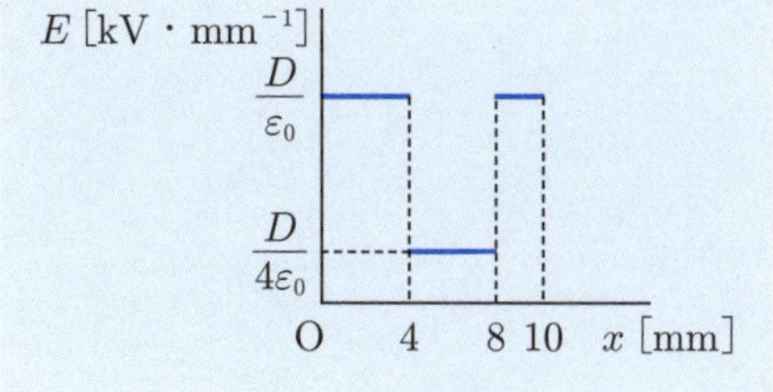

図 3.6 電界分布

■

■ 例題 3.6 ■

内導体の外半径 a [m]，外導体の内半径 b [m] の同軸ケーブルがあり，この電極間に比誘電率 ε_{r} が半径とともに変化する誘電体が詰まっているものとする．電界の値が半径によらず一定とするためには，$\varepsilon_{\mathrm{r}}(r)$ をどのように変化させればよいか．なお，$\varepsilon_{\mathrm{r}}(a) = \varepsilon_{\mathrm{r}a}$ とする．

【解答】 円柱形状であるから，円柱座標系を用いて導体に $\lambda\,[\mathrm{C\cdot m^{-1}}]$ の電荷を仮定するとガウスの法則の

$$
\begin{aligned}
\text{左辺} &= \int \boldsymbol{D}\cdot d\boldsymbol{S}\\
&= \iint D_r r d\theta\, dz\\
&= D_r(r) 2\pi r h\\
\text{右辺} &= \int \lambda dz\\
&= \lambda h
\end{aligned}
$$

であり

$$
\begin{aligned}
D_r(r) &= \tfrac{\lambda}{2\pi r}\,[\mathrm{C\cdot m^{-2}}],\\
E_r(r) &= \tfrac{D_r(r)}{\varepsilon_0\varepsilon_{\mathrm{r}}}\\
&= \tfrac{\lambda}{\varepsilon_0\varepsilon_{\mathrm{r}} 2\pi r}\,[\mathrm{V\cdot m^{-1}}]
\end{aligned}
$$

になる．ここで電界が一定になるためには分母が定数になる必要があり，条件から次式になる．

$$
\begin{aligned}
E_r(r) &= \tfrac{\lambda}{\varepsilon_0\varepsilon_{\mathrm{r}}(r) 2\pi r}\\
&= \mathrm{const.},\\
\varepsilon_{\mathrm{r}}(r) &= \varepsilon_{\mathrm{ra}}\tfrac{a}{r}
\end{aligned}
$$

この場合

$$
E_r(r) = \tfrac{\lambda}{\varepsilon_0\varepsilon_{\mathrm{ra}} 2\pi a}\,[\mathrm{V\cdot m^{-1}}]
$$

となる． ■

例題 3.7

図 3.7 のように外半径 a [m], 内半径 b [m] の同心球キャパシタがある．内球は厚さ t [m] で比誘電率 ε_{r} の誘電体で覆われている．球殻電極を接地し，球電極に Q [C] の電荷を充電したとき，以下の問に答えよ．

（H13 電験二種問題改）

(1) 球の中心から r [m] における電界の大きさを求めよ．

(2) 誘電体の外側表面の電位を求めよ．

(3) 誘電体の外側表面と内球との電位差を求めよ．

(4) この同心球の静電容量を求めよ．

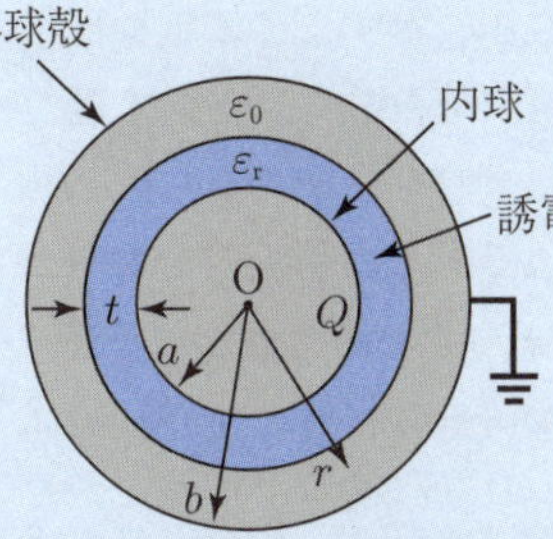

図 3.7 球電極と誘電体の配置

【解答】 (1) 電束密度に関するガウスの法則を用いれば，Q [C] の電荷が充電されている球電極の場合 $D_r = \frac{Q}{4\pi r^2}$ [$\mathrm{C \cdot m^{-2}}$] である．電気力線に対して誘電体境界が垂直の場合には電束密度は連続するから，誘電体内部も空間も同一の電束密度の式で表現できる．したがって

$$a < r < a+t \quad E_r = \frac{D_r}{\varepsilon_0 \varepsilon_{\mathrm{r}}} = \frac{Q}{4\pi\varepsilon_0\varepsilon_{\mathrm{r}} r^2}\ [\mathrm{V \cdot m^{-1}}]$$

$$a+t < r < b \quad E_r = \frac{D_r}{\varepsilon_0} = \frac{Q}{4\pi\varepsilon_0 r^2}\ [\mathrm{V \cdot m^{-1}}]$$

(2) 電位差は $V_{\mathrm{AB}} = -\int_{\mathrm{B}}^{\mathrm{A}} E_r dr$ [V] と定義されるから

$$V_{a+t} = -\int_b^{a+t} \frac{Q}{4\pi\varepsilon_0}\frac{dr}{r^2} = \frac{Q}{4\pi\varepsilon_0}\left[\frac{1}{r}\right]_b^{a+t} = \frac{Q}{4\pi\varepsilon_0}\left(\frac{1}{a+t} - \frac{1}{b}\right)\ [\mathrm{V}]$$

(3) $$V_t = -\int_{a+t}^{a} \frac{Q}{4\pi\varepsilon_0\varepsilon_{\mathrm{r}}}\frac{dr}{r^2} = \frac{Q}{4\pi\varepsilon_0\varepsilon_{\mathrm{r}}}\left[\frac{1}{r}\right]_{a+t}^{a} = \frac{Q}{4\pi\varepsilon_0\varepsilon_{\mathrm{r}}}\left(\frac{1}{a} - \frac{1}{a+t}\right)\ [\mathrm{V}]$$

(4) 電極間の電位差は (2) と (3) の電位差の和であり，静電容量は電荷量と電位差との比であるから

$$V = \frac{Q}{4\pi\varepsilon_0\varepsilon_{\mathrm{r}}}\left(\frac{1}{a} - \frac{1}{a+t}\right) + \frac{Q}{4\pi\varepsilon_0}\left(\frac{1}{a+t} - \frac{1}{b}\right)\ [\mathrm{V}]$$

$$C = \frac{Q}{V} = \frac{4\pi\varepsilon_0}{\frac{t}{\varepsilon_{\mathrm{r}} a(a+t)} + \frac{b-a-t}{b(a+t)}}\ [\mathrm{F}]$$

■

例題 3.8

図 3.8 に示すように電極面積が $S\,[\mathrm{m}^2]$，電極間距離が $d\,[\mathrm{m}]$ の，空気で満たされている平行平板キャパシタがある．この内部に，極板と同じ形状で同じ面積を有し厚さが $\frac{d}{4}\,[\mathrm{m}]$ で誘電率 $\varepsilon\,[\mathrm{F \cdot m^{-1}}]$ の誘電体を，一方の電極から $\frac{d}{2}\,[\mathrm{m}]$ の位置に平行平板と平行に挿入した．電極間に $V_0\,[\mathrm{V}]$ の直流電源を接続した場合，端部での電界の乱れは無視できるものとして以下の問に答えよ．　　　　　　　　　（H24 電験三種問題改）

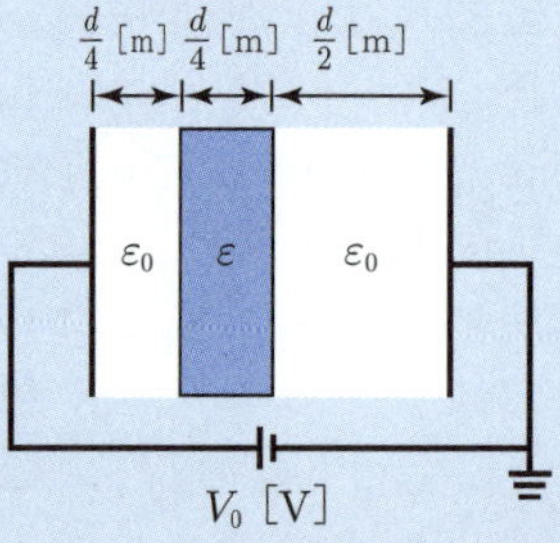

図 3.8　平行平板電極と誘電体

(1)　誘電体を挿入していない場合の静電容量を求めよ．

(2)　誘電体を挿入した場合の静電容量を求めよ．

(3)　誘電体表面外側の電界の大きさを求め，誘電体が挿入されていない場合の電界の大きさと比較せよ．

(4)　誘電体を導体に変えた場合の静電容量を求めよ．

(5)　誘電体を導体に変えて挿入した場合の導体表面外側の電界を求めよ．

【解答】 (1)　平行平板電極の静電容量は

$$C = \frac{\varepsilon_0 S}{d}\,[\mathrm{F}]$$

(2)　誘電体を挿入した場合，誘電体部分の容量と空間部分の容量の直列接続になるから合成容量は

$$C' = \frac{1}{\frac{d/4}{\varepsilon S} + \frac{3d/4}{\varepsilon_0 S}} = \frac{4\varepsilon_0 \varepsilon S}{\varepsilon_0 d + 3\varepsilon d}\,[\mathrm{F}]$$

C と比較するため変形し $C' = \frac{\varepsilon_0 S}{\frac{\varepsilon_0}{4\varepsilon} d + \frac{3}{4} d}$ とすると $\varepsilon > \varepsilon_0$ であるから $C' > C$ である．

(3)　電極間の電束密度は連続するから

挿入されていない場合は　$E = \frac{D}{\varepsilon_0} = \frac{\sigma}{\varepsilon_0} = \frac{CV}{S\varepsilon_0} = \frac{V_0}{d}\,[\mathrm{V \cdot m^{-1}}]$

挿入されている場合は　$E' = \frac{D'}{\varepsilon_0} = \frac{C'V}{S\varepsilon_0} = \frac{4\varepsilon V_0}{\varepsilon_0 d + 3\varepsilon d}\,[\mathrm{V \cdot m^{-1}}]$

(2) と同様に変形すれば $E' > E$

(4)　導体内は等電位であるから電極間距離は $\frac{3}{4}d\,[\mathrm{m}]$ になる．したがって

$$C'' = \frac{4\varepsilon_0 S}{3d}\,[\mathrm{F}]$$

(5)　$E'' = \frac{D''}{\varepsilon_0} = \frac{C''V_0}{S\varepsilon_0} = \frac{4V_0}{3d}\,[\mathrm{V \cdot m^{-1}}]$ ■

例題 3.9

厚さ $50\,\mu\mathrm{m}$ の誘電体の両面に $1.0\,\mathrm{m}^2$ の電極を貼りつけたキャパシタの静電容量を $1.0\,\mu\mathrm{F}$ とするためには，誘電体の比誘電率をいくつにすればよいか．なお，端部での電界の乱れはないものとする．

【解答】 平行平板電極の場合の静電容量は

$$C = \varepsilon \frac{S}{d}\,[\mathrm{F}]$$

であるから，数値を代入すれば

$$\begin{aligned}\varepsilon_{\mathrm{r}} &= \frac{Cd}{\varepsilon_0 S}\\ &= \frac{1\times10^{-6}\cdot 5\times10^{-5}}{8.85\times10^{-12}}\\ &\simeq 5.6\end{aligned}$$

■

3.1 節の関連問題

□ **3.1** 電極面積が $5.0\times10^{-3}\,\mathrm{m}^2$ で電極間隔が $5.0\,\mathrm{mm}$ の平行平板電極がある．この電極間に $5.0\,\mathrm{V}$ の電位差を印加した場合，以下の問に答えよ．なお，$\varepsilon_0 = 8.85\times10^{-12}\,[\mathrm{F\cdot m^{-1}}]$ である．また，端部での電界の乱れは無視できるものとする．

(1) 電極間の電界の強さを求めよ．

(2) 電極間の電束密度の大きさを求めよ．

(3) この状態における電極間の静電容量を求めよ．

(4) 電極間に比誘電率が 5.0 の誘電体を挿入した場合，電極間の電界を求めよ．

(5) (4) と同様の場合，電極間の電束密度を求めよ．

(6) この場合の電極間の静電容量を求めよ

□ **3.2** 電極面積が $5.0\times10^{-3}\,\mathrm{m}^2$ で電極間隔が $5.0\,\mathrm{mm}$ の平行平板電極がある．一方の電極を接地し，他方の電極に $5.0\,\mathrm{nC}$ の電荷を充電した場合，以下の問に答えよ．なお，$\varepsilon_0 = 8.85\times10^{-12}\,[\mathrm{F\cdot m^{-1}}]$ である．また，端部での電界の乱れは無視できるものとする．

(1) 電極間の電束密度の大きさを求めよ．

(2) 電極間の電界の強さを求めよ．

(3) この状態の電極間の静電容量を求めよ．

(4) 電極間に比誘電率が 5.0 の誘電体を挿入した場合，電極間の電束密度を求めよ．

(5) (4) と同様の場合，電極間の電界を求めよ．

(6) この場合の電極間の静電容量を求めよ．

□ **3.3** 電極間隔と電極面積が等しい3つの平行平板電極があり，それぞれ違った誘電体を挿入して静電容量の違うキャパシタを用意し，図1のように配線した．a-b 間に 30 V の電圧を印加した場合，それぞれのキャパシタ内部の電界と電束密度は $3\,\mu$F のキャパシタ内部の値と比べ，何倍になっているか求めよ．（H24 電験三種問題改）

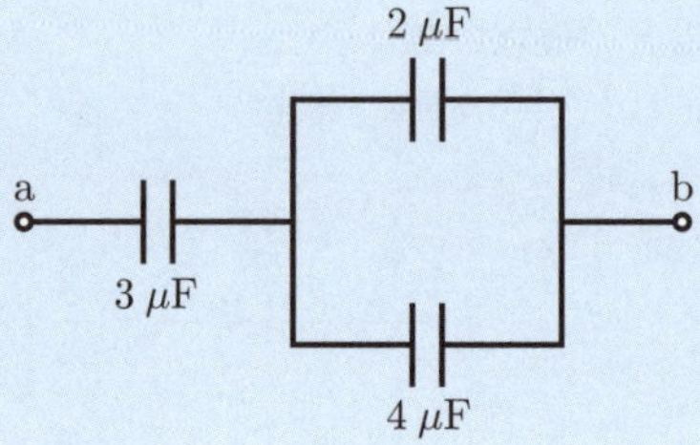

図1

□ **3.4** 図2のように内導体の外半径 a [m]，外導体の内半径 b [m] の同軸ケーブルがある．導体間には誘電率 ε [F · m^{-1}] の物体が満たされている．外導体を接地し，内導体に V_0 [V] の電圧を印加した場合，導体間の電界分布を求めよ．また，外導体の半径を固定して，内導体の表面の電界が最小になる条件を求め，そのときの電界強度を求めよ．

（H7 以前 電験二種問題改）

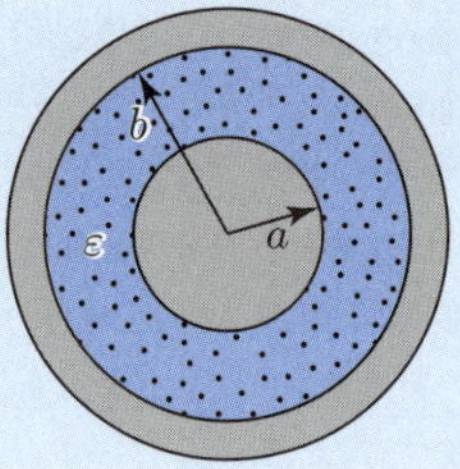

図2

3.2 電界に蓄えられるエネルギーと力

▶**問題解法のポイント**

◎電界の存在する場にエネルギーが蓄えられる．

- 電界のエネルギー密度：

$$w = \int \boldsymbol{E} \cdot d\boldsymbol{D} = \frac{\varepsilon E^2}{2} = \frac{D^2}{2\varepsilon}\ [\mathrm{J \cdot m^{-3}}]$$

- 電界あるいは電束密度の算出は 3.1 節の扱いが基本

◎静電容量に蓄えられるエネルギー

$$W = \iiint w dv = \frac{1}{2}CV^2 = \frac{1}{2C}Q^2\ [\mathrm{J}]$$

静電容量の算出は第 2 章

1. 導体に電荷が充電されているものとして Q[C] を仮定しガウスの法則を利用
2. 電位の定義に従って導体間の電位差を算出
3. 与えられた電位差を用いて仮定した電荷量を決定
4. 3. で算出された結果から静電容量を決定

◎境界面に働く力：エネルギー密度の違いがある界面に力が発生

- **仮想変位法：**

$$F = \pm \left(\frac{\partial W}{\partial x}\right)_{\substack{+:V\ \text{一定} \\ -:Q\ \text{一定}}}\ [\mathrm{N}]$$

力が働くことにより変位すると想定できる距離を変数と見なし微分（偏微分）

電荷を充電した場合と電圧を印加した場合で符号を変える必要あり

→ 微分した結果が正になれば，距離は増加する方向

→ 微分した結果が負になれば，距離は減る方向

- **マクスウェルのひずみ力：**

$$f = \frac{\varepsilon}{2}E^2 = \frac{1}{2\varepsilon}D^2\ [\mathrm{N \cdot m^{-2}}]$$

電界によって空間や物質がひずむ力

電気力線の方向：圧縮力

電気力線と垂直方向：膨張力

注意：空間にもひずみ力が発生することを忘れてはならない．

例題 3.10

面積 1.0 m^2，厚さ 100 μm で比誘電率 3.0 のフィルムの両面に電極を貼りつけ，キャパシタを作った．このキャパシタの静電容量を求めよ．また，このキャパシタに 100 V の電圧を印加した場合，蓄えられる電荷量と蓄えられるエネルギーを求めよ．なお，端部での電界の乱れは無視できるものとする．

【解答】 平行平板電極の場合の静電容量は $C = \frac{\varepsilon S}{d}$ [F] であるから，数値を代入すれば

$$
\begin{aligned}
C &= \varepsilon \frac{S}{d} = 8.85 \times 10^{-12} \cdot 3 \frac{1}{1 \times 10^{-4}} \\
&\simeq 2.7 \times 10^{-7}\ [\mathrm{F}] \\
Q &= CV = \varepsilon \frac{S}{d} V \\
&= 2.7 \times 10^{-7} \cdot 100 \simeq 27 \times 10^{-6}\ [\mathrm{C}] \\
W &= \frac{CV^2}{2} = \frac{2.7 \times 10^{-7} \cdot 100^2}{2} \simeq 1.3 \times 10^{-3}\ [\mathrm{J}]
\end{aligned}
$$

■

例題 3.11

電極間距離 d [m] で面積 S [m^2] の平行平板キャパシタ A, B がある．キャパシタ A は電極間が空気であり，キャパシタ B は電極間に比誘電率 4 の物質が満たされている．それぞれ一方の電極に V [V] の電圧を加え，他方の電極を接地したとき，キャパシタ A ならびに B 内部の電界の値を求めよ．また，それぞれのキャパシタに蓄えられる電荷量と電界のエネルギーを求めよ．（H22 電験三種問題改）

【解答】 平行平板電極間の静電容量は，電極間に誘電率 ε の物質が挿入されている場合には

$$
C = \frac{\varepsilon S}{d}\ [\mathrm{F}]
$$

である．したがって，キャパシタ A は $C_{\mathrm{A}} = \frac{\varepsilon_0 S}{d}$ [F]，キャパシタ B は $C_{\mathrm{B}} = \frac{4\varepsilon_0 S}{d}$ [F]

印加電圧はいずれも V [V] であり電極間距離は等しいから，電界はいずれも

$$
E_{\mathrm{A}} = E_{\mathrm{B}} = \frac{V}{d}\ [\mathrm{V \cdot m^{-1}}]
$$

となる．電荷量は $Q = CV$ [C] であるから

$$
\begin{aligned}
Q_{\mathrm{A}} &= C_{\mathrm{A}} V = \frac{\varepsilon_0 S}{d} V\ [\mathrm{C}], \\
Q_{\mathrm{B}} &= \frac{4\varepsilon_0 S}{d} V\ [\mathrm{C}]
\end{aligned}
$$

蓄えられる電界のエネルギーは $W = \frac{CV^2}{2}$ [J] であるから

$$
\begin{aligned}
W_{\mathrm{A}} &= \frac{\varepsilon_0 S}{2d} V^2\ [\mathrm{J}], \\
W_{\mathrm{B}} &= \frac{2\varepsilon_0 S}{d} V^2\ [\mathrm{J}]
\end{aligned}
$$

になる．

■

例題 3.12

図 3.9 のように，電極面積が $S\,[\mathrm{m}^2]$，電極間距離が $2d\,[\mathrm{m}]$ の 2 つのキャパシタがあり，スイッチ S と抵抗を介して連結されている．キャパシタ A の電極間は真空で，その静電容量は $C\,[\mathrm{F}]$ であり，キャパシタ B の電極間は上下に二等分され，上半分は真空，下半分は比誘電率 3 の誘電体で満たされている．端部での電界の乱れ（**端効果**）はないものとして以下の問に答えよ．（H16 電験二種問題改）

(1) キャパシタ A と B は電圧 $V\,[\mathrm{V}]$ と $2V\,[\mathrm{V}]$ にそれぞれ充電されている．それぞれのキャパシタに蓄えられている電荷量を求めよ．

(2) スイッチを閉じて十分時間が経過した後キャパシタの端子間電圧を求めよ．

(3) スイッチを閉じる前の系全体のエネルギーを求めよ．

(4) スイッチを閉じて十分に時間が経過した後の系全体のエネルギーを求めよ．

(5) スイッチを閉じてから十分に時間が経過するまでの間に抵抗 $R\,[\Omega]$ で消費されるエネルギーを求めよ．

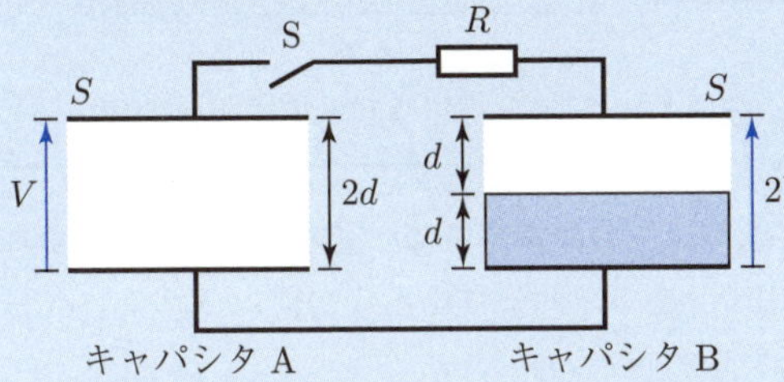

図 3.9 2 つのキャパシタとその接続

【解答】 (1) キャパシタ A の静電容量は $C_{\mathrm{A}} = \frac{\varepsilon_0 S}{2d}\,[\mathrm{F}]$，キャパシタ B の静電容量は真空部分の容量と誘電体部分の容量の直列になるから $C_{\mathrm{B}} = \frac{1}{\frac{d}{\varepsilon_0 S} + \frac{d}{3\varepsilon_0 S}} = \frac{3\varepsilon_0 S}{4d} = \frac{3}{2}C_{\mathrm{A}}\,[\mathrm{F}]$ となる．よって $Q_{\mathrm{A}} = C_{\mathrm{A}}V\,[\mathrm{C}]$, $Q_{\mathrm{B}} = \frac{3}{2}C_{\mathrm{A}}2V = 3C_{\mathrm{A}}V\,[\mathrm{C}]$

(2) スイッチを入れた後の合成容量は 2 つのキャパシタが並列になるから $\frac{5}{2}C_{\mathrm{A}}\,[\mathrm{F}]$ であり $V' = \frac{4C_{\mathrm{A}}V}{\frac{5}{2}C_{\mathrm{A}}} = \frac{8}{5}V\,[\mathrm{V}]$

(3) キャパシタ A, B に蓄えられていた電界のエネルギーは $W_{\mathrm{A}} = \frac{C_{\mathrm{A}}V^2}{2}\,[\mathrm{J}]$, $W_{\mathrm{B}} = \frac{\frac{3}{2}C_{\mathrm{A}}(2V)^2}{2} = 3C_{\mathrm{A}}V^2\,[\mathrm{J}]$ である．したがって $W = \frac{7C_{\mathrm{A}}V^2}{2}\,[\mathrm{J}]$

(4) $W' = \frac{\frac{5}{2}C_{\mathrm{A}}\left(\frac{8}{5}V\right)^2}{2} = \frac{16}{5}C_{\mathrm{A}}V^2\,[\mathrm{J}]$

(5) 初めに蓄えられていたエネルギーとスイッチを閉じた後のエネルギーの差

$$W'' = \left(\frac{7}{2} - \frac{16}{5}\right)C_{\mathrm{A}}V^2 = \frac{3}{10}C_{\mathrm{A}}V^2\,[\mathrm{J}]$$

が抵抗で消費される． ■

例題 3.13

図 3.10 のように真空中に一辺 a [m] の正方形で電極間距離が d [m] の平行平板電極がある．電極間に電極と同形で厚さ t [m]，比誘電率 ε_r の誘電体が，極板と平行に挿入されている．電束は一様に分布し，端効果はないものとする．また，真空の誘電率は ε_0 [F · m^{-1}] として次の問に答えよ． (H20 電験二種問題改)

(1) この電極間の静電容量を求めよ．

(2) 電極間に V_0 [V] の電位差を印加したとき，電極間の電束密度を求めよ．

(3) 誘電体部分の電界の大きさを求めよ．

(4) 電極間に蓄えられる電界のエネルギーを求めよ．

図 3.10 平行平板電極間への誘電体の挿入

【解答】 (1) 平行平板電極間の静電容量は，電極間に誘電率 ε の物質が挿入されている場合には $C = \frac{\varepsilon S}{d}$ [F] である．問では誘電体が挿入されている部分と空間の容量の直列になり合成容量は

$$C = \frac{1}{\frac{d-t}{\varepsilon_0 a^2} + \frac{t}{\varepsilon_0 \varepsilon_r a^2}} = \frac{\varepsilon_0 \varepsilon_r a^2}{\varepsilon_r (d-t) + t} \text{ [F]}$$

(2) 電束密度は連続するから

$$D = \sigma = \frac{Q}{a^2} = \frac{CV}{a^2} = \frac{\varepsilon_0 \varepsilon_r V}{\varepsilon_r (d-t) + t} \text{ [C} \cdot \text{m}^{-2}\text{]}$$

(3) $E = \frac{D}{\varepsilon_0 \varepsilon_r} = \frac{V}{\varepsilon_r (d-t) + t}$ [V · m^{-1}]

(4) $W = \frac{CV^2}{2}$ [J] であるから

$$W = \frac{1}{2} \frac{\varepsilon_0 \varepsilon_r a^2 V^2}{\varepsilon_r (d-t) + t} \text{ [J]}$$

■

例題 3.14

図 3.11 のように電極間距離 d [m]，電極の一辺が a [m] の正方形で構成されている平行平板電極間が真空中に置かれている．この電極間に面積が $a \times b$ [m^2] $(a > b)$ で厚さ d [m]，誘電率 ε [F · m^{-1}] の誘電体を挿入する．電極端部と誘電体端部での電界の乱れは無視できるものとする．V_0 [V] の電圧が印加されている場合に対してそれぞれ以下の問に答えよ．

(1) 電極間の電界分布と電束密度分布を求めよ．

(2) 電極間に蓄えられるエネルギーを求めよ．

(3) 挿入した誘電体の界面に働く力を求めよ．

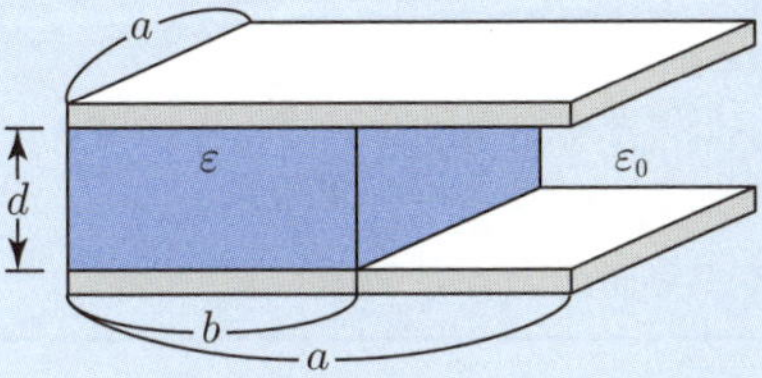

図 3.11 平行平板電極間に挿入された誘電体

【解答 1】 (1) 電極と誘電体の配置から，真空部分と誘電体内部とでは電界が連続する．電極間には V_0 [V] の電圧が印加され，電極間距離が d [m] であるから電界はいずれの部分も

$$E = \frac{V_0}{d} \, [\mathrm{V \cdot m^{-1}}]$$

になり，電束密度は

$$\text{真空部分 } D_\mathrm{v} = \varepsilon_0 \frac{V_0}{d} \, [\mathrm{C \cdot m^{-2}}], \quad \text{誘電体内部 } D_\mathrm{d} = \varepsilon \frac{V_0}{d} \, [\mathrm{C \cdot m^{-2}}]$$

(2) エネルギーは

$$\text{真空部分} \quad w_\mathrm{v} = \frac{\varepsilon_0 E^2}{2} = \frac{\varepsilon_0}{2} \left(\frac{V_0}{d} \right)^2 \, [\mathrm{J \cdot m^{-3}}]$$

$$\text{誘電体内部} \quad w_\mathrm{d} = \frac{\varepsilon E^2}{2} = \frac{\varepsilon}{2} \left(\frac{V_0}{d} \right)^2 \, [\mathrm{J \cdot m^{-3}}]$$

電極間全体では $W = \int w dv = \frac{\varepsilon_0}{2} \left(\frac{V_0}{d} \right)^2 a(a-b)d + \frac{\varepsilon}{2} \left(\frac{V_0}{d} \right)^2 abd$ [J]

(3) 力が働くことによって b が変化するはずである．また，電源が接続された状態の設問であるから，仮想変位法を用いれば

$$\begin{aligned} F &= \frac{\partial W}{\partial b} = \frac{1}{2} \left(\frac{V_0}{d} \right)^2 \frac{\partial}{\partial b} \{ \varepsilon_0 a(a-b)d + \varepsilon abd \} \\ &= \frac{\varepsilon_0}{2} \left(\frac{V_0}{d} \right)^2 (\varepsilon - \varepsilon_0) \, ad \, [\mathrm{N}] \end{aligned}$$

必ず $\varepsilon > \varepsilon_0$ であるから b が大きくなる方向の力になる．つまり，誘電体が真空側に引き込まれる力が発生する．

【解答2】 (3)　マクスウェルのひずみ力の考えを利用すると，誘電体や空間にはそれぞれひずみ力が発生する．誘電体表面は電気力線と平行になる配置だから

空間には　$f_{\mathrm{v}} = \frac{\varepsilon_0 E^2}{2} = \frac{\varepsilon_0}{2}\left(\frac{V_0}{d}\right)^2$ $[\mathrm{N \cdot m^{-2}}]$　の膨らむ方向の力が働く

誘電体は　$f_{\mathrm{d}} = \frac{\varepsilon E^2}{2} = \frac{\varepsilon}{2}\left(\frac{V_0}{d}\right)^2$ $[\mathrm{N \cdot m^{-2}}]$　の膨らむ方向の力が働く

したがって，界面には両者の差の力が働くので

$$F = (f_{\mathrm{d}} - f_{\mathrm{v}})S = \frac{\varepsilon_0}{2}\left(\frac{V_0}{d}\right)^2 (\varepsilon - \varepsilon_0)\,ad\,[\mathrm{N}]$$

必ず $\varepsilon > \varepsilon_0$ であるから誘電体が真空側に引き込まれる力になる．■

■ 例題 3.15 ■

［例題 3.14］と同一の条件で，Q_0 [C] の電荷が充電されている場合に対してそれぞれ以下の問に答えよ．

(1)　電極間の電界分布と電束密度分布を求めよ．

(2)　電極間に蓄えられるエネルギーを求めよ．

(3)　挿入した誘電体の界面に働く力を求めよ．

【解答】［例題 3.14］と同様，電界が連続するが，電荷が充電されている条件であるから真空に面している部分と誘電体の部分の面電荷密度をそれぞれ $\sigma_{\mathrm{v}}, \sigma_{\mathrm{d}}$ $[\mathrm{C \cdot m^{-2}}]$ とすれば

$$Q_0 = \sigma_{\mathrm{v}} a(a-b) + \sigma_{\mathrm{d}} ab = \varepsilon_0 E a(a-b) + \varepsilon E ab\,[\mathrm{C}]$$

になる．したがって電界はいずれの部分も $E = \frac{Q_0}{\varepsilon_0 a(a-b) + \varepsilon ab}$ $[\mathrm{V \cdot m^{-1}}]$ になり，電束密度は

真空部分　$D_{\mathrm{v}} = \frac{\varepsilon_0 Q_0}{\varepsilon_0 a(a-b) + \varepsilon ab}$ $[\mathrm{C \cdot m^{-2}}]$

誘電体内部　$D_{\mathrm{d}} = \frac{\varepsilon Q_0}{\varepsilon_0 a(a-b) + \varepsilon ab}$ $[\mathrm{C \cdot m^{-2}}]$

(2)　［例題 3.14］と同様に電極間全体に蓄えられるエネルギーは

$$W = \int w dv = \frac{\varepsilon_0}{2}\left\{\frac{Q_0}{\varepsilon_0 a(a-b) + \varepsilon ab}\right\}^2 a(a-b)d + \frac{\varepsilon}{2}\left\{\frac{Q_0}{\varepsilon_0 a(a-b) + \varepsilon ab}\right\}^2 abd$$
$$= \frac{d}{2}\frac{Q_0^2}{\varepsilon_0 a(a-b) + \varepsilon ab}\,[\mathrm{J}]$$

(3)　力が働くことによって b が変化するはずである．また，電荷が充電されている状態の設問であるから，仮想変位法を用いれば

$$F = -\frac{\partial W}{\partial b} = \frac{dQ_0^2}{2}\frac{\partial}{\partial b}\left\{\frac{1}{\varepsilon_0 a(a-b) + \varepsilon ab}\right\}$$
$$= \frac{Q_0^2}{2}\frac{(\varepsilon - \varepsilon_0)ad}{\{\varepsilon_0 a(a-b) + \varepsilon ab\}^2}\,[\mathrm{N}]$$

必ず $\varepsilon > \varepsilon_0$ であるから b が大きくなる方向の力になる．つまり，誘電体が真空側に引き込まれる力が発生することになり，［例題 3.14］と同一の結果になる．■

例題 3.16

図 3.12 に示すように電極間隔 d [m]，電極面積 S [m^2] の平行平板電極の間に誘電率 $\varepsilon_1, \varepsilon_2$ [F · m^{-1}] の誘電体が境を電束に対して垂直になるように電極間に半分ずつ挿入されている．電極には Q [C] の電荷を充電した後，電源を切り離してあるものとする．また，端部での電界の乱れは無視できるものとする．

(1)　それぞれの誘電体内の電束密度と電界を求めよ．

(2)　電極間に蓄えられているエネルギーを求めよ．

(3)　誘電体界面に働く力を求めよ．

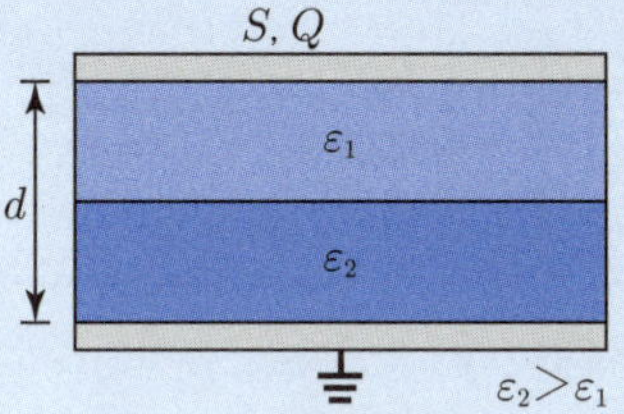

図 3.12　平行平板電極間の 2 つの誘電体

【解答】　(1)　電極と誘電体の配置から電束密度が連続する．電極には Q [C] の電荷が充電され，電極面積は S [m^2] であるから電束密度はいずれの部分も

$$D = \frac{Q}{S}\,[\mathrm{C \cdot m^{-2}}]$$

になり，電界は

$$\varepsilon_1 \text{の内部}\quad E_1 = \frac{Q}{\varepsilon_1 S}\,[\mathrm{V \cdot m^{-1}}],$$

$$\varepsilon_2 \text{の内部}\quad E_2 = \frac{Q}{\varepsilon_2 S}\,[\mathrm{V \cdot m^{-1}}]$$

(2)　エネルギー密度はそれぞれ $w_1 = \frac{1}{2\varepsilon_1}\left(\frac{Q}{S}\right)^2$, $w_2 = \frac{1}{2\varepsilon_2}\left(\frac{Q}{S}\right)^2$ [J · m^{-3}] であるから

$$W = \frac{Q^2}{2\varepsilon_1 S}\frac{d}{2} + \frac{Q^2}{2\varepsilon_2 S}\frac{d}{2}\,[\mathrm{J}]$$

(3)　仮想変位法を用いる際に，一方の誘電体の厚さが変化すれば他方の厚さもそれに連動して変化する．そこで，仮に ε_1 の誘電体の厚さを x [m] とすれば

$$W = \frac{Q^2}{2\varepsilon_1 S}x + \frac{Q^2}{2\varepsilon_2 S}(d - x)\,[\mathrm{J}]$$

となる．電荷が充電されている条件だから

$$F = -\frac{\partial W}{\partial x} = -\frac{Q^2}{2\varepsilon_1 S} + \frac{Q^2}{2\varepsilon_2 S}$$

$$= \frac{Q^2}{2S}\left(\frac{1}{\varepsilon_2} - \frac{1}{\varepsilon_1}\right)\,[\mathrm{N}]$$

になり，誘電率の大きい誘電体が引き込まれる力になる．■

例題 3.17

内導体の半径 a [m] と同軸に内半径が b [m] の外導体がある．この同軸電極は横向きに置かれ，内導体が半分浸かるまで，電極間に誘電率 ε [F·m^{-1}] の油が満たされている．この電極は十分長いものとし，端部での電界の乱れは無視できるものとする．また，電極間には V_0 [V] の電源が接続されているものとして，次の問に答えよ．

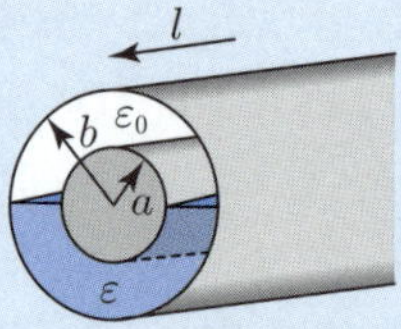

図 3.13　同軸電極と油誘電体

(1)　油と空間それぞれの導体間の電界分布を求めよ．

(2)　油と空間それぞれに蓄えられる電界のエネルギー密度を求めよ．

(3)　導体の単位長さあたりの静電容量を求めよ．

(4)　油の表面単位面積あたりに働く力を求め，また力の向きを説明せよ．

【解答】 (1)　空間に接する電極の半分の領域に長さ方向に単位長さあたり λ_a [C·m^{-1}] の電荷が存在すると仮定してガウスの法則を用いると

$$\text{左辺} = \int \boldsymbol{D}\cdot d\boldsymbol{S} = \iint D_r r d\theta dz = D_r(r)\pi r h, \quad \text{右辺} = \int \lambda_\mathrm{a} dz = \lambda_\mathrm{a} h$$

であり，電束密度は $D_r(r) = \frac{\lambda_\mathrm{a}}{\pi r}$ [C·m^{-2}] となる．

電界は境界条件を考えれば，いずれの領域も等しいので，空間の部分で考えれば

$$E_r(r) = \frac{D_r(r)}{\varepsilon_0} = \frac{\lambda_\mathrm{a}}{\varepsilon_0 \pi r}\ [\mathrm{V\cdot m^{-1}}]$$

となる．仮定した λ_a の値を決定するために電位差を計算すると次式になる．

$$V_0 = -\int_b^a E_r(r)dr = -\int_b^a \frac{\lambda_\mathrm{a}}{\pi\varepsilon_0}\frac{dr}{r} = \frac{\lambda_\mathrm{a}}{\pi\varepsilon_0}\ln\frac{b}{a}\ [\mathrm{V}]$$

したがって，$\lambda_\mathrm{a} = \frac{\pi\varepsilon_0}{\ln\frac{b}{a}}V_0$ [C·m^{-1}] となる．境界条件より油中の電界も同一になる．空間の電界は $E_r(r) = \frac{V_0}{r\ln\frac{b}{a}}$ [V·m^{-1}]

(2)　空間の部分と油の部分に蓄えられる電界のエネルギー密度は

$$w_\mathrm{a} = \frac{\varepsilon_0}{2}\left(\frac{V_0}{r\ln\frac{b}{a}}\right)^2, \quad w_\mathrm{o} = \frac{\varepsilon}{2}\left(\frac{V_0}{r\ln\frac{b}{a}}\right)^2\ [\mathrm{J\cdot m^{-3}}]$$

(3)　油に接する部分には λ_o [C·m^{-1}] が存在するとすれば，空間と油の部分の電荷量の和は $\lambda_\mathrm{a}+\lambda_\mathrm{o}$ [C·m^{-1}] になり，$\lambda_\mathrm{a}+\lambda_\mathrm{o} = \frac{\pi\varepsilon_0}{\ln\frac{b}{a}}V_0 + \frac{\pi\varepsilon}{\ln\frac{b}{a}}V_0$

したがって電位差は等しいから $C = \frac{\lambda_\mathrm{a}+\lambda_\mathrm{o}}{V_0} = \frac{\pi\varepsilon}{\ln\frac{b}{a}} + \frac{\pi\varepsilon_0}{\ln\frac{b}{a}}$ [F·m^{-1}]

あるいは $W = \int w dv = \int_a^b w_\mathrm{a}\pi r dr + \int_a^b w_\mathrm{o}\pi r dr = \frac{CV_0^2}{2}$ から誘導できる．

(4)　マクスウェルのひずみ力を考えれば $f = \frac{1}{2}\left(\frac{V_0}{r\ln\frac{b}{a}}\right)^2(\varepsilon-\varepsilon_0)$ [N·m^{-2}] の力となる．電気力線の方向と油の表面とは平行するから，空間も油もそれぞれが膨らむ方向の力になる．ここで $\varepsilon > \varepsilon_0$ であるから，油が膨らむ力の方が大きいので，油が吸い上げられる方向の力になる．■

3.2 節の関連問題

□ **3.5** 図 3 に示すような電極間隔 d [m] で一辺の長さが a [m] の平行平板電極があり，この電極間に長さ a [m]，厚さ d [m]，幅 x [m] の誘電率 ε [F · m^{-1}] の誘電体が電極と垂直に境が接するように挿入され，誘電体以外の部分は空間とする．一方の電極を接地し，他方の電極に V_0 [V] の電源を接続した場合，電極に働く力と誘電体の界面に働く力を求めよ．なお，端部での電界の乱れは無視できるものとする．

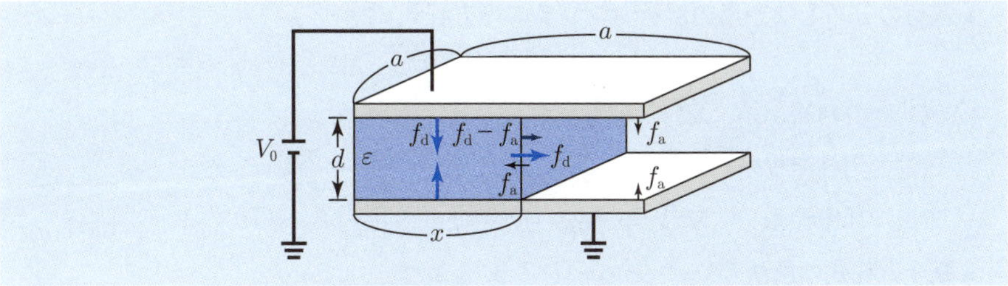

図 3　誘電体が挿入されている場合の境界面に働く力

□ **3.6** 外半径 a [m] の十分に長い円柱導体と内半径 b [m] の十分に長い円筒電極が同軸状に配置されている．円柱電極には V_0 [V] の電圧が印加され，円筒電極は接地されている．この電極間には比誘電率 ε_r の誘電体が詰まっている場合，それぞれの電極表面に働く単位面積あたりの力をマクスウェルのひずみ力の考え方で求めよ．

□ **3.7** 半径 a [m] の円柱導体と同軸に内半径 b [m]（$b > a$）の円筒導体があり，円柱導体に単位長さあたり λ [C · m^{-1}] の電荷が帯電している．円筒導体は接地しているものとし，導体間には誘電率 ε [F · m^{-1}] の誘電体が挿入されている．

(1) 導体間に蓄えられる導体の単位長さあたりのエネルギー W [J · m^{-1}] を求めよ．

(2) 円柱導体の表面に働く力 F_a [N · m^{-1}] を求めよ．

(3) 円筒導体の表面単位面積あたりに働く力 f_b [N · m^{-2}] を求めよ．

□ **3.8** ［例題 3.13］と同様に，真空中に一辺 a [m] で電極間距離が d [m] の平行平板電極がある．電極間に電極と同形で厚さ t [m]，比誘電率 ε_r の誘電体が，極板と平行に挿入されている．電束は一様に分布し，端効果はないものとする．また，真空の誘電率は ε_0 [F · m^{-1}] として次の問に答えよ．（H20 電験二種問題改）

(1) 一方の電極を接地し，もう一方の電極に Q_0 [C] の電荷を充電したとき，電極間の電束密度を求めよ．

(2) 電極間に蓄えられる電界のエネルギーを求めよ．

(3) 誘電体に働く力を求めよ．

3.3　静電界の解析法

▶問題解法のポイント

◎ラプラス–ポアソンの方程式の利用

- 電荷の分布する場の解析（ポアソンの方程式）：

$$\nabla^2 V = -\frac{\rho}{\varepsilon}$$

- 電荷の分布しない場の解析（ラプラスの方程式）：

$$\nabla^2 V = 0$$

(1)　直角座標系　$\nabla^2 V = \frac{\partial^2 V}{\partial x^2} + \frac{\partial^2 V}{\partial y^2} + \frac{\partial^2 V}{\partial z^2}$

(2)　円柱座標系　$\nabla^2 V = \frac{1}{r}\frac{\partial}{\partial r}\left(r\frac{\partial V}{\partial r}\right) + \frac{1}{r^2}\frac{\partial^2 V}{\partial \varphi^2} + \frac{\partial^2 V}{\partial z^2}$

(3)　球座標系　$\nabla^2 V = \frac{1}{r^2}\frac{\partial}{\partial r}\left(r^2\frac{\partial V}{\partial r}\right) + \frac{1}{r^2\sin\theta}\frac{\partial}{\partial \theta}\left(\sin\theta\frac{\partial V}{\partial \theta}\right) + \frac{1}{r^2\sin^2\theta}\frac{\partial^2 V}{\partial \varphi^2}$

- 微分方程式の解法
  1. 微分項を左辺に移行し微分係数を消去し不定積分を実行（積分定数を付す）
  2. 1. の解において，微分係数を消去し不定積分を実行（積分定数を付す）
  3. 境界条件を用いて 2 つの積分定数を決定し電位分布を誘導
  4. 電位の傾きを算出し電界分布を誘導
- 一般的な境界条件：接地点の電位，無限遠点の電位はゼロ，
  電圧を印加した電極の電位は連続する，
  空間では電界も連続など．

◎影像法

電極表面あるいは誘電体表面の境界条件を満足するように電荷（影像電荷）を配置（電荷は境界条件を満足するまで配置を繰り返す）．

- 境界条件：電極表面は等電位
  誘電体表面では電界は平行成分が，電束密度は垂直成分が等しい．

影像電荷が配置されたら，第 1 章で学んだクーロンの法則を利用する．

例題 3.18

十分に長い同軸状の導体がある．内側導体の外半径が $a\,[\mathrm{m}]$ で電位は $V_0\,[\mathrm{V}]$，外側導体の内半径は $b\,[\mathrm{m}]$ で接地とする．導体間に電荷は分布していないとして，導体間の電位分布と電界分布をラプラスの方程式を用いて誘導せよ．

【解答】 円柱座標系においてラプラスの方程式を用い，r 方向だけに着目して解くと

$$\begin{aligned}\nabla^2 V &= \tfrac{1}{r}\tfrac{\partial}{\partial r}\left(r\tfrac{\partial V}{\partial r}\right)\\ &= 0\end{aligned}$$

である．微分方程式を解くためには，両辺を積分すればよい．その際，微分記号の前に係数が付かないように式を変形した上で不定積分をするのが微分方程式を解く手法である．そこで，両辺に r を掛けてから両辺を r に関し不定積分する．不定積分であるから，積分定数を用い

$$\begin{aligned}\int \tfrac{\partial}{\partial r}\left(r\tfrac{\partial V}{\partial r}\right)dr &= r\tfrac{\partial V}{\partial r}\\ &= C\end{aligned}$$

とまとめられる．

先と同様の理由で，両辺を r で割り両辺を r で不定積分すれば

$$\begin{aligned}\int \tfrac{\partial V}{\partial r}dr = V &= \int \tfrac{C}{r}dr\\ &= C\ln r + D\end{aligned}$$

となる．ここで，境界条件を用いて積分定数を決定する．つまり，$r = a$ で $V = V_0$，$r = b$ で $V = 0$ であるから

$$\begin{aligned}V_0 &= C\ln a + D,\\ 0 &= C\ln b + D\end{aligned}$$

となり

$$V_0 = C\ln\tfrac{a}{b}$$

となる．したがって

$$\begin{aligned}C &= \tfrac{V_0}{\ln\frac{a}{b}},\\ D &= \tfrac{V_0}{\ln\frac{b}{a}}\ln b\end{aligned}$$

が決定できる．これを代入し，$a < r < b$ であるから符号を考えまとめれば

$$\begin{aligned}V(r) &= \tfrac{\ln\frac{b}{r}}{\ln\frac{b}{a}}V_0\,[\mathrm{V}]\\ \boldsymbol{E}(r) &= -\nabla V\\ &= -\left(\tfrac{\partial V}{\partial r}\boldsymbol{a}_r\right)\\ &= \tfrac{V_0}{r\ln\frac{b}{a}}\boldsymbol{a}_r\,[\mathrm{V\cdot m^{-1}}]\end{aligned}$$

が求まる．　■

例題 3.19

接地された導体があり，この導体内部に半径 a [m] の球状の空洞が空いているものとする．この空間に体積電荷密度 $\rho\,[\mathrm{C \cdot m^{-3}}]$ で一様に電荷が分布している場合，球の中心（$r=0$）の電界を $0\,\mathrm{V \cdot m^{-1}}$ として，空間の電位分布，電界分布を求めよ．あわせて，導体表面に誘導される電荷密度 $\sigma\,[\mathrm{C \cdot m^{-2}}]$ を求めよ．

【解答】 球座標系を用い r 方向だけに着目してポアソンの方程式を解くと

$$\frac{1}{r^2}\frac{\partial}{\partial r}\left(r^2\frac{\partial U}{\partial r}\right) = -\frac{\rho}{\varepsilon_0}$$

両辺に r^2 を掛けて不定積分すると

$$r^2\frac{\partial V}{\partial r} = -\frac{\rho}{3\varepsilon_0}r^3 + C$$

さらに両辺を r^2 で割って不定積分すると

$$V = -\frac{\rho}{6\varepsilon_0}r^2 - \frac{C}{r} + D$$

となり，境界条件は $r=0$ で $E_r=0$，$r=a$ で $V=0$ である．

$$\begin{aligned}\boldsymbol{E}(r) &= -\nabla V \\ &= -\left(\frac{\partial V}{\partial r}\boldsymbol{a}_r\right) = \left(\frac{\rho r}{3\varepsilon_0} - \frac{C}{r^2}\right)\boldsymbol{a}_r\end{aligned}$$

より $r=0$ で $E_r=0$ になるためには $C=0$．したがって，$D=\frac{\rho}{6\varepsilon_0}a^2$ となり

$$\begin{aligned}V(r) &= \frac{\rho}{6\varepsilon_0}\left(a^2-r^2\right)\ [\mathrm{V}], \\ E_r(r) &= \frac{\rho}{3\varepsilon_0}r\ [\mathrm{V \cdot m^{-1}}]\end{aligned}$$

また，電極表面に誘導される電荷密度は

$$\sigma_a = \boldsymbol{D}(a)\cdot\boldsymbol{n} = -\frac{\rho}{3\varepsilon_0}a\ [\mathrm{C \cdot m^{-2}}]$$

図 3.14 に電位分布と電界分布を示す．

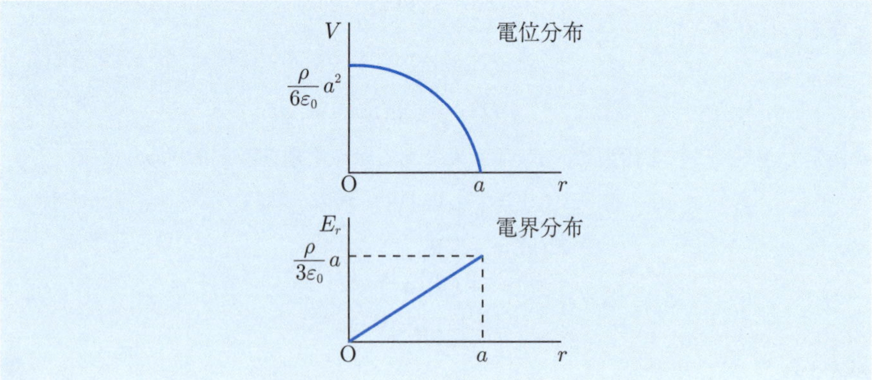

図 3.14 電荷の分布する空洞内の電位分布と電界分布

例題 3.20

直角座標系において $-a < x < 0$ の空間には体積電荷密度 $-\rho\,[\mathrm{C \cdot m^{-3}}]$ が，$0 < x < a$ の空間には体積電荷密度 $\rho\,[\mathrm{C \cdot m^{-3}}]$ がそれぞれ一様に分布しているものとする．$x = 0$ で $V_-(0) = V_+(0) = 0$，$x = -a$ で $E_-(-a) = 0$，$x = a$ で $E_-(a) = 0$ とする．$-a < x < 0$ の空間の電位分布 $V_-(x)$，電界分布 $E_-(x)$，$0 < x < a$ の空間の電位分布 $V_+(x)$，電界分布 $E_+(x)$ を求めよ．

【解答】 平行平板電極であるから直角座標系を用い，ポアソンの方程式を用いると，x が負の領域と正の領域に対して次の式をそれぞれ解く．

$$\frac{\partial^2 V_-}{\partial x^2} = -\frac{-\rho}{\varepsilon_0},$$
$$\frac{\partial^2 V_+}{\partial x^2} = -\frac{\rho}{\varepsilon_0}$$

ここでは符号が違うだけなので，負の領域の計算過程だけ示す．両辺を x に関し不定積分すると

$$\frac{\partial V_-}{\partial x} = \frac{\rho}{\varepsilon_0}x + C \quad \text{さらにもう 1 回不定積分すれば} \quad V_- = \frac{\rho}{2\varepsilon_0}x^2 + Cx + D$$

ここで境界条件を用いると，$x = 0$ で $V_+ = V_- = 0, x = \pm a$ で $E_+(a) = E_-(-a) = 0$ を用いて 4 つの積分定数を決定でき

$$V_-(x) = \frac{\rho}{2\varepsilon_0}x^2 + \frac{\rho}{\varepsilon_0}ax,$$
$$V_+(x) = -\frac{\rho}{2\varepsilon_0}x^2 + \frac{\rho}{\varepsilon_0}ax\,[\mathrm{V}],$$
$$E_-(x) = -\frac{\rho}{\varepsilon_0}(x + a),$$
$$E_+(x) = \frac{\rho}{\varepsilon_0}(x - a)\,[\mathrm{V \cdot m^{-1}}]$$

図 3.15 に電位分布と電界分布を示す．

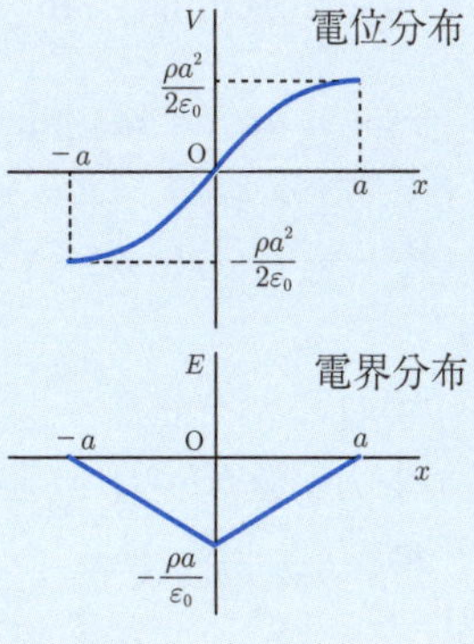

図 3.15 電荷の分布する空間の電界分布と電位分布

例題 3.21

真空中に置かれた無限導体平面上のO点から距離 a [m] のP点に点電荷 Q [C] がある．以下の問に答えよ． (H11 電験二種問題改)

(1) O点から距離 h [m] 離れた導体面上の点Hの電界の向きを示せ．

(2) H点の電界の大きさを求めよ．

(3) H点に誘起される表面電荷密度を求めよ．

(4) 点電荷 Q の受ける力の大きさを求めよ．

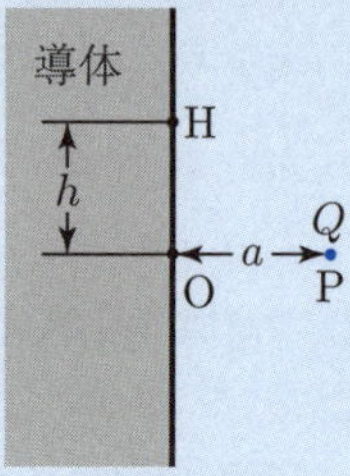

図 3.16 平板電極と点電荷

【解答】 (1) 電荷から導体に下ろした垂線との交点Pを原点とし，電荷の置かれた方向を x 軸の正とする．また，OP軸に対し回転対称形状なので導体表面のO点から遠ざかる方向を r 軸の正とする円柱座標系を用いるものとする．導体を鏡ととらえ，導体に対しO点の対称点に影像電荷 $-Q$ [C] を仮定する．真電荷と影像電荷の作る電界を合成すれば，導体に垂直で導体内部に向かう $-x$ 方向になる．

(2) 電荷がH点に作る電界は

$$\boldsymbol{E} = \frac{1}{4\pi\varepsilon_0}\frac{Q}{r^3}\boldsymbol{r}_{\mathrm{PH}}\ [\mathrm{V\cdot m^{-1}}]$$

であり

$$\boldsymbol{r}_{\mathrm{PH}} = h\boldsymbol{a}_r - a\boldsymbol{a}_x\ [\mathrm{m}]$$

である．影像電荷の作る電界も合成すると

$$\boldsymbol{E} = \frac{Q}{4\pi\varepsilon_0}\frac{2a}{(a^2+h^2)^{3/2}}(-\boldsymbol{a}_x)\ [\mathrm{V\cdot m^{-1}}]$$

(3)
$$\sigma = \boldsymbol{D}\cdot\boldsymbol{n} = \varepsilon_0\boldsymbol{E}\cdot\boldsymbol{n} = -\frac{Qa}{2\pi(a^2+h^2)^{3/2}}\ [\mathrm{C\cdot m^{-2}}]$$

(4) 影像電荷との間でクーロン力が働くから，点電荷の受ける力は

$$\boldsymbol{F} = \frac{1}{4\pi\varepsilon_0}\frac{Q^2}{(2a)^2}(-\boldsymbol{a}_x) = \frac{Q^2}{16\pi\varepsilon_0 a^2}(-\boldsymbol{a}_x)\ [\mathrm{N}]$$

となる． ■

■ **例題 3.22** ■

図 3.17 のように接地された十分に広い平板導体の表面に半径 a [m] の半球状の導体でできた突起が存在する．この半球の中心から導体表面に垂直方向で距離 d [m] の位置 P に点電荷 q [C] が置かれている．点電荷に働く力を求めよ．

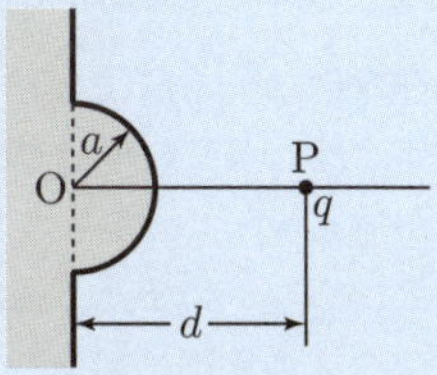

図 3.17　半球突起のある電極

【解答】 平板導体の電位をゼロにするためには O 点に対して P 点と対称の位置に $-q$ [C] を配置すればよい．また，半球部分の表面の電位をゼロにするためには O 点から P 点の方向 $\frac{a^2}{d}$ の位置に $-\frac{a}{d}q$ [C] を配置する必要がある（「電気磁気学の基礎」p.73 参照）．その結果，平板電極の表面をゼロにするためには，さらに O 点から P 点と逆方向 $-\frac{a^2}{d}$ の位置に $\frac{a}{d}q$ [C] を置くことにより，平板表面も半球部分の表面もゼロ電位にできる．したがって，P 点の電荷に働く力はそれぞれ 3 つの映像電荷によるクーロン力を考えればよく，次式で表わせる．

$$F = \frac{q}{4\pi\varepsilon_0}\left\{\frac{-\frac{a}{d}q}{\left(d-\frac{a^2}{d}\right)^2} + \frac{\frac{a}{d}q}{\left(d+\frac{a^2}{d}\right)^2} - \frac{q}{4d^2}\right\} \text{[N]}$$

■

3.3 節の関連問題

□ **3.9** 半径 a [m] の金属球に V_0 [V] の電圧が印加されている．ラプラスの方程式を用いて空間の電位分布 $V(r)$ [V]，電界分布 $\boldsymbol{E}(r)$ [V・m^{-1}] を求めよ．また，金属球表面に分布する電荷量を求めよ．

□ **3.10** 図 4 のように 2 枚の十分に広い平板電極が直交して置かれている．交点を原点として，x-y 平面において点 (a, b) に点電荷 $+Q$ [C] を置く．電極は接地されているものとして，影像電荷を置く位置とその大きさを示し，空間の任意の点 (x, y) の電界を求めよ．

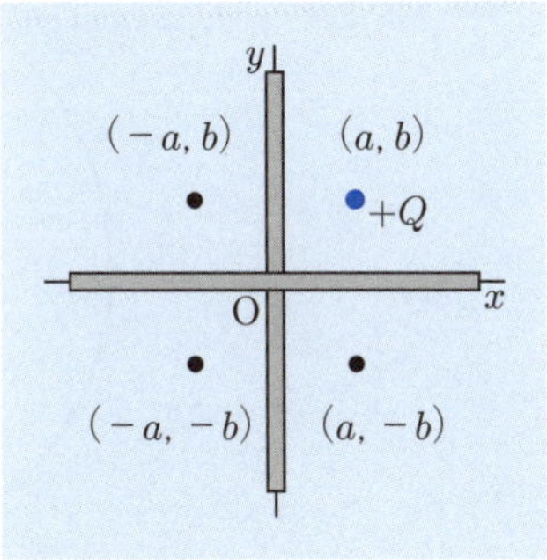

図 4　2 枚の直交した導体と点電荷

□ **3.11** 半径 a [m] の導体球が空間に浮かんでいるものとする．a [m] に比べ半径の無視することのできる金属微粒子が $+Q$ [C] に帯電した状態で，導体球の中心から h [m] の位置に置かれているものとする．この状態で，金属球の電位はどのくらいになるか．次に，$t = 0$ [s] で h から v [m・s^{-1}] の速さで導体球に向かって金属微粒子を近づけた場合，導体球の電位は時間とともにどのように変化するかを求めよ．

第 3 章の問題

□ **1** 電極間隔が d [m] で面積が S [m^2] の平行平板電極がある．一方の電極は接地され，他方の電極には Q [C] の電荷が充電されている．この電極間に隙間なく誘電率 ε [F · m^{-1}] の誘電体が挿入されているものとする．以下の問に答えよ．ただし真空の誘電率は ε_0 [F · m^{-1}] である $(\varepsilon > \varepsilon_0)$．また，端部での電界の乱れは無視できるものとする．

(1) ガウスの法則を用いて，誘電体内部の電束密度，電界，分極を求めよ．

(2) 上部電極と接する誘電体の表面に発生する分極電荷密度を求めよ．

□ **2** 半径 a [m] の球電極と同心に内半径が b [m] の球殻状の外導体が置かれている．この 2 つの導体間には，誘電率が ε [F · m^{-1}] の誘電体が挿入されている．この導体間に V_0 [V] の電源を接続した場合，誘電体内の電界分布と電束密度分布を求めよ．あわせて誘電体の分極と球電極に接する表面に現れる分極電荷密度を求めよ．

□ **3** 半径 a [m] の球電極と同心状に内半径 c [m] の球殻導体が配置されている．この電極間の $a < r < b$ には誘電率 ε_1 [F · m^{-1}] の誘電体が，$b < r < c$ には誘電率 ε_2 [F · m^{-1}] の誘電体が挿入されている．この導体間に V_0 [V] の電源を接続した場合，電極間の電束密度分布 $D_r(r)$ [C · m^{-2}]，電界分布 $E_r(r)$ [V · m^{-1}] を求めよ．

□ **4** 図 5 のように外半径 a [m] の球導体と内半径 b [m] の球殻導体が同心状に配置されており，導体間に誘電率 ε [F · m^{-1}] の物体が満たされている．導体間の電位差と球殻導体の内半径を一定にした場合，球導体の電界の強さを最小にするためには，a をいくらにすればよいか．　(H7 以前 電験二種問題改)

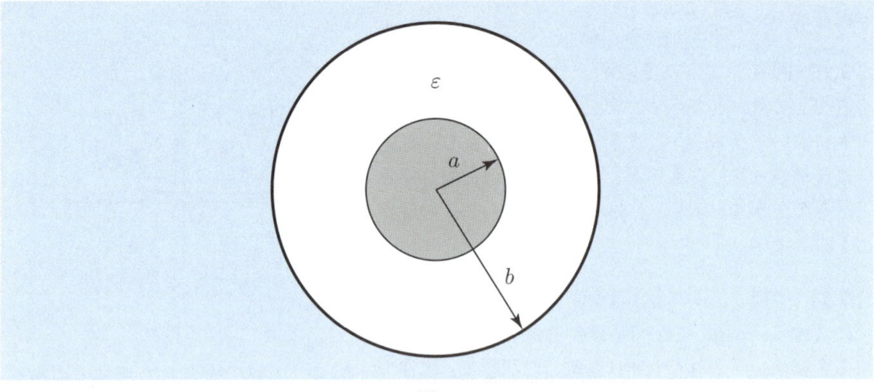

図 5

□ **5** 半径 a [m] の金属球に Q [C] の電荷が帯電している．

(1) 全空間に蓄えられるエネルギー W [J] を求めよ．

(2) 仮想変位法により金属球の表面に働く力 F [N] とその方向を求めよ．

(3) 図 6 のように，誘電率 ε [F・m^{-1}] の誘電体が金属球を半径 a_1 [m] ($a_1 > a$) まで覆っている場合，全空間に蓄えられるエネルギー W [J] を求めよ．

(4) (3) の場合，金属球の表面に働く力 F [N] を仮想変位法により求め，あわせて力の方向を示せ．

(5) 誘電体表面に働く力を求めよ．

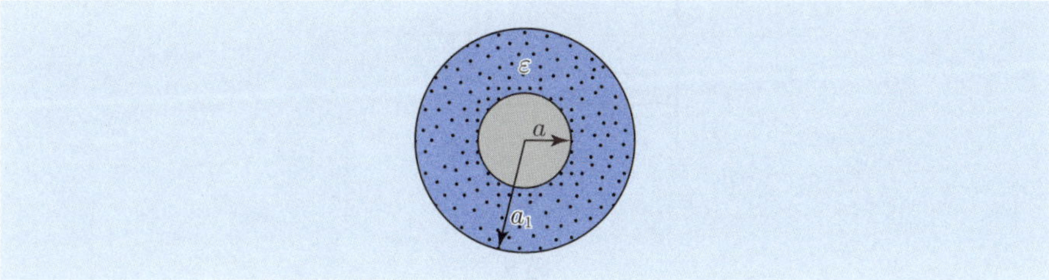

図 6

□ **6** 図 7 に示すような半径 a [m] の円柱電極と同軸状に内半径 c [m] の円筒導体が配置されている．この電極間の $a < r < b$ には誘電率 ε_1 [F・m^{-1}] の誘電体が，$b < r < c$ には誘電率 ε_2 [F・m^{-1}] の誘電体が挿入されている．この導体間に V_0 [V] の電源が接続されている．

(1) 誘電体内部でそれぞれ一番電界の高い部分の電界の強さが等しくなるための条件を求めよ．

(2) 導体間の導体単位長さあたりの静電容量を求めよ．

(3) 導体間に蓄えられる導体単位長さあたりの電界のエネルギーを求めよ．

(4) 円柱導体に働く力とその方向を求めよ．

(5) 誘電体界面に働く力とその方向を求めよ．

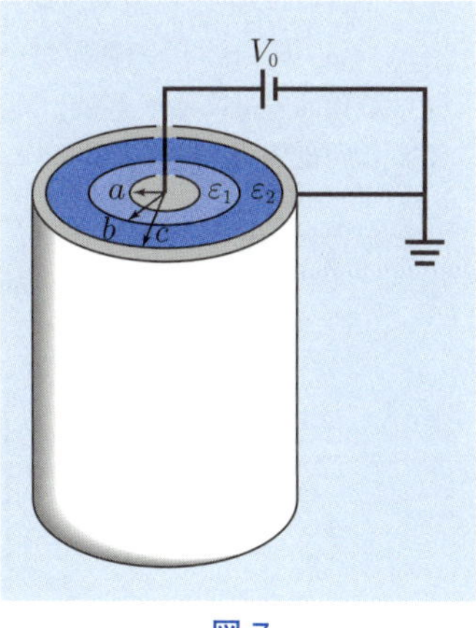

図 7

□ **7** 直交座標系で y, z 方向に一様で $0 < x < d$ の範囲で分布する電界がある．空間の電位分布 $V(x)$ が次式で表されるとき（境界条件：$V(0) = 0$, $V(d) = V_0$）

$$V(x) = V_0 \left(\frac{x}{d}\right)^{4/3}$$

(1) 空間の電界分布 $\boldsymbol{E}(x)$ を求めよ．

(2) 空間の電荷密度分布 $\rho(x)$ を求めよ．

□**8** 図8のように，2枚の十分に広い平板電極が角度 α [rad] で扇型に配置されているものとする．なお，電極が互いに接する部分には絶縁が施されているものとし，$\theta = 0$ の面の電位が 0 V，$\theta = \alpha$ の面は V_0 [V] の電位が加わっているものとする．この場合の電極間の電位分布，電界分布を求めよ．

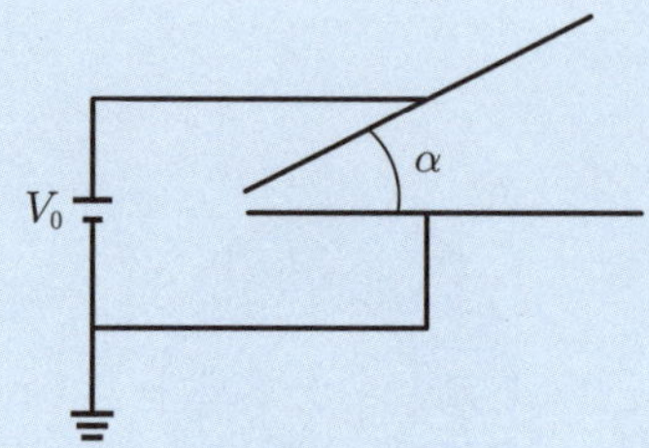

図8

□**9** 図9のように，電極間距離 d [m] で電極面積が S [m^2] の十分に広い平行平板電極の一方に V_0 [V] の電圧が印加され，他方の電極は接地されているものとする．この電極間に $\rho(x) = \rho_0$ [$\mathrm{C \cdot m^{-3}}$] の電荷が一様に分布している場合，次の問に答えよ．

(1) 電極間の電位分布 $V(x)$ [V]，電界分布 $\boldsymbol{E}(x)$ [$\mathrm{V \cdot m^{-1}}$] を求めよ．

(2) この電極間に蓄えられている電界のエネルギー W [J] を求めよ．

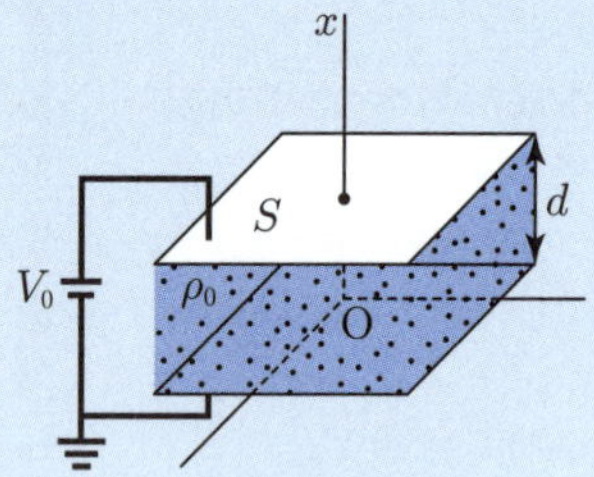

図9

第4章

定常電流

第３章までは，過渡的に電荷が移動することはあっても，解析する対象は電荷が静止している場合の現象，つまり「静電界」を扱ってきた．本章では，電荷の移動する現象，つまり動的な振舞いによってもたらされる電流（electric current）の性質を問題の解法を通して学ぶ．

電気・電子回路に関わる問題の解法は電気回路で扱うので，本章では導電電流の性質を電気磁気学的にとらえる問題の解法を主に取り上げる．

第4章の重要項目

◎**電流**とは電荷（キャリア）の移動現象である．

電流密度$\boldsymbol{J}$ [A·m^{-2}] は，単位時間あたりに単位面積を通過する総電荷量で表現され，電界方向への移動速度（**ドリフト速度**）v [m·s^{-1}] に比例する．また，ドリフト速度は電界 $\boldsymbol{E}$ [V·m^{-1}] に比例し，その比例係数を**移動度**μ [m^2·V^{-1}·s^{-1}] と定義する．

$$\text{電流密度}：\boldsymbol{J} = qn\boldsymbol{v} = qn\mu\boldsymbol{E}\,[\mathrm{A\cdot m^{-2}}] \tag{4.1}$$

ここで定義する電流密度と回路的な扱いをする上で用いる電流 I [A] との関係は

$$\text{電流}：I = \int \boldsymbol{J}\cdot d\boldsymbol{S}\,[\mathrm{A}] \tag{4.2}$$

電界によって電荷が力を受け移動する電流を**導電電流**（conduction current）と呼ぶ．

◎**電源**：電流を流す源となるエネルギー源である．

2つの違った特性を有する電源がある．

定電圧源（内部抵抗 $= 0$）：負荷の状態に関わらず一定の電圧を供給する．

定電流源（内部抵抗 $= \infty$）：負荷の状態に関わらず一定の電流を供給する．

◎**オームの法則**

電気磁気学では物質固有の物理量を用いてオームの法則を表現する．

$$\begin{aligned}\boldsymbol{J} &= qn\boldsymbol{v} = qn\mu\boldsymbol{E}\\ &= \sigma\boldsymbol{E} = \tfrac{1}{\rho}\boldsymbol{E}\,[\mathrm{A\cdot m^{-2}}]\end{aligned} \tag{4.3}$$

導電率（conductivity）：$\sigma = qn\mu$ [S·m^{-1}]

抵抗率（resistivity）：$\rho = \frac{1}{\sigma}$ [Ω·m]

電気磁気学で定義するオームの法則と回路的な扱いをする上で用いるオームの法則と比較すると

$$R = \frac{V}{I} = \frac{El}{JS} = \rho\frac{l}{S}\,[\Omega] \tag{4.4}$$

◎**電荷保存の法則**：回路で扱う**キルヒホフの第1法則**$\sum_i I_i = 0$ を意味する．

$$\mathrm{div}\,\boldsymbol{J} = -\frac{\partial\rho}{\partial t} \tag{4.5}$$

◎**ジュール熱**

$$P = \int p\,dv = \int(\boldsymbol{E}\cdot\boldsymbol{J})\,dv\,[\mathrm{W}] \tag{4.6}$$

◎**静電界と定常電流の場の類似性**

$$CR = \frac{\varepsilon}{\sigma} = \varepsilon\rho\,[\mathrm{s}] \tag{4.7}$$

4.1　起電力と電流に関わるオームの法則

▶問題解法のポイント

◎電流密度は (4.3) 式で示すように

$$\begin{aligned} \boldsymbol{J} &= qn\boldsymbol{v} = qn\mu\boldsymbol{E} \\ &= \sigma\boldsymbol{E} = \tfrac{1}{\rho}\boldsymbol{E}\,[\mathrm{A\cdot m^{-2}}] \end{aligned}$$

と定義する．式が示すように，電界によって電荷が力を受け移動する現象が電流である．したがって，電流の問題を解くポイントは電界の解析をするのと同様である．その際，電気磁気学としての電流の解釈と，電気回路での電流の扱いとの関連を把握しておくことが重要である．つまり

$$\begin{aligned} R &= \tfrac{V}{I} \\ &= \tfrac{El}{JS} = \rho\tfrac{l}{S}\,[\Omega] \end{aligned}$$

ここで，第 1, 2 章では電位差を

$$V_{\mathrm{AB}} = -\textstyle\int_{\mathrm{B}}^{\mathrm{A}} \boldsymbol{E}\cdot d\boldsymbol{l}$$

と定義し，電界の線積分が必要であったが，電気回路の問題では電流は導体あるいは物質内を一様に流れているものと解釈する．式が示すように電界に長さを掛け電位差とし，電流密度に電流の流れる断面積を掛けることにより電流を算出することが多い．

◎電流を流す源となる電源には 2 つの違った特性を有する電源がある．

理想的な定電圧電源の内部抵抗 $= 0$
理想的な定電流電源の内部抵抗 $= \infty$

○実際の電源には有限の内部抵抗が存在する．

◎理想的な測定器の内部抵抗

理想的な電流計の内部抵抗 $= 0$
理想的な電圧計の内部抵抗 $= \infty$

○実際の測定器の内部抵抗は有限である．
$\Rightarrow$ 内部抵抗を加えた計算が必要

例題 4.1

断面積 $S\,[\mathrm{m}^2]$, 長さ $l\,[\mathrm{m}]$ の円柱導体の両端に $V_0\,[\mathrm{V}]$ の電位差を印加した．この導体を流れる電流を $I\,[\mathrm{A}]$, 伝導電子数密度 $n\,[\mathrm{m}^{-3}]$, 電子のドリフト速度 $v\,[\mathrm{m}\cdot\mathrm{s}^{-1}]$, 電子の素電荷を $e\,[\mathrm{C}]$ とした場合，以下の問に答えよ．なお，解答はスカラー量でよい．　(H15 電験二種問題改)

(1) 電流の値を示せ．

(2) 導体の抵抗率を $\rho\,[\Omega\cdot\mathrm{m}]$ とした場合，オームの法則を参考に電流の値を示せ．

(3) 電子の移動速度を求めよ．

(4) 電子が電界により受ける力を求めよ．

(5) 電子の質量を $m\,[\mathrm{kg}]$ とした場合，電子の受ける加速度を求めよ．

【解答】 (1) $J = env\,[\mathrm{A}\cdot\mathrm{m}^{-2}]$ であるから

$$I = envS\,[\mathrm{A}]$$

(2) $J = \frac{1}{\rho}E\,[\mathrm{A}\cdot\mathrm{m}^{-2}]$ である．また，電流は導体内を一様に流れるから

$$I = JS = \frac{1}{\rho}\frac{V_0}{l}S\,[\mathrm{A}]$$

(3) (1) より

$$v = \frac{J}{en} = \frac{E}{en\rho} = \frac{V_0}{en\rho\, l}\,[\mathrm{m}\cdot\mathrm{s}^{-1}]$$

(4) $F = eE = e\frac{V_0}{l}\,[\mathrm{N}]$

(5) $F = ma\,[\mathrm{N}]$ であるから

$$a = \frac{eE}{m} = \frac{eV_0}{ml}\,[\mathrm{N}\cdot\mathrm{kg}^{-1}]\ (= [\mathrm{m}\cdot\mathrm{s}^{-2}])$$ ■

例題 4.2

断面積が $10\,\mathrm{mm}^2$ で長さ $50\,\mathrm{m}$，抵抗率が $1.8\times10^{-8}\,\Omega\cdot\mathrm{m}$ の導線の抵抗の値を求めよ．また，導線の両端に $100\,\mathrm{V}$ の電位差を加えた場合，導線で消費する電力を求めよ．

【解答】 導線の抵抗は

$$R = \frac{V}{I} = \frac{El}{JS} = \rho\frac{l}{S}\,[\Omega]$$

であるから数値を代入すれば

$$R = 1.8\times10^{-8}\frac{50}{10\times10^{-6}} = 9.0\times10^{-2}\,[\Omega]$$

$$P = \frac{V^2}{R} = \frac{100^2}{9\times10^{-2}} \simeq 1.1\times10^{5}\,[\mathrm{W}]$$ ■

例題 4.3

図 4.1 のような回路において，端子間に V_0 [V] の電圧を印加する．スイッチ S を閉じると電圧計の表示は 120 V，電流計は 2.3 A を示した．次にスイッチ S を開くと電流計は 2.2 A となった．電流計の内部抵抗を 0.10 Ω として，抵抗 R [Ω] と電圧計の内部抵抗の値を求めよ．

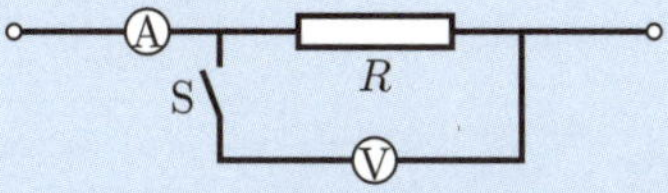

図 4.1　抵抗と電圧計・電流計の接続

【解答】　スイッチを開いているときは $2.2(0.1+R)=V_0$，スイッチを閉じた場合には $V_0-2.3\cdot 0.1=120$ となり

$$V_0 = 120.23\,[\mathrm{V}]$$

したがって $R \simeq 54.6$ [Ω] が求まる．

また，電圧計の内部抵抗を r [Ω] とすれば，スイッチを閉じたときの抵抗は $\frac{rR}{r+R}$ [Ω] になり

$$2.3\left(0.1+\frac{rR}{r+R}\right)=V_0$$

であるから

$$r \simeq 1200\,[\Omega]$$

なお，上記の計算では有効数字を 2 桁としている．■

例題 4.4

1.5 V の電池がある．この電池の内部抵抗が 1.0×10^{-1} Ω のとき，この電池から取り出せる最大電力はどのくらいになるか算出せよ．

【解答】　電池に接続する抵抗を R [Ω] とすると，回路に流れる電流は

$$I=\frac{1.5}{1\times10^{-1}+R}\,[\mathrm{A}]$$

抵抗で消費する電力は

$$P=RI^2=R\left(\frac{1.5}{1\times10^{-1}+R}\right)^2\,[\mathrm{W}]$$

であるから抵抗で消費できる電力の最大値は

$$\frac{dP}{dR}=1.5^2\frac{(0.1+R)^2-2R(0.1+R)}{(0.1+R)^4}$$
$$=1.5^2\frac{0.1-R}{(0.1+R)^3}=0$$

より $R=1.0\times10^{-1}$ [Ω] のときになり，消費できる最大電力は

$$P\simeq 5.6\,[\mathrm{W}]$$

となる．■

4.1 節の関連問題

□ **4.1** ある素子に電圧を加えたら，図 1 に示すような電流–電圧特性が得られた．この素子の抵抗を算出せよ．

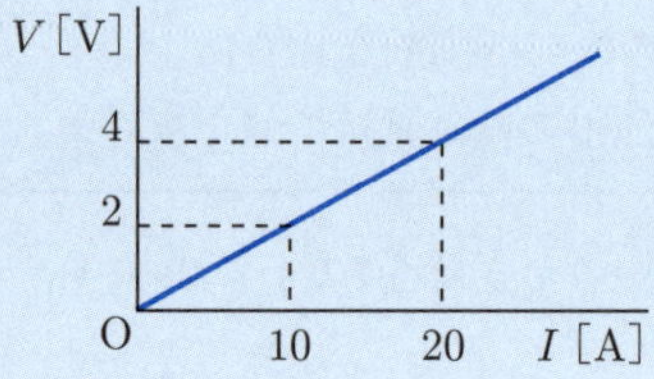

図 1

□ **4.2** 断面積が $5.0 \times 10^{-6}\,\mathrm{m}^2$ の導線に 3.0 A の電流を流した．この導線の自由（伝導）電子数密度は $n = 8.5 \times 10^{28}\,[\mathrm{m}^{-3}]$ として次の問に答えよ．

(1) 電流密度を求めよ．

(2) 電子のドリフト速度を求めよ．

□ **4.3** 抵抗率が $1.70 \times 10^{-8}\,\Omega \cdot \mathrm{m}$ の金属を用いて，断面積が $5.0 \times 10^{-6}\,\mathrm{m}^2$ の導線を作った．この導線 1 m の抵抗の値を求めよ．

□ **4.4** 電力量 $100\,\mathrm{kW \cdot hr}$ をジュールに換算せよ．

4.2　定常電流の場と静電界

▶問題解法のポイント

◎電流は物質内を分布して流れる．

◎電荷保存の法則：

$$\mathrm{div}\,\boldsymbol{J} = -\frac{\partial \rho}{\partial t}$$

回路で扱うキルヒホフの第 1 法則 $\sum_i I_i = 0$ に対応する．

問題を解く上では，電荷は電気力線に沿って移動

⇒ ガウスの法則を利用

◎ジュール熱：物質内を電流が分布して流れ，

物質内で単位体積あたり

$$p = \boldsymbol{E} \cdot \boldsymbol{J}\,[\mathrm{W \cdot m^{-3}}]$$

のジュール熱を発生

物質全体では

$$\begin{aligned} P &= \int p dv \\ &= \int (\boldsymbol{E} \cdot \boldsymbol{J}) dv\,[\mathrm{W}] \end{aligned}$$

のジュール熱を発生

◎静電界と定常電流の場の類似性：

$$\begin{aligned} CR &= \frac{\varepsilon}{\sigma} \\ &= \varepsilon\rho\,[\mathrm{s}] \end{aligned}$$

問題の解法は電界の算出を確実に実行することである．

○ただし，電気力線は空間・物質内を一様に広がるが，電流は絶縁体内部には流れない．

例題 4.5

内導体の外半径 a [m]，外導体の内半径が b [m] の十分長い同軸状円筒電極があり，その導体間に抵抗率 ρ [Ω · m] の物質が詰まっている．なお，この物質の誘電率は ε [F · m^{-1}] とする．電極間の長さ方向における単位長さあたりの抵抗値を求めよ．

【解答 1】 $R = \rho\frac{l}{S}$ を利用すれば，電流は r 方向に流れ電流が流れる断面積は，電極の長さを h [m] とすれば $S = 2\pi rh$ [m^2] であるから

$$R = \int_a^b \rho\frac{dr}{2\pi rh}$$
$$= \frac{\rho}{2\pi h}\ln\frac{b}{a}\ [\Omega]$$

になる．単位長さあたりでは $\frac{\rho}{2\pi}\ln\frac{b}{a}$ [Ω · m] となる．

【解答 2】 静電界と電流の場との類似性を利用すれば $CR = \varepsilon\rho$ であるから，同軸電極の静電容量は第 2 章の関連問題 2.5 で解いたように

$$C = \frac{2\pi h\varepsilon}{\ln\frac{b}{a}}\ [\mathrm{F}]$$

であった．したがって $R = \frac{\rho}{2\pi h}\ln\frac{b}{a}$ [Ω] となり同一の答になる． ■

例題 4.6

半径 1.0 m の導体球を導電率 $\sigma = 0.020$ [S · m^{-1}] の地中深くに埋め，銅線で避雷針につないである．この導体球の接地抵抗を求めよ．あわせて，避雷針を通じて 1.0 kA の落雷による電流が流れた場合，導体球の電位を求めよ．

【解答】 導体を深く埋めてあるから，電極からは大地内を放射状に電流は流出入する．そこで，半径 a [m] の導体とし $R = \rho\frac{l}{S}$ を利用すれば接地抵抗は

$$R = \int_a^\infty \rho\frac{dr}{4\pi r^2}$$
$$= \frac{\rho}{4\pi a} = \frac{1}{4\pi a\sigma}\ [\Omega]$$

数値を代入すれば，接地抵抗の値は $R = 4.0$ [Ω] となる．1.0 kA の電流が流れれば，導体の電位は 4.0 kV. ■

参考 静電界と電流の場との類似性を利用すれば孤立球の静電容量は $C = 4\pi a\varepsilon$ [F] であった．したがって

$$R = \frac{\varepsilon\rho}{C} = \frac{\varepsilon}{\sigma C}$$
$$= \frac{1}{4\pi a\sigma}\ [\Omega]$$

4.2 節の関連問題

□ **4.5**　図 2 に示すように，直径 $2a = 0.60\,[\mathrm{m}]$ と $2b = 0.10\,[\mathrm{m}]$ の金属球電極を $D = 20\,[\mathrm{m}]$ 隔てて大地に電極の半分を埋めたとき，電極間の抵抗を求めよ．なお，大地の抵抗率は均等で $\rho = 200\,[\Omega \cdot \mathrm{m}]$ とする．　（H7 以前　電験二種問題改）

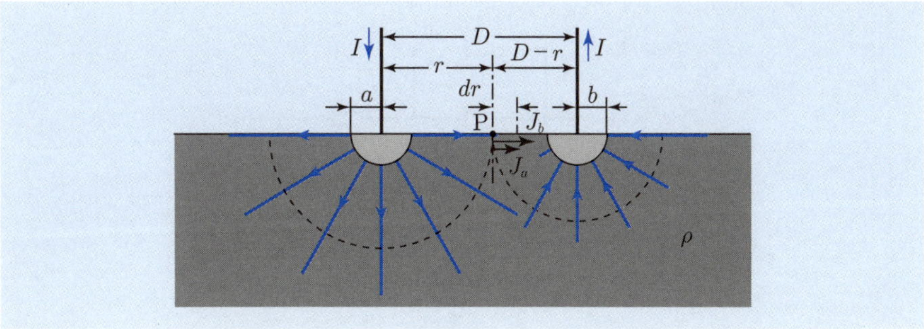

図 2

□ **4.6**　半径 $a\,[\mathrm{m}]$ の球電極を地面に半分埋めて電極に $I\,[\mathrm{A}]$ を流し込んだ場合，電極の表面と表面から $l\,[\mathrm{m}]$ の位置との間の電位差を求めよ．なお，大地の抵抗率は均等で $\rho\,[\Omega \cdot \mathrm{m}]$ とする．　（H7 以前　電験二種問題改）

□ **4.7**　内導体の半径 $a\,[\mathrm{m}]$，外導体の内半径 $b\,[\mathrm{m}]$ の同軸円筒電極があり，この導体間に抵抗率 $\rho\,[\Omega \cdot \mathrm{m}]$ の物質が充填されている．導体間に $V_0\,[\mathrm{V}]$ の電圧を印加した場合，次の問に答えよ．なお，(1), (2) は答は単位長さあたりの量で答えよ．

(1)　導体間の抵抗の値を求め，電極間に流れる電流を求めよ．

(2)　半径 $r\,[\mathrm{m}]$（$a < r < b$）における断面を横切る電流の大きさを求めよ．

(3)　半径 $r\,[\mathrm{m}]$ での電流密度を求めよ．

(4)　物質内の単位体積あたりで消費される電力 $p\,[\mathrm{W} \cdot \mathrm{m}^{-3}]$ を求めよ．

(5)　軸方向の単位長さあたりの物質内で消費される電力 $P\,[\mathrm{W} \cdot \mathrm{m}^{-1}]$ を求めよ．

□ **4.8**　半径 $a\,[\mathrm{m}]$ の円柱導体と内半径 $b\,[\mathrm{m}]$ の円筒導体が同軸状に配置されている．この導体間には誘電率 $\varepsilon\,[\mathrm{F} \cdot \mathrm{m}^{-1}]$，抵抗率 $\rho\,[\Omega \cdot \mathrm{m}]$ の物質が充填されているものとする．

(1)　円柱導体に単位長さあたり $\lambda_0\,[\mathrm{C} \cdot \mathrm{m}^{-1}]$ の電荷を充電した瞬間，導体間の電位差はいくらになるか．

(2)　(1) のとき流れる電流を求めよ．

(3)　(2) の電流は時間とともに変化する．その変化の様子を式で誘導せよ．

(4)　電荷を充電したときから十分時間が経過し電流がゼロになるまでの間に，物質の長さ方向の単位長さあたりに消費するエネルギーを求めよ．

第4章の問題

□ **1** 図3に示すような抵抗を直並列に接続した回路がある．この回路において $I_1 = 100\,[\mathrm{mA}]$ が流れているとき，I_4 の値を求めよ．（H24 電験三種問題改）

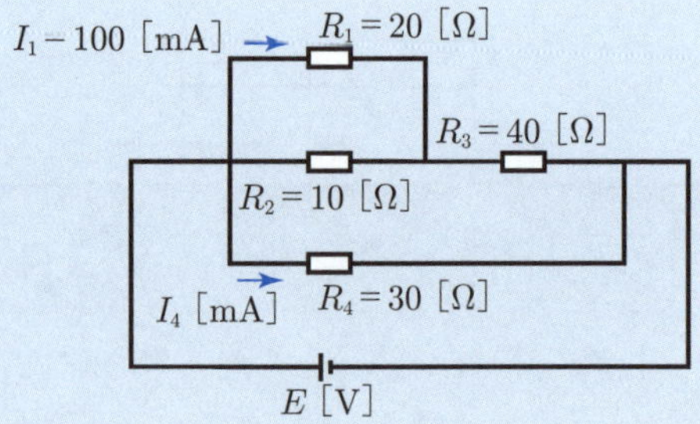

図3

□ **2** 図4に示すような回路があり，200 V の電源から 25 A の電流が流れだしている．16 Ω と $r\,[\Omega]$ の接続点の電位を $V_\mathrm{a}\,[\mathrm{V}]$ とし，8 Ω と $R\,[\Omega]$ の接続点の電位を $V_\mathrm{b}\,[\mathrm{V}]$ とした場合，V_a と V_b の電位差がなくなったときの $r\,[\Omega]$ と $R\,[\Omega]$ の値を決定せよ．（H23 電験三種問題改）

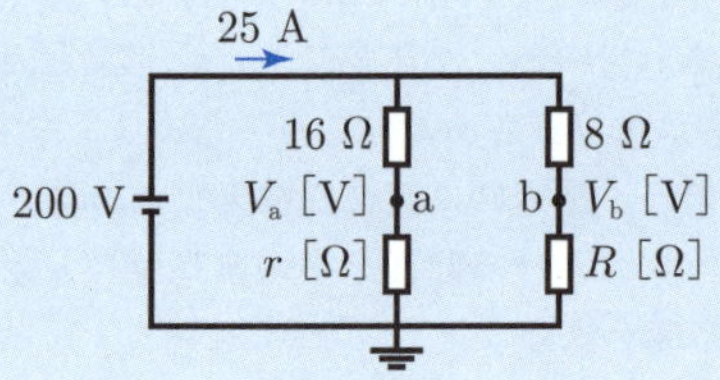

図4

□ **3** 図5に示す回路において 12 Ω の抵抗で消費する電力が 27 W である．このときの抵抗 $R\,[\Omega]$ の値を決定せよ．（H22 電験三種問題改）

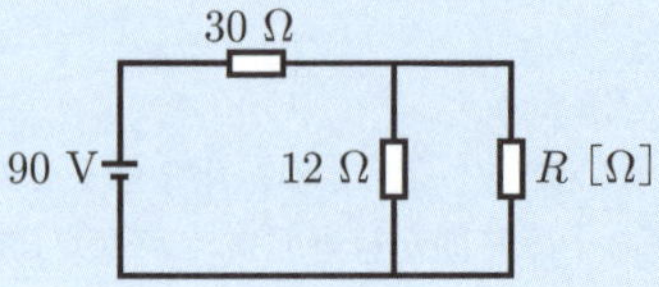

図5

□ **4** 1 Ω の抵抗に 100 A の電流を流した場合，この抵抗で消費する電力を求めよ．また，1 時間発熱を続けた場合の消費エネルギーを求めよ．

□ **5** 直流 110 V の電源から 1.0 km の配電線を通して負荷に 100 V, 50 kW の電力を供給するために必要な電線の太さを求めよ．なお，電線の抵抗率は $1.8 \times 10^{-8}\,\Omega \cdot \mathrm{m}$ とする．その場合，電線での電力損失はどのくらいになるか．また，発生電圧を 6.6 kV にして負荷には 6.0 kV, 50 kW の電力を供給する場合には，電線の太さはどの程度必要になるか．

□ **6** 20℃ における銅の抵抗率は $1.7 \times 10^{-8}\,\Omega \cdot \mathrm{m}$ である．80℃ における銅の抵抗率を求めよ．なお，銅の抵抗率の温度係数は $4.4 \times 10^{-3}\,\mathrm{K}^{-1}$ とする．

□ **7** 外半径 a [m] の球導体，内半径 b [m] の球殻導体が同心状に置かれている．ただし，$a < b$ である．球殻は接地されており，導体間には誘電率 ε_0 [$\mathrm{F \cdot m^{-1}}$], 抵抗率 ρ [$\Omega \cdot \mathrm{m}$] の物質が充填されている．

(1) 導体間の電気抵抗を求めよ．

(2) 球導体に V [V] の電圧を与えたとき，球導体表面と球殻導体内表面間に流れる電流密度 [$\mathrm{A \cdot m^{-2}}$] を求めよ．

□ **8** 図 6 のように，面積 S [$\mathrm{m^2}$] の平行平板電極が間隔 d [m] で置かれており，その間に抵抗体が挿入されている．抵抗体中の抵抗率は

$$\rho(x) = 2\rho_0 \left(1 - \frac{x}{2d}\right)\ [\Omega \cdot \mathrm{m}]$$

で変化するものとする．電極間に電圧 V を与えたとき，流れる電流と電界分布を求めよ．

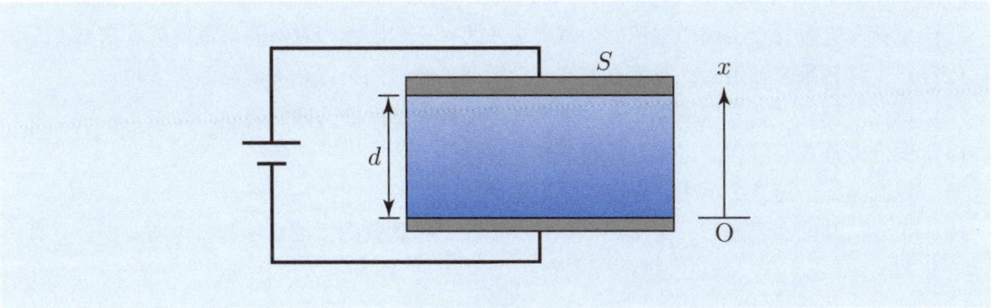

図 6

□ **9** 図7のように，半径 a [m] と b [m] の円形電極に（$a < b$），間隔 d [m^2] で挟まれた抵抗率 ρ [Ω·m] の抵抗体がある．電流はこの形に沿って一様に流れるとして，流れる電流を求めよ．

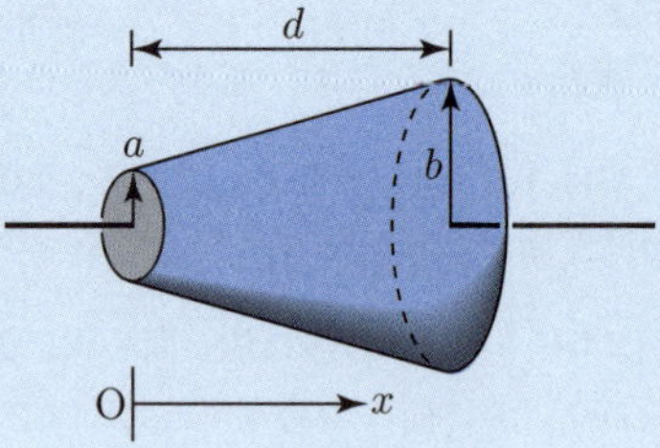

図7

□ **10** 抵抗率が ρ [Ω·m] の地中深くに半径 a [m] と半径 b [m] の 2 つの球電極を中心間距離 D [m] 隔てて埋めた場合，電極間の抵抗の値を求めよ．

□ **11** 誘電率 ε [F·m^{-1}]，抵抗率 ρ [Ω·m] の物質が電極面積 A [m^2]，電極間距離 d [m] の平行平板電極の間に隙間なく挿入されている．この電極の一方は接地し，他方の電極に Q_0 [C] の電荷を充電するものとする．電極端部における電界の乱れは無視するものとして，以下の問に答えよ．

(1) 電荷を充電した瞬間の電極間の電界を求め，その瞬間の電極間の電位差を求めよ．

(2) 以上の結果を利用し，電荷を充電した瞬間に物質内を流れる電流値を求めよ．

(3) 電荷は時間とともに減少する．電荷量の時間変化を導く微分方程式を示せ．

(4) 微分方程式を解き，電流の時間変化を導け．

(5) 電流減少の速さを示す時定数の値を示せ．

(6) 十分に時間が経過し，電流がゼロになるまでに物質内で消費されるエネルギーを算出せよ．

第5章

電流と静磁界

第 1～3 章では電荷が静止している場合の現象として静電界の性質，第 4 章では電荷の移動現象つまり電流の性質とそれぞれの問題の解法を学んだ．本章では電流が流れることによって発生する磁界の性質を問題の解法を通して学ぶ．なお，本章では定常電流によって発生する磁界，つまり静磁界を取り上げる．

電流を流した導体の周りの空間に配置した磁針に力が働くことは古くから知られている．また，電流を流した電線間に力が働くことも経験的によく知られたことである．そこで，静電気力の場合と同様に，電流を流すと周りの空間に力を発生させる場を作ると解釈し，この場を磁界あるいは磁界の場と呼ぶことにし，磁束密度を定義する．

本章では磁界によって発生する力の性質を問題の解法を通して学び，次いで静磁界の性質と問題の解法を学ぶ．

第 5 章の重要項目

◎電流間に働く力：

$$\boldsymbol{F} = I d\boldsymbol{s} \times \boldsymbol{B}\,[\mathrm{N}] \tag{5.1}$$

◎運動している電荷に働く力：

$$\boldsymbol{F} = q(\boldsymbol{E} + \boldsymbol{v} \times \boldsymbol{B})\,[\mathrm{N}] \tag{5.2}$$

◎**静磁界**の性質

磁力線は電流に対して右ねじの法則を満たす関係で，電流を中心に渦を描くように発生する（**回転の場**）．

$$\int_S \boldsymbol{B} \cdot d\boldsymbol{S} = 0 \quad \text{微分形で表現すれば} \quad \mathrm{div}\,\boldsymbol{B} = 0$$

◎静磁界の算出法

- **ビオ-サバールの法則**

$$\begin{aligned} \boldsymbol{B} &= \int d\boldsymbol{B} \\ &= \frac{\mu_0}{4\pi} \int \frac{I d\boldsymbol{s} \times \boldsymbol{r}_0}{r^2}\,[\mathrm{T}] \end{aligned} \tag{5.3}$$

- **アンペールの法則**

(1)　電流が広がりを持って流れている場合

$$\oint \boldsymbol{B} \cdot d\boldsymbol{l} = \mu_0 \int \boldsymbol{J} \cdot d\boldsymbol{S}$$

(2)　コイルの場合

$$\oint \boldsymbol{B} \cdot d\boldsymbol{l} = \mu_0 N I \quad (N\text{：鎖交数}) \tag{5.4}$$

太さの無視できる電線内を電流が流れているものとみなすため，電流密度が定義できないので鎖交数を用いる．

(3)　微分形の表現

$$\mathrm{rot}\,\boldsymbol{B} = \nabla \times \boldsymbol{B} = \mu_0 \boldsymbol{J} \tag{5.5}$$

電流の経路と磁力線の経路を比べ，線積分の計算が容易な手法を選択

◎ベクトルポテンシャル

$$\boldsymbol{A} = \frac{\mu_0}{4\pi} \int \frac{I d\boldsymbol{s}}{r}\,[\mathrm{Wb} \cdot \mathrm{m}^{-1}] \tag{5.6}$$

$$\mathrm{rot}\,\boldsymbol{A} = \nabla \times \boldsymbol{A} = \boldsymbol{B} \tag{5.7}$$

$$\nabla^2 \boldsymbol{A} = -\mu_0 \boldsymbol{J}$$

5.1　磁界において働く力

▶問題解法のポイント

◎電流間には力が働く

- 一方の電流が作る磁界の中に置かれた電流に力が働く．

磁界は電流を中心に右ねじの回転する方向．

力は両者の電流が同方向であれば近づく方向．

↓

磁界の方向と電流の方向と発生する力の方向は互いに直交 ⇒ 外積で表現

$$\boldsymbol{F} = Id\boldsymbol{s} \times \boldsymbol{B}\,[\mathrm{N}]$$

外積は直角座標系の場合

$$\boldsymbol{A} \times \boldsymbol{B} = \begin{vmatrix} \boldsymbol{a}_x & \boldsymbol{a}_y & \boldsymbol{a}_z \\ A_x & A_y & A_z \\ B_x & B_y & B_z \end{vmatrix}$$

の計算をする

- コイルに働く力は偶力になる ⇒ コイルの軸を中心に回転運動が発生

◎電荷には力が働く（**ローレンツ力**：$\boldsymbol{F} = q(\boldsymbol{v} \times \boldsymbol{B} + \boldsymbol{E})\,[\mathrm{N}]$）

- 第 4 章で学んだように，電流は電荷の移動現象
  磁界の中で空間を電荷が運動すると電荷に

$$\boldsymbol{F} = q\boldsymbol{v} \times \boldsymbol{B}\,[\mathrm{N}]$$

  の**ローレンツ磁気力**が働く

  ↓

  運動方向に対して垂直な方向の力 ⇒ 遠心力と向心力とが釣り合う回転運動
- 磁界の中の物質内で電荷が移動して力を受け偏向すると，電荷密度の偏りが生じ電界が発生（**ホール効果**）

  ↓

  電界による力と磁界による力が平衡した状態（$\boldsymbol{E} = -\boldsymbol{v} \times \boldsymbol{B}$）で定常状態を維持

例題 5.1

図 5.1 に示すように一様な磁束密度 $\boldsymbol{B}$ [T] の中に細い電線で作った矩形の断面 $(a \times b\,[\mathrm{m}^2])$ を有する1巻きのコイルがある．コイルに I [A] の電流が流れている場合，このコイルにはどのような力が働くか説明せよ．

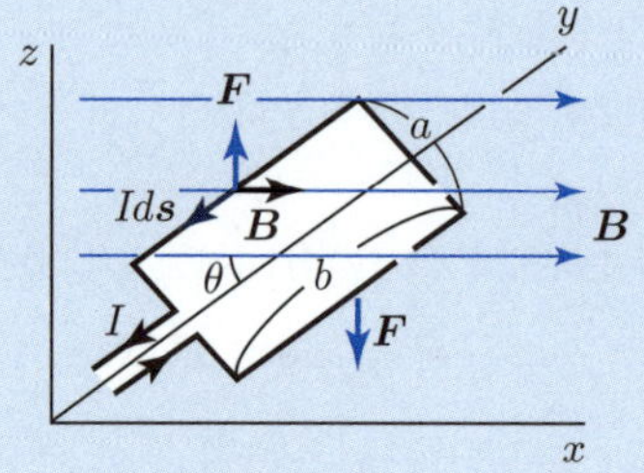

図 5.1 磁界中のコイルに働く力

【解答】 磁界の中を流れる電流には

$$\boldsymbol{F} = Id\boldsymbol{s} \times \boldsymbol{B}\,[\mathrm{N}]$$

の力が働く．長さ a [m] の電線に働く力は

$$F = IBa\sin\theta\,[\mathrm{N}]$$

になるが，向かい合った電線に働く力はそれぞれコイルを膨らませる方向の力になり，コイル全体ではコイルを動かす力にはならない．長さ b [m] の電線に働く力は

$$F = IBb\,[\mathrm{N}]$$

になり，図 5.1 にあるようにコイルに流れる電流は左右で逆になるから力は偶力になる．したがって，コイル全体では回転運動をする． ■

例題 5.2

2本の長い電線が角度 θ で交差して配置されている．交点で電線は絶縁されているものとし，図 5.2 のような方向に電流 I を流した場合，交点から l [m] の間の導体に働くトルクを計算せよ．なお，空間に置かれた十分に長い直線電流 I [A] が作る磁束密度は $\boldsymbol{B} = \frac{\mu_0 I}{2\pi r}\boldsymbol{a}_\theta$ [T] とする．

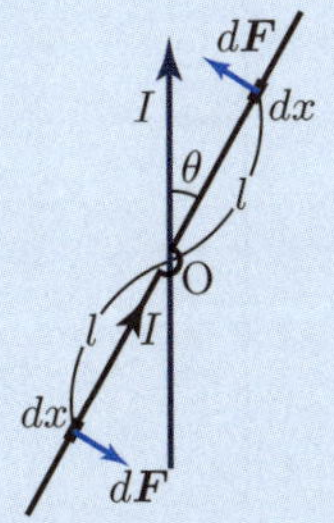

図 5.2　**2 本の導体に流れる電流と力**

【解答】　磁界の中を流れる電流には

$$\boldsymbol{F} = Id\boldsymbol{s} \times \boldsymbol{B}\,[\mathrm{N}]$$

の力が働く．図に示すように傾けた電線の長さ方向を x とする．また，外積の式が示すように，電流の流れる方向と磁束密度とにそれぞれ垂直方向の力が働くが，その方向は図 5.2 に示してある．つまり，図に示すように O 点を中心に回転する力が働き，その回転力をトルクと定義する．**トルク**は，回転半径に回転に寄与する力を掛けた値であり

$$\begin{aligned} T &= F \times x \\ &= 2\int_0^l \frac{I\mu_0 I dx}{2\pi x \sin\theta} x \\ &= \frac{\mu_0 I^2}{\pi \sin\theta} l\,[\mathrm{N \cdot m}] \end{aligned}$$

となる．■

例題 5.3

図 5.3 に示すように，真空中で電荷 q [C] のイオンを電位差 V [V] で加速し，z 軸方向を向いている磁束密度 $\boldsymbol{B}$ [T] の磁界中に，原点から y 軸方向に入射させたものとする．イオンは半円を描いて x 軸上 $2a$ の点に到達した．イオンの質量を求めよ．

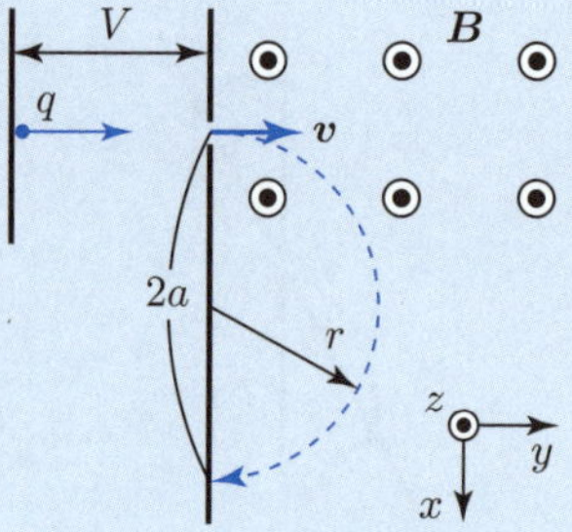

図 5.3 電荷の運動

【解答】 磁界中を速度 v [m·s^{-1}] で運動する電荷 q [C] に働く力，つまりローレンツ磁気力は

$$\begin{aligned}\boldsymbol{F} &= q\boldsymbol{v} \times \boldsymbol{B} \\ &= qv\boldsymbol{a}_y \times B\boldsymbol{a}_z \\ &= qvB\boldsymbol{a}_x \text{ [N]}\end{aligned}$$

である．力によって運動方向が変化しても，力は磁束密度と運動方向とに対して直角方向に働くので，電荷は x-y 平面上で回転運動する．その場合，遠心力と向心力とが釣り合うので $\frac{mv^2}{r} = qvB$ となるから回転半径 r [m] は次式で与えられる．

$$r = \frac{mv}{qB} \text{ [m]}$$

半周して x 軸上 $2a$ の点を通過したのだから $a = r$ といえる．ここで，電位差 V [V] で加速される電荷が運動エネルギーとして獲得するエネルギーは $\frac{mv^2}{2} = qV$ となるから

$$v = \sqrt{\frac{2qV}{m}} \text{ [m·s}^{-1}\text{]}$$

である．したがって

$$m = \frac{qa^2B^2}{2V} \text{ [kg]}$$

■

■ **例題 5.4** ■

場の中での電荷の運動に関し次の問に答えよ． (H21 電験三種問題改)

(1) 一様な磁界中を速さ $v\,[\mathrm{m \cdot s^{-1}}]$ の電子が磁界に対して $\theta°$ $(0 < \theta < 90)$ で突入した．電子の軌跡を描け．

(2) 一様な電界中を速さ $v\,[\mathrm{m \cdot s^{-1}}]$ の電子が電界に対して $\theta°$ $(0 < \theta < 90)$ で突入した．電子の軌跡を描け．

【解答】 (1) 磁束密度 $\boldsymbol{B}$ [T] の場の中で速度 $v\,[\mathrm{m \cdot s^{-1}}]$ で運動する電荷にはローレンツ磁気力が働き，その大きさと方向は

$$\boldsymbol{F} = q\boldsymbol{v} \times \boldsymbol{B}\ [\mathrm{N}]$$

で示される．したがって，磁界に垂直に突入する電子に対しては

$$\boldsymbol{F} = -e\boldsymbol{v} \times \boldsymbol{B}\ [\mathrm{N}]$$

となり常に運動方向と垂直の力が働く．電子の質量を m [kg] とすれば，遠心力とローレンツ磁気力による向心力とが釣り合い，回転運動をする．磁界と同一方向の運動には力は働かないので，速度は一定であり，図 5.4(a) のように磁界に対しらせん運動する．そのときの回転半径は

$$r = \frac{mv}{eB}\ [\mathrm{m}]$$

になる．

(2) 電界の中で運動する電荷には静電気力

$$\boldsymbol{F} = q\boldsymbol{E}\ [\mathrm{N}]$$

が働く．したがって，電界と垂直方向の運動成分は保存され，電界方向には加速度運動をすることになり，図 5.4(b) のように放物運動をする．

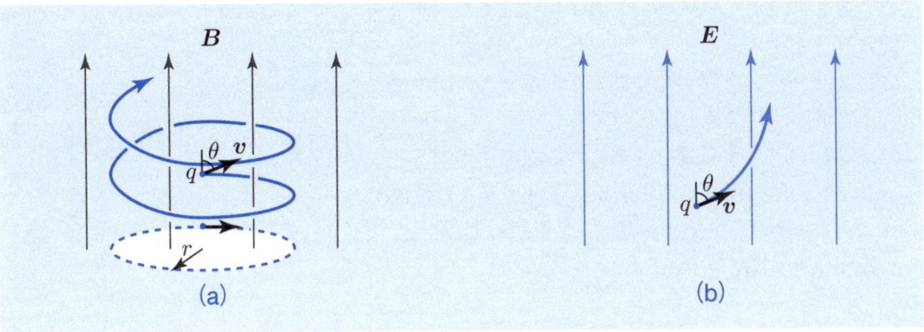

図 5.4 磁界中の電荷の運動

5.1 節の関連問題

□ **5.1** 2本の電線が平行に1m離れて配置されている．この電線にそれぞれ反対方向に1Aの電流を流した場合，それぞれの電線単位長さあたりに働く力を求めよ．なお，$\mu_0 = 4\pi \times 10^{-7}\,[\mathrm{H \cdot m^{-1}}]$ である．

□ **5.2** 一様で磁束密度の大きさが1mTの空間に，磁束密度と30°の角度で電線が配置され，5Aの電流が流れているものとする．この電線単位長さあたりに働く力の大きさと方向を求めよ．

□ **5.3** 図1のような電極間距離 $d\,[\mathrm{m}]$ で長さが $l\,[\mathrm{m}]$ の平行平板電極があり，電極間に $V\,[\mathrm{V}]$ の電位差を印加した．この電極の中央部を電極の長さ方向に $v_0\,[\mathrm{m \cdot s^{-1}}]$ の速度で質量 $m\,[\mathrm{kg}]$，$+q\,[\mathrm{C}]$ の電荷が入射した．電極端部での電界の乱れはなく，重力の影響も無視できるものとして以下の問に答えよ．また，この空間は真空とする．

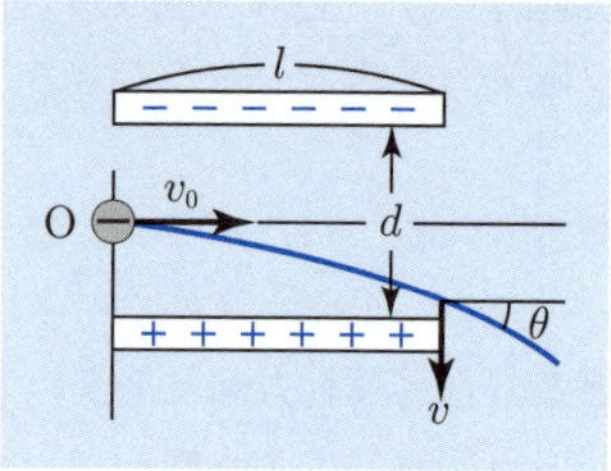

図1

(1) 電極間を走行した電荷が電極端部に達したときの電極と平行に移動する速度と，電極間方向に移動する速度を求めよ．

(2) 空間に，紙面に垂直方向の一様な磁束密度 $\boldsymbol{B}\,[\mathrm{T}]$ を加えたら，電荷は直線運動をした．そのときの磁束密度の大きさと方向を求めよ．

□ **5.4** 図2のように長さが $l\,[\mathrm{m}]$ の区間には一様な磁束密度 $\boldsymbol{B}\,[\mathrm{T}]$ が紙面に対して垂直方向に加えられている．この空間に質量 $m\,[\mathrm{kg}]$，$-e\,[\mathrm{C}]$ の電子が $v_0\,[\mathrm{m \cdot s^{-1}}]$ の速度で入射した．重力の影響は無視できるものとして以下の問に答えよ．また，この空間は真空とする．

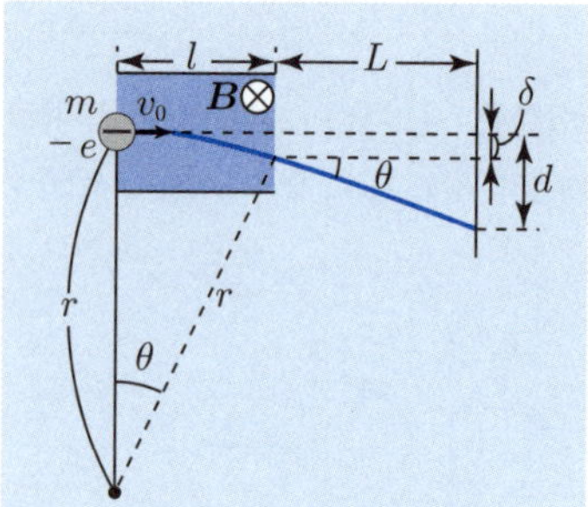

図2

(1) 磁束密度の存在する空間から出るときの図中の距離 $\delta\,[\mathrm{m}]$ を求めよ．

(2) 磁界の存在する場を通過したら直線運動するとして，磁界の存在する場所から $L\,[\mathrm{m}]$ 離れた位置にあるスクリーン上の距離 $d\,[\mathrm{m}]$ を求めよ．なお，$L \gg l$ とする．

5.2　ビオ-サバールの法則

▶問題解法のポイント

◎ビオ-サバールの法則を用いるポイント

$$\begin{aligned} \boldsymbol{B} &= \int d\boldsymbol{B} \\ &= \frac{\mu_0}{4\pi} \int \frac{I d\boldsymbol{s} \times \boldsymbol{r}_0}{r^2}\ [\mathrm{T}] \end{aligned}$$

- 電流の分布の状況に応じた座標系の選定

⇒ 電流経路を座標の軸にとる

⇒ 電流の流れる方向の線素ベクトルの表現

（電流の流れる方向は座標の方向と比べ符号もていねいに判断する必要がある.）

電流が分布して流れている場合には，分布する中心を座標の軸とする.

なお，本書では線素ベクトルの記号の表現を次のように区別する.

物理現象として実態のある経路：$d\boldsymbol{s}$

物理現象の解釈のための概念的な経路：$d\boldsymbol{l}$

- 距離ベクトルの表現

電流の流れている位置から着目点に向かう距離ベクトル

距離：2 点間の最短経路　⇔　開き角を含む項は存在しない

（線素ベクトルと距離ベクトルとの違いを認識する）

電流の流れる方向が，経路中で変化する場合には，適宜座標のとり方を修正する柔軟な取組みが必要.

真空の透磁率：$\mu_0 = 4\pi \times 10^{-7}\ [\mathrm{H \cdot m^{-1}}]$

この値は物理定数であり，問の中で与えられていなくとも使用できる定数として受け止めるべきである.

例題 5.5

図 5.5 のように，一辺が a [m] の 1 巻きの正方形のコイルと，直径が a [m] の 1 巻きの円形のコイルがある．直流電流がそれぞれ時計回りに流れている場合の正方形の中心における磁束密度の大きさと，円の中心における磁束密度の大きさの比を求めよ．

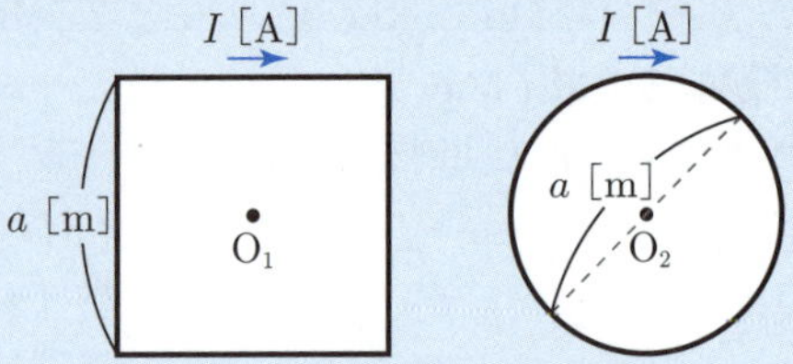

図 5.5　2 つのコイル
（H23 電験三種問題改）

【解答】〔正方形のコイルが作る磁束密度〕 磁束密度に関するビオ-サバールの法則は

$$\boldsymbol{B} = \frac{\mu_0}{4\pi} \int \frac{I d\boldsymbol{s} \times \boldsymbol{r}}{r^3} \ [\mathrm{A} \cdot \mathrm{m}^{-1}]$$

である．

一辺の電流が作る磁束密度は，電流が流れている方向を z 軸とし，辺の中心を原点とした場合，正方形の中心までの距離ベクトルは

$$\boldsymbol{r} = \frac{1}{2} a \boldsymbol{a}_r - z \boldsymbol{a}_z \ [\mathrm{m}]$$

である．電流の経路は $d\boldsymbol{s} = dz(\boldsymbol{a}_z)$ [m] であるから

$$\begin{aligned} \boldsymbol{B} &= \frac{\mu_0}{4\pi} \int_{-a/2}^{a/2} \frac{I d\boldsymbol{s} \times \boldsymbol{r}}{r^3} \\ &= \frac{\mu_0}{4\pi} \int_{-a/2}^{a/2} \frac{I dz \boldsymbol{a}_z \times \left(\frac{1}{2} a \boldsymbol{a}_r - z \boldsymbol{a}_z \right)}{\left\{ \left(\frac{a}{2} \right)^2 + z^2 \right\}^3} \ [\mathrm{T}] \end{aligned}$$

ここで，$z = \frac{1}{2} a \tan\alpha$ と変数変換すると，積分範囲は $-\frac{\pi}{4} \leq \alpha \leq \frac{\pi}{4}$ になるから

$$\boldsymbol{B} = \frac{\mu_0 I}{4\pi \frac{a}{2}} \frac{2}{\sqrt{2}} \boldsymbol{a}_\theta = \frac{\mu_0 I}{\pi a} \frac{1}{\sqrt{2}} \boldsymbol{a}_\theta \ [\mathrm{T}]$$

となり，正方形だから 4 辺の合成は

$$\boldsymbol{B}_1 = \frac{\mu_0 I}{\pi a} \frac{4}{\sqrt{2}} \boldsymbol{a}_\theta = \frac{\mu_0 I 2\sqrt{2}}{\pi a} \boldsymbol{a}_\theta \ [\mathrm{T}]$$

〔円形コイルの作る磁束密度〕 円周上の点から円の中心までの距離ベクトルは

$$\boldsymbol{r} = \frac{1}{2} a(-\boldsymbol{a}_r) \ [\mathrm{m}]$$

であり，電流の流れる線素ベクトルは $d\boldsymbol{s} = \frac{1}{2} a d\theta(-\boldsymbol{a}_\theta)$ [m] であるから

$$\begin{aligned} \boldsymbol{B}_2 &= \frac{\mu_0}{4\pi} \int_0^{2\pi} \frac{I d\boldsymbol{s} \times \boldsymbol{r}}{r^3} \\ &= \frac{\mu_0}{4\pi} \frac{I}{\frac{a}{2}} 2\pi(-\boldsymbol{a}_z) = \frac{\mu_0 I}{a} (-\boldsymbol{a}_z) \ [\mathrm{T}] \end{aligned}$$

したがって，両者の大きさの比は

$$\frac{B_1}{B_2} = \frac{2\sqrt{2}}{\pi} = 0.90$$

となる．■

例題 5.6

図 5.6 に示されるような長さ $2l$ [m] の電線に流れている電流 I [A] が P 点に作る磁束密度の大きさは次式で表される．

$$B_\theta(z) = \frac{\mu_0 Il}{2\pi\sqrt{a^2+z^2}\sqrt{a^2+z^2+l^2}} \text{ [T]}$$

この電線が，OP を中心軸とした正八角形の一辺を構成しているものとした場合，八角形全体が P 点に作る磁束密度の大きさと方向を求めよ．

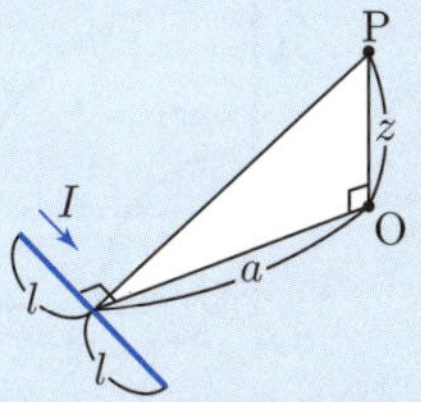

図 5.6　有限長の電流

【解答】 P 点に発生する磁束密度の大きさは問で与えられた値になり，図 5.7 に示すように電流を中心として回転する方向になる．したがって正八角形の対となる辺を流れる電流が作る磁束密度の和は P 点から z 方向のみとなるから，合成する場合にはその成分を考える必要がある．つまり

$$B_z = B_\theta \frac{a}{\sqrt{a^2+z^2}}$$

を 8 倍すればよい．したがって

$$B_z(z) = \frac{8\mu_0 Ial}{2\pi(a^2+z^2)\sqrt{a^2+z^2+l^2}} \text{ [T]}$$

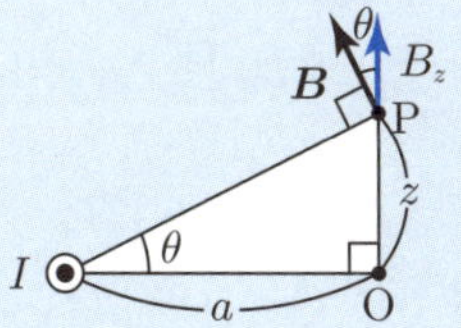

図 5.7　電流と磁束密度の方向

■ 例題 5.7 ■

図 5.8 のように，O 点を中心とするそれぞれ半径 1.0 m と 2.0 m の円形導線の $\frac{1}{4}$ と，それらを連結する直線状の導線からなる扇形導線がある．この導線に直流電流 8.0 A を流した場合，O 点における磁束密度の大きさ B [T] を求めよ．なお，扇形の導線は同一平面上にあり，その巻数は 1 とする．また，真空の透磁率は μ_0 [H · m^{-1}] を用いてよいものとする．（H21 電験三種問題改）

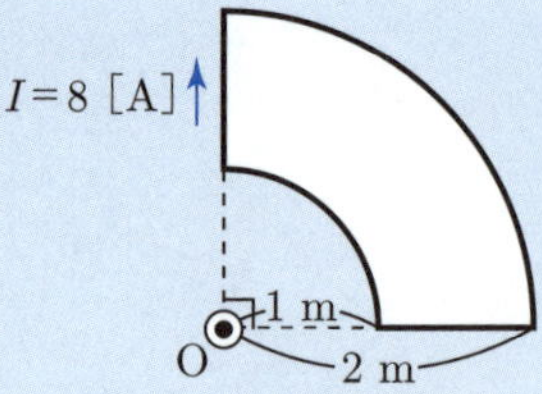

図 5.8　扇形の電流経路

【解答】　磁束密度に関するビオ-サバールの法則は

$$\boldsymbol{B} = \frac{\mu_0}{4\pi}\int \frac{I d\boldsymbol{s}\times\boldsymbol{r}}{r^3}\ [\mathrm{T}]$$

であるから，直線部分は電流の流れる方向と距離ベクトルとは同方向成分であり外積はゼロである．したがって，円弧部分に着目すれば

半径 1.0 m の部分は

$$\begin{aligned}\boldsymbol{B}_1 &= \frac{\mu_0}{4\pi}\int_0^{\pi/2} \frac{8\cdot 1 d\theta(\boldsymbol{a}_\theta)\times 1(-\boldsymbol{a}_r)}{1^3} \\ &= \mu_0(\boldsymbol{a}_z)\ [\mathrm{T}]\end{aligned}$$

半径 2.0 m の部分は

$$\begin{aligned}\boldsymbol{B}_2 &= \frac{\mu_0}{4\pi}\int_0^{\pi/2} \frac{8\cdot 2 d\theta(-\boldsymbol{a}_\theta)\times 2(-\boldsymbol{a}_r)}{2^3} \\ &= \frac{\mu_0}{2}(-\boldsymbol{a}_z)\ [\mathrm{T}]\end{aligned}$$

したがって，合成磁束密度は

$$\boldsymbol{B} = \frac{\mu_0}{2}(\boldsymbol{a}_z)\ [\mathrm{T}]$$

参考のために μ_0 の値を代入すれば $B = 0.63\ [\mu\mathrm{T}]$ となり，日本の平地における地磁気 45 μT 程度より小さい．■

例題 5.8

図 5.9 に示すような半径 a [m]，総巻き数が N [回] の単層円筒型ソレノイドが z_1 から z_2 [m] の間に置かれ，導線には I [A] の電流が流れているものとする．導線の太さは無視できるものとして，この筒の中心軸上の任意の点 $P(0,0,z)$ における磁束密度を求めよ．

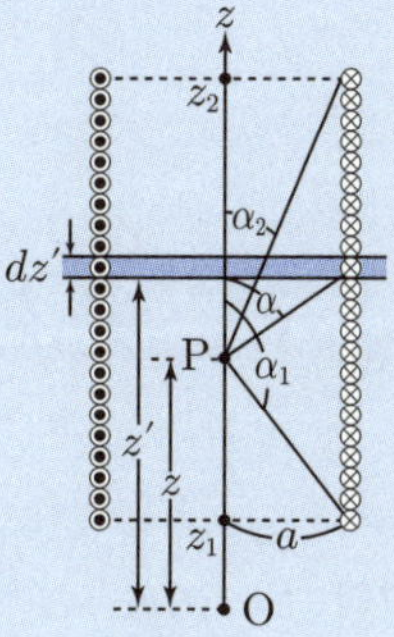

図 5.9 有限長ソレノイド

【解答】 磁束密度に関するビオ-サバールの法則は

$$\boldsymbol{B} = \frac{\mu_0}{4\pi}\int \frac{Id\boldsymbol{s}\times\boldsymbol{r}}{r^3}\ [\mathrm{T}]$$

である．ソレノイドの 1 周分の電流がその中心に作る磁束密度は，円形コイルから円の中心までの距離ベクトルが $\boldsymbol{r} = a(-\boldsymbol{a}_r)$ [m] であり，電流の流れる線素ベクトルは $d\boldsymbol{s} = ad\theta\boldsymbol{a}_\theta$ [m] であるから

$$\begin{aligned}\boldsymbol{B} &= \frac{\mu_0}{4\pi}\int_0^{2\pi}\frac{Id\boldsymbol{s}\times\boldsymbol{r}}{r^3}\\ &= \frac{\mu_0 I}{2a}\boldsymbol{a}_z\ [\mathrm{T}]\end{aligned}$$

となる．コイルは z 軸方向に積み重ねられているので，コイルの位置 z' から P 点までの距離ベクトルは $\boldsymbol{r} = a(-\boldsymbol{a}_r) + (z'-z)(-\boldsymbol{a}_z)$ [m] となる．1 周の電流が作る z 軸上の磁束密度は，r 方向は打ち消され z 方向だけになるから

$$\begin{aligned}\boldsymbol{B} &= \frac{\mu_0}{4\pi}\iint_0^{2\pi}\frac{Id\boldsymbol{s}\times\boldsymbol{r}}{r^3} = \frac{\mu_0}{4\pi}\iint_0^{2\pi}\frac{\mu_0\frac{NI}{z_2-z_1}dz'ad\theta\boldsymbol{a}_\theta\times\{a(-\boldsymbol{a}_r)+(z'-z)(-\boldsymbol{a}_z)\}}{\{a^2+(z'-z)^2\}^{3/2}}\\ &= \frac{\mu_0}{2}\frac{NI}{(z_2-z_1)}\int_{z_1}^{z_2}\frac{a^2\boldsymbol{a}_z dz'}{\{a^2+(z'-z)^2\}^{3/2}}\ [\mathrm{T}]\end{aligned}$$

ここで，$z'-z = a\cot\alpha$ と変数変換し，積分範囲を α_1 から α_2 とすれば

$$\begin{aligned}\boldsymbol{B} &= \frac{\mu_0}{2}\frac{NI}{z_2-z_1}(\cos\alpha_2 - \cos\alpha_1)\boldsymbol{a}_z\\ &= \frac{\mu_0}{2}\frac{NI}{(z_2-z_1)a}\left\{\frac{z_2-z}{\sqrt{a^2+(z_2-z)^2}} + \frac{z_1-z}{\sqrt{a^2+(z_1-z)^2}}\right\}\boldsymbol{a}_z\ [\mathrm{T}]\end{aligned}$$

■

5.2 節の関連問題

□ **5.5** 図3のように，円の中心を原点とし，x-y 平面上に半径 a [m] の円弧と中心に向かう十分に長い2本の直線状部分からなる電線があり，電流 I [A] が流れている．原点における磁束密度を求めよ．

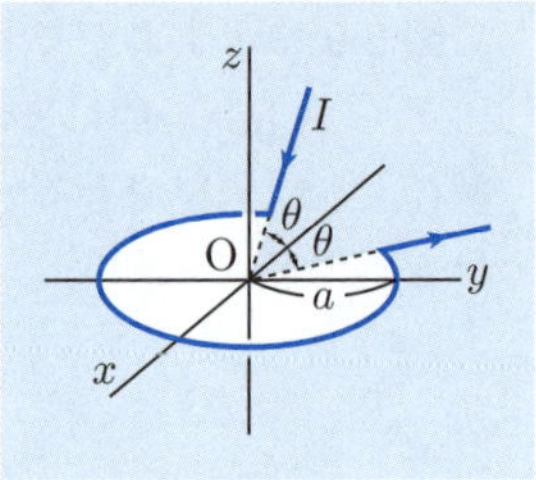

図3

□ **5.6** 図4に示すように，半径 a [m] の円形コイルが a [m] 離れて平行に2つ置かれている．2つのコイルの中心を通る軸を x 軸とする．それぞれのコイルに電流を I [A] 流した場合，x 軸上の磁束密度分布を求めよ．

□ **5.7** 図5のように2本の直線状の電線と半径 a [m] の円周状の電線（中心がP点）が同一平面上に置かれ，I [A] の電流が電線に沿って矢印の方向に流れているとき，電線を流れる電流がP点に発生させる磁束密度の大きさと方向を次の設問に従って求めよ．なお，直線状の電線は十分に長いものとする．空間の透磁率は μ_0 [H · m^{-1}] である．

(1) A-B間の電流がP点に作る磁束密度を誘導せよ．その際，この区間の磁束密度を求めるために，どのように座標を設定するのが適当か述べ，その座標系を用いて $d\boldsymbol{s}$ および $\boldsymbol{r}$ を明記すること．

(2) B-C間の電流がP点に作る磁束密度を誘導せよ．

(3) C-D間の電流がP点に作る磁束密度を誘導せよ．なお，この区間の磁束密度を求めるために，どのように座標を設定するのが適当か述べよ．

(4) 上記の結果に基づき，A-D間を流れる電流がP点に作る磁束密度を求めよ．

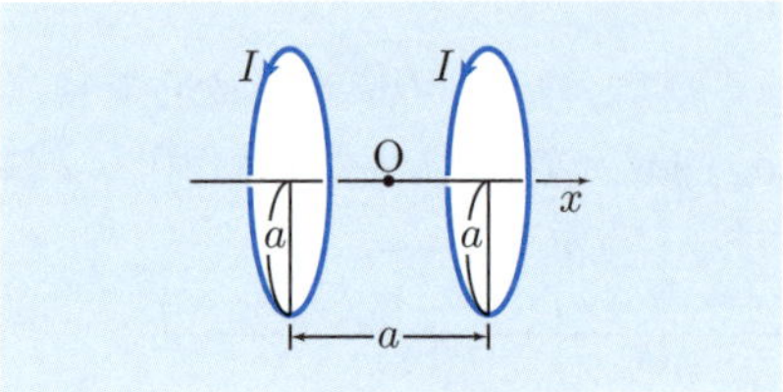

図4

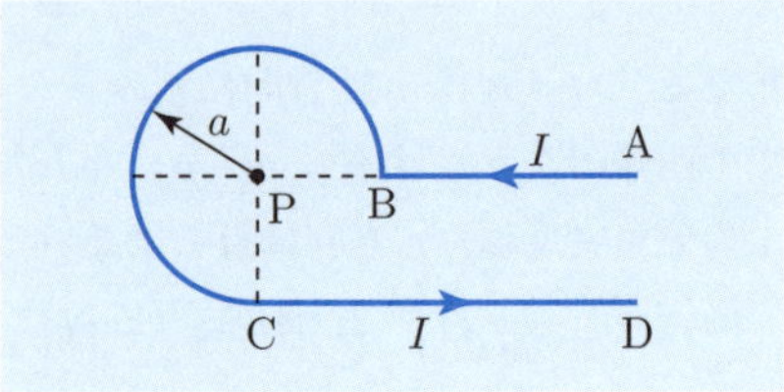

図5

5.3　アンペールの法則

▶問題解法のポイント

◎アンペールの法則を用いるポイント

$$\oint \boldsymbol{B} \cdot d\boldsymbol{l} = \mu_0 \int \boldsymbol{J} \cdot d\boldsymbol{S}$$

- 左辺：磁力線は電流に対し右回転方向（**右ねじの法則**）
  ⇒ 磁力線の分布に即した座標の選定
  $\oint \boldsymbol{B} \cdot d\boldsymbol{l}$：磁力線に沿って一周積分する（一周の長さを求める）.
- 右辺

(1)　電流が広がりを持ち分布して流れている場合

$$\mu_0 \int \boldsymbol{J} \cdot d\boldsymbol{S}$$

積分範囲：着目した磁力線はその経路で囲まれた断面内を流れる電流が作る
⇒ 着目した磁力線で囲まれた断面内部に流れている電流

(2)　コイルの場合

コイルの太さは無視できる電線内を電流が流れているものとみなすため，電流密度は定義できない．そこで，電流の向きを考慮に入れた巻数（**鎖交数**）を用いる．

$$\mu_0 NI \quad (N：鎖交数)$$

着目した磁力線の経路で囲まれた断面内を横切る正味のコイルの巻数
電流が分布している場合でも電流密度が定義できない場合，鎖交数で判断する（厚さの無視できる導体 $\rightarrow N = 1$）.

例題 5.9

半径 a [m] の十分に長い円柱状の導体がある．この導体には電流が断面を一様に，全体で I [A] 流れている．この導体内外における磁束密度分布を求めよ．

【解答】 右ねじの法則から，磁力線は電流を中心に渦を描くように発生する．そこで，円柱座標系を用いるとアンペールの法則の左辺は

$$\oint \boldsymbol{B} \cdot d\boldsymbol{l} = B_\theta(r) 2\pi r$$

である．右辺は積分経路によって違いがあるので場合分けをする．

● $a > r$ では積分経路で囲まれた断面の中を流れる電流は $\oint \boldsymbol{J} \cdot d\boldsymbol{S}$ [A] であり

$$J_z = \frac{I}{\pi a^2} \ [\mathrm{A \cdot m^{-2}}]$$

であるから次式となる．

$$\begin{aligned} \text{右辺} &= \mu_0 \int_0^r \frac{I}{\pi a^2} 2\pi r dr \\ &= \mu_0 \frac{r^2}{a^2} I \end{aligned}$$

よって磁束密度分布は

$$B_\theta(r) = \mu_0 \frac{r}{2\pi a^2} I \ [\mathrm{T}]$$

● $a < r$ では

$$\begin{aligned} \text{右辺} &= \mu_0 \int_0^a \frac{I}{\pi a^2} 2\pi r dr \\ &= \mu_0 I \end{aligned}$$

となり

$$B_\theta(r) = \mu_0 \frac{I}{2\pi r} \ [\mathrm{T}]$$

得られた磁束密度分布を図 5.10 に示す．

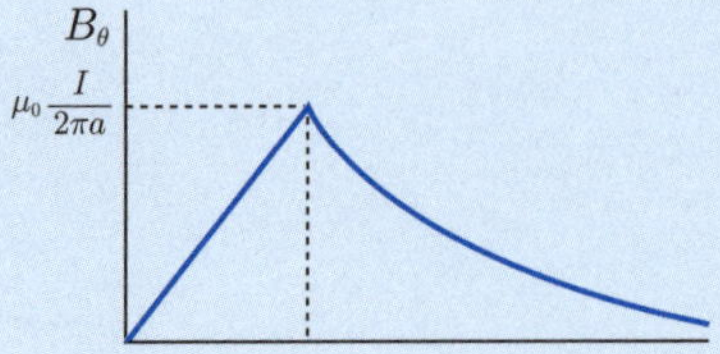

図 5.10　円柱導体内外の磁束密度分布

■ 例題 5.10 ■

内半径 a [m]，外半径 b [m] の中空の円筒導体がある．この導体には I [A] の電流が導体内を一様に流れている．導体内外の磁束密度分布を求めよ．

【解答】 円柱座標系を用いアンペールの法則を利用すると

$$\text{左辺} = \oint \boldsymbol{B} \cdot d\boldsymbol{l} = B_\theta(r) 2\pi r$$

となる．

$$J_z = \frac{I}{\pi(b^2 - a^2)} \ [\mathrm{A \cdot m^{-2}}]$$

であるから右辺は次式となり

$0 < r < a$ 右辺 $= 0$

$a < r < b$ 右辺 $= \mu_0 \int_a^r \frac{I}{\pi(b^2-a^2)} 2\pi r dr$

$b < r$ 右辺 $= \mu_0 \int_a^b \frac{I}{\pi(b^2-a^2)} 2\pi r dr$

したがって

$0 < r < a$ $B_\theta(r) = 0$

$a < r < b$ $B_\theta(r) = \frac{\mu_0 I \frac{r^2 - a^2}{b^2 - a^2}}{2\pi r}$

$b < r$ $B_\theta(r) = \frac{\mu_0 I}{2\pi r}$ [T]

得られた磁束密度分布を図 5.11 に示す． ■

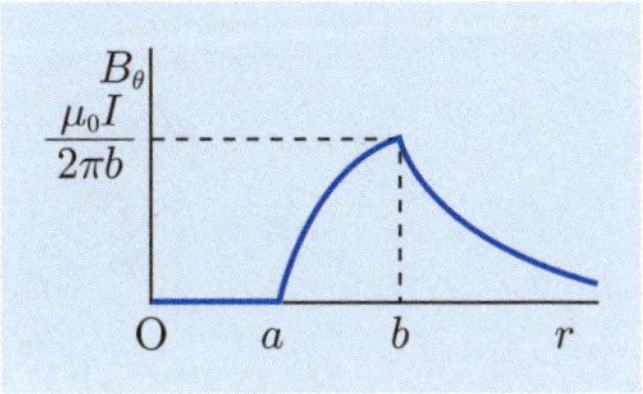

図 5.11 円筒導体内外の磁束密度分布

■ 例題 5.11 ■

図 5.12 に示すように，断面が円形でその半径が a [m]，コイルの全巻き数が N の環状ソレノイドがある．ソレノイドの半径は R [m] とする．このコイルに I [A] の電流を流した場合，ソレノイド内の P 点における磁束密度分布を求めよ．

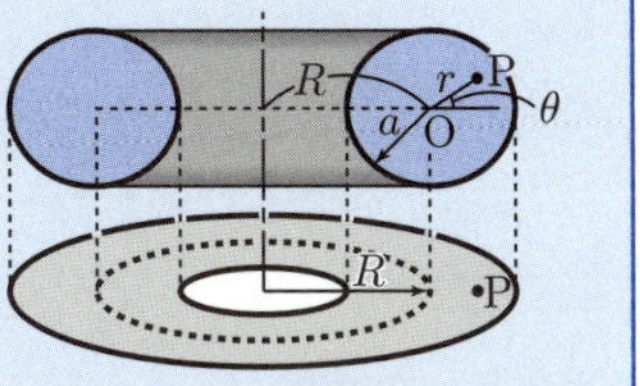

図 5.12 環状無端ソレノイド

【解答】 P 点を通る磁力線はソレノイドの中心軸（図中 1 点鎖線）を回転の軸として発生するからアンペールの法則を利用すると

$$\begin{aligned} \text{左辺} &= \oint \boldsymbol{B} \cdot d\boldsymbol{l} \\ &= B_\theta(r) 2\pi(R + r\cos\theta) \end{aligned}$$

$$\text{右辺} = \mu_0 NI$$

であるから

$$B_\theta(r) = \frac{\mu_0 NI}{2\pi(R + r\cos\theta)} \ [\mathrm{T}]$$ ■

例題 5.12

円柱座標系において，ベクトルポテンシャルが次のように与えられている．

$$0 < r < a \quad A_r = 0, \quad A_\varphi = 0, \quad A_z = \frac{\mu_0 I}{2\pi} \ln \frac{b}{a}$$
$$a < r < b \quad A_r = 0, \quad A_\varphi = 0, \quad A_z = \frac{\mu_0 I}{2\pi} \ln \frac{b}{r}$$
$$b < r \quad A_r = 0, \quad A_\varphi = 0, \quad A_z = 0$$

この場合，磁束密度分布と電流密度分布を求めよ．

【解答】 〔磁束密度分布〕 磁束密度は θ 方向だから円柱座標系で回転を計算すればよい．

$0 < r < a$

$$\boldsymbol{B} = \mathrm{rot}\,\boldsymbol{A} = \frac{1}{r}\begin{vmatrix} \boldsymbol{a}_r & r\boldsymbol{a}_\theta & \boldsymbol{a}_z \\ \frac{\partial}{\partial r} & \frac{\partial}{\partial \theta} & \frac{\partial}{\partial z} \\ 0 & 0 & \frac{\mu_0 I}{2\pi}\ln\frac{b}{a} \end{vmatrix}$$
$$= \frac{\partial}{r\partial\theta}\frac{\mu_0 I}{2\pi}\ln\frac{b}{a}\boldsymbol{a}_r - \frac{\partial}{\partial r}\frac{\mu_0 I}{2\pi}\ln\frac{b}{a}\boldsymbol{a}_\theta$$
$$= 0\,[\mathrm{T}]$$

$a < r < b$

$$\boldsymbol{B} = \mathrm{rot}\,\boldsymbol{A} = \frac{1}{r}\begin{vmatrix} \boldsymbol{a}_r & r\boldsymbol{a}_\theta & \boldsymbol{a}_z \\ \frac{\partial}{\partial r} & \frac{\partial}{\partial \theta} & \frac{\partial}{\partial z} \\ 0 & 0 & \frac{\mu_0 I}{2\pi}\ln\frac{b}{r} \end{vmatrix}$$
$$= \frac{\partial}{r\partial\theta}\frac{\mu_0 I}{2\pi}\ln\frac{b}{r}\boldsymbol{a}_r - \frac{\partial}{\partial r}\frac{\mu_0 I}{2\pi}\ln\frac{b}{r}\boldsymbol{a}_\theta$$
$$= \frac{\mu_0 I}{2\pi r}\boldsymbol{a}_\theta\,[\mathrm{T}]$$

$b < r$

$$\boldsymbol{B} = \mathrm{rot}\,\boldsymbol{A} = \frac{1}{r}\begin{vmatrix} \boldsymbol{a}_r & r\boldsymbol{a}_\theta & \boldsymbol{a}_z \\ \frac{\partial}{\partial r} & \frac{\partial}{\partial \theta} & \frac{\partial}{\partial z} \\ 0 & 0 & 0 \end{vmatrix}$$
$$= 0\,[\mathrm{T}]$$

〔電流密度分布〕 $0 < r < a,\, b < r$ では $0\,\mathrm{A}\cdot\mathrm{m}^{-2}$.

$a < r < b$ では

$$\boldsymbol{J} = \frac{1}{\mu_0}\mathrm{rot}\,\boldsymbol{B} = \frac{1}{\mu_0 r}\begin{vmatrix} \boldsymbol{a}_r & r\boldsymbol{a}_\theta & \boldsymbol{a}_z \\ \frac{\partial}{\partial r} & \frac{\partial}{\partial \theta} & \frac{\partial}{\partial z} \\ 0 & r\frac{\mu_0 I}{2\pi r} & 0 \end{vmatrix}$$
$$= \frac{1}{\mu_0}\left(\frac{\partial}{r\partial r}\frac{r\mu_0 I}{2\pi r}\boldsymbol{a}_z - \frac{1}{r}\frac{\partial}{\partial z}\frac{r\mu_0 I}{2\pi}\boldsymbol{a}_r\right)$$
$$= 0\,[\mathrm{A}\cdot\mathrm{m}^{-2}]$$

■

5.3 節の関連問題

□ **5.8** 半径 a [m] と内半径 b [m]（$a < b$）の 2 つの厚さの無視できる円筒導体が同軸状に配置されている．内側導体には，上方向に I [A] の電流が，外側導体には下向きに I [A] の電流が流れている．空間の磁束密度分布を求めよ．

□ **5.9** 半径 a [m] の円柱導体の断面内を電流密度 $J_z = kr$ [$\mathrm{A \cdot m^{-2}}$] で電流が分布して流れている場合，磁束密度分布を求めよ．

□ **5.10** 図 6 に示すように，断面が円形である無限長ソレノイドが同軸状に 2 つ配置されている．半径はそれぞれ a, b [m]（$a < b$）で，コイルの巻数はそれぞれ単位長さあたり n_1, n_2 [$\mathrm{m^{-1}}$] である．いま，図に示す方向に電流をそれぞれ I_1, I_2 [A]（$I_1 > 0, I_2 > 0$）流した場合，以下の問に答えよ．なお，軸からの距離を r [m] とし，空間の透磁率は μ_0 [$\mathrm{H \cdot m^{-1}}$] とする．

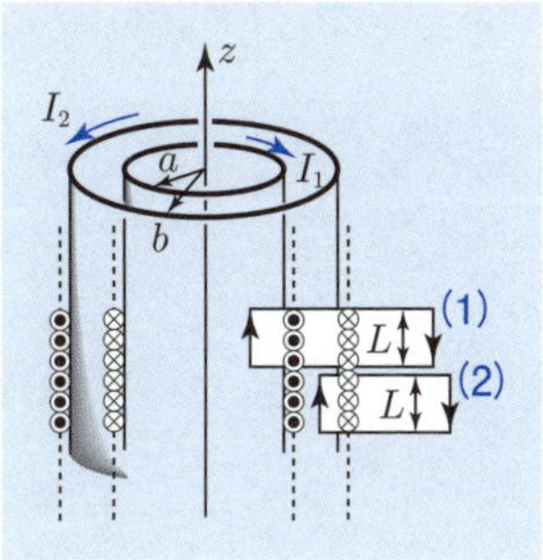

図 6　**2** つの無限長ソレノイド

(1) 内側ソレノイド内部（$r < a$）での磁束密度を求めるため，図中に描いた周回積分路を参考にして，磁束密度を上向きを正として求めよ．

(2) 内側ソレノイドと外側ソレノイドの間（$a < r < b$）での磁束密度を求めるため，図中に描いた周回積分路を参考にして，磁束密度の大きさと向きを求めよ．

(3) 内側ソレノイド内部（$r < a$）での磁束密度をゼロとするためには，I_2 をいくらにすればよいか．I_1, n_1, n_2 を用いて答えよ．

(4) 内側ソレノイド内部（$r < a$）での磁場が上向きとなるための条件を求めよ．

□ **5.11** 図 7 に示すように，y 軸方向に十分広く，z 軸方向に十分長い，厚さ $2w$ [m] の板状の導体がある．z 軸方向に一様な電流が電流密度 $\boldsymbol{J}$ [$\mathrm{A \cdot m^{-2}}$] で流れている．導体内外の磁束密度分布を求めよ．

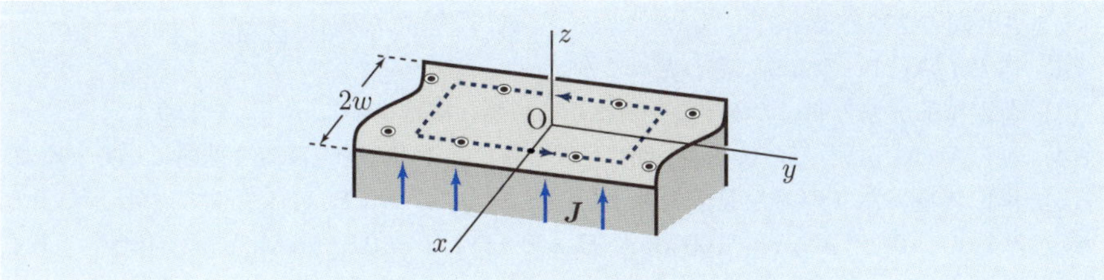

図 7　平板導体と積分経路

第5章の問題

□ **1**　図8のように，直角座標系内において一辺の長さ a [m] の正方形の形をした導線PQRSを x-y 平面から角度 θ だけ傾けた．電流 I [A] が矢印の方向に流れ，z 軸方向に磁束密度 $\boldsymbol{B}$ [T] の磁界が一様に存在している．以下の問に答えよ．

(1)　導線RSの部分に働くローレンツ磁気力の大きさと方向を示せ．

(2)　導線SPの部分に働くローレンツ磁気力の大きさと方向を示せ．

(3)　正方形コイル全体にはどのような力が生じるかを答えよ．

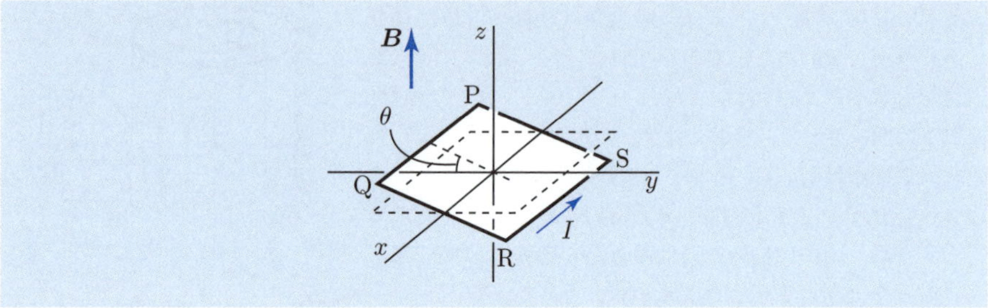

図8

□ **2**　図9に示すように，直角座標上に幅 W [m]，厚さ t [m] の半導体が置かれ，y 方向に電流が I [A] 流れ，空間全体には磁束密度 B [T] が z 方向に存在している．電荷 q [C]（$q > 0$）が y 方向に速度 v [m·s^{-1}] で運動し，単位体積あたりの荷電粒子の数は p [m^{-3}] であるとして以下の問に答えよ．

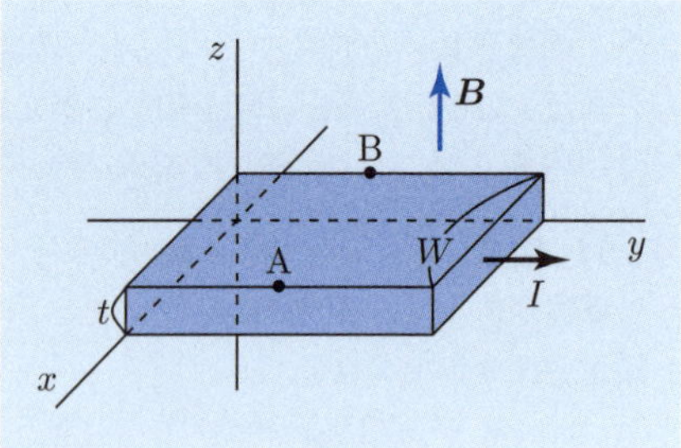

図9

(1)　1つの荷電粒子が磁界から受ける力の大きさと向きを求めよ．

(2)　電流 I [A] はどのように表わされるか．

(3)　荷電粒子が y 方向にのみ運動するために必要な電界 $\boldsymbol{E}$ [V·m^{-1}] を求めよ．

(4)　2点A (W, y_1, t), B $(0, y_1, t)$ 間に生じる電位差 V [V] を，B点を基準にして求めよ．

(5)　単位体積あたりの荷電粒子の数 p [m^{-3}] を q, t, B, I, V を用いて表わした上で $q = 1.6 \times 10^{-19}$ [C], $t = 100$ [nm], $B = 0.4$ [T], $I = 0.01$ [mA], $V = 5$ [mV] であるときの p [m^{-3}] を求めよ．

□ **3** 図 10 に示すような一辺 a [m] の正六角形をした線状の導体に I [A] の電流が流れている．六角形の中心を通り，六角形の面と垂直な方向を z 軸とした場合，z 軸上の任意の点における磁束密度を求めよ．

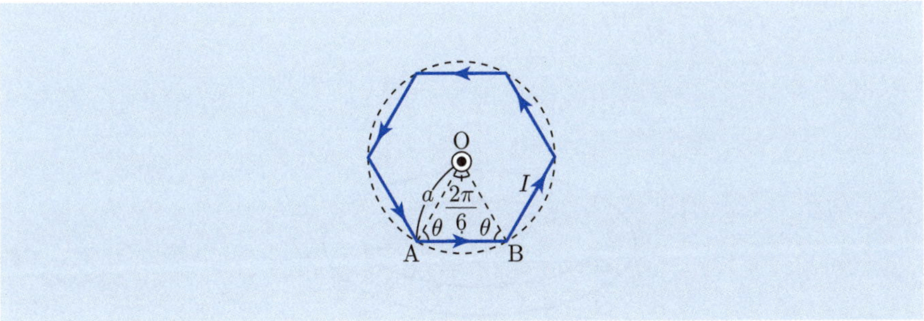

図 10

□ **4** 図 11 に示すような，長辺 $2a$ [m]，短辺 $2b$ [m] の x-y 平面に平行な長方形 ABCD がある．長辺は x 軸に平行，短辺は y 軸に平行であり，長方形の中心は z 軸上 $z = z_0$ の点である．この長方形の辺上を，A→B→C→D→A と周回電流 I [A] が流れているものとする．この電流ループが原点に作る磁束密度を求めよ．

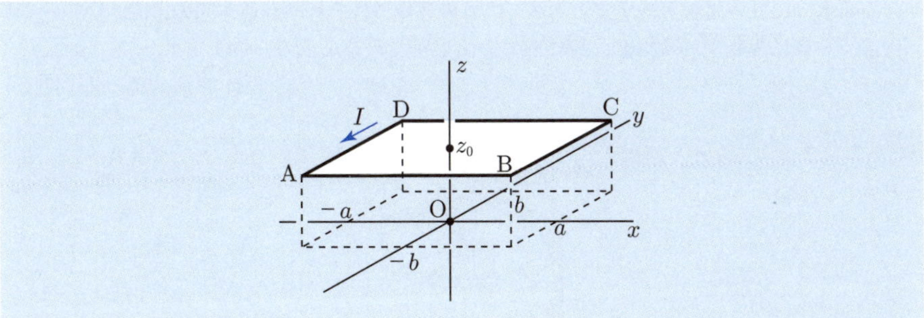

図 11

□ **5** 真空中に十分に長い 2 本の直線導体があり，0.20 m 離れて平行に配置されている．一方の導体には 10 A の電流が流れている．その導体には 1 m あたり 1×10^{-6} N の力が働いた．他方の導体に流れている電流の値を求めよ．なお，真空の透磁率は $4\pi \times 10^{-7}$ H·m^{-1} である．　(H24 電験三種問題改)

□**6** 図 12 のような円柱座標系で $z=0$ の平面内で原点を中心とした円電流 1（半径 a [m]，電流 I_1 [A]）と円電流 2（半径 b [m]，電流 I_2 [A]）を考える．次の問に答えよ．

(1) 円電流 1 について原点に発生する磁束密度 $\boldsymbol{B}$ [T] を求めよ．

(2) 円電流 2 を同時に考慮したとき，I_2 [A] をある値にしたとき，原点の磁束密度がゼロとなった．I_2 の値を I_1 を用いて表せ．

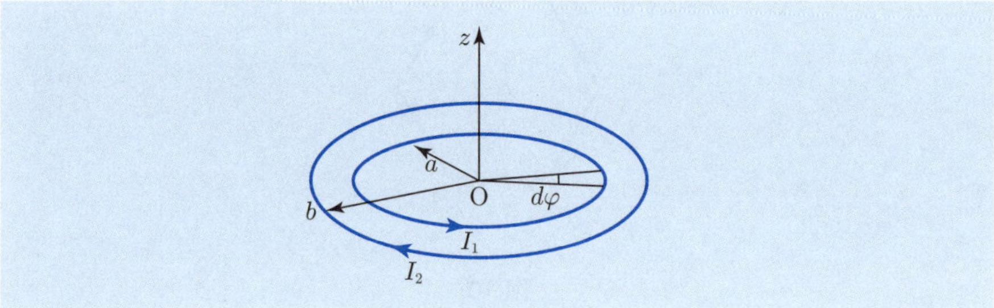

図 12

□**7** 半径 a [m] の厚さの無視できる円筒導体に I_1 [A] の電流が上方向に流れ，中心軸には直線電流 I_2 [A] が下方向に流れている（$I_1 > I_2$）．空間の磁束密度分布を求めよ．

□**8** 図 13 に示すように半径 a [m] の円柱導体と，内半径 b [m]，外半径 c [m] の円筒導体からなる十分に長い同軸ケーブルがある．内外の導体にはそれぞれ逆方向の電流 I [A] が導体内部で一様に流れている場合，導体内外の磁束密度分布を求め，結果をグラフに示せ．

（H7 以前　電験二種問題改）

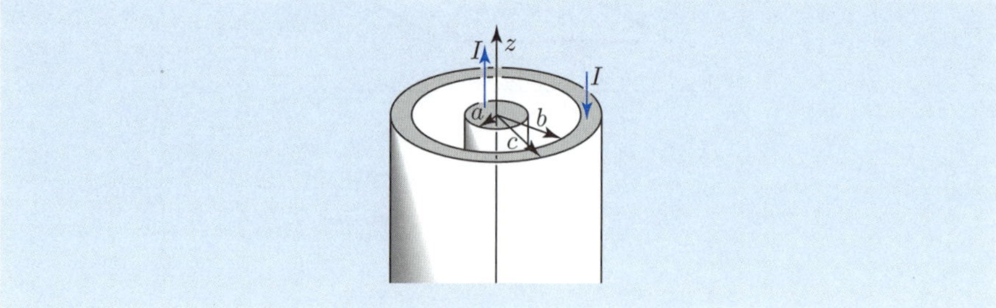

図 13

□**9** 半径 a [m] の円柱導体に電流密度が $J_z = J_0(\frac{a}{r}-1)$ [A · m^{-2}] で示される電流が流れている．アンペールの法則を用い，導体内外の磁束密度分布を求めよ．あわせて磁束密度分布をグラフに示せ．

第6章

磁性体と静磁界

電界中に物質を置くと，物質は分極して誘電体としての性質を示すことを第 3 章で学んだ．その際に，電束密度という新しい物理量を定義した．物質を磁界の中に置いた場合の振舞いを解析するためには，磁界の強さを定義する．ところで，磁界の中を電流が流れると電流には力が発生することを第 5 章で理解した．これを利用した機器としてモータがある．大きな力を発生させるモータを作るためには強い磁束密度を発生させることが必要であり，そのために磁石の存在が有効である．また，情報を記録する媒体にも磁性体の性質を利用する場合が多い．磁性体には電磁石と永久磁石が存在することを知っているであろう．永久磁石の振舞いを解析する上では，物質の磁界に対する性質が非線形であることを理解する必要がある．これまでに経験してこなかった非線形の問題の解法を経験する．

本章では，上記のごとく物質の磁界に対する振舞いとその性質を問題の解法を通して学ぶ．なお，磁石に蓄えられるエネルギーと発生する力を解析することは実用的に極めて有用であるが，それらの問題は次章で取り上げる．

第6章の重要項目

◎磁界の中に置かれた物質の振舞いを理解するための磁性体の性質

- 微視的な解釈：
  - ループ電流による**磁気モーメント**

$$\boldsymbol{m} = IS\boldsymbol{a}_z \, [\mathrm{A \cdot m^2}]$$

- 巨視的な解釈：
  - **磁化**

$$\boldsymbol{M} = \frac{\sum_i \boldsymbol{m}_i}{v} \, [\mathrm{A \cdot m^{-1}}]$$

  - **磁化電流**（磁化の原因となる実効的な電流）

$$I_{\mathrm{M}} = \int \boldsymbol{M} \cdot d\boldsymbol{l} \, [\mathrm{A}]$$

◎磁性体の存在する場におけるアンペールの法則

$$\oint \boldsymbol{H} \cdot d\boldsymbol{l} = I = \int \boldsymbol{J} \cdot d\boldsymbol{S} \tag{6.1}$$

- 磁界の強さ：

$$\boldsymbol{H} = \frac{\boldsymbol{B}}{\mu_0} - \boldsymbol{M} \, [\mathrm{A \cdot m^{-1}}],$$
$$\boldsymbol{B} = \mu_0 \mu_{\mathrm{r}} \boldsymbol{H} = \mu \boldsymbol{H} \, [\mathrm{T}] \tag{6.2}$$

μ：物質の透磁率 $[\mathrm{H \cdot m^{-1}}]$，$\mu_{\mathrm{r}}$：比透磁率（$\mu_{\mathrm{r}} > 1$）

- 境界条件

磁束密度　$B_1 \cos\theta_1 = B_2 \cos\theta_2$　(6.3)

磁界の強さ　$H_1 \sin\theta_1 = H_2 \sin\theta_2$　(6.4)

◎回路としての扱い（**磁気回路**と電気回路の比較）

• 流れ：磁束	$\varphi = \int \boldsymbol{B} \cdot d\boldsymbol{S}$ [Wb]	⇔	電流	$I = \int \boldsymbol{J} \cdot d\boldsymbol{S}$ [A]
• 起磁力：流れの原動力	NI [A]	⇔	起電力	V [V]
• 磁気抵抗：流れる量を制限	$R_{\mathrm{m}} = \frac{l}{\mu S}$ $[\mathrm{H^{-1}}]$	⇔	抵抗	$R = \rho \frac{l}{S}$ [Ω]

◎磁石の扱い

- **電磁石**：

$$\oint \boldsymbol{H} \cdot d\boldsymbol{l} = NI \tag{6.5}$$

- **永久磁石**：

$$\oint \boldsymbol{H} \cdot d\boldsymbol{l} = 0 \tag{6.6}$$

永久磁石の場合には透磁率を用いた解析はできない

6.1　磁化と磁性体の存在する場におけるアンペールの法則

▶問題解法のポイント

◎磁界の強さを定義：

$$\boldsymbol{H} = \frac{\boldsymbol{B}}{\mu_0} - \boldsymbol{M}\,[\mathrm{A \cdot m^{-1}}],$$
$$\boldsymbol{B} = \mu_0 \mu_\mathrm{r} \boldsymbol{H} = \mu \boldsymbol{H}\,[\mathrm{T}]$$

μ：物質の透磁率 $[\mathrm{H \cdot m^{-1}}]$,

μ_r：比透磁率（$\mu_\mathrm{r} > 1$）

磁化は磁化電流により発生

$$I_\mathrm{M} = \int \boldsymbol{M} \cdot d\boldsymbol{l}\,[\mathrm{A}]$$

◎磁界に関するアンペールの法則（場の解析の基本手法）：

$$\int \boldsymbol{H} \cdot d\boldsymbol{l} = NI \ \left(= \int \boldsymbol{J} \cdot d\boldsymbol{S}\right)$$

- 左辺：磁力線に沿って一周積分
  （磁路の中にエアギャップ，あるいは別種の磁性体が存在する場合には，経路の途中で磁界の強さが変わる．
  ⇒ 各部分の磁界の強さとその部分の長さの積を加算）
- 右辺：着目した磁力線で囲まれた断面内を流れる正味の電流の算出

◎境界条件

磁束密度　$B_1 \cos\theta_1 = B_2 \cos\theta_2$

磁界の強さ　$H_1 \sin\theta_1 = H_2 \sin\theta_2$

磁性体は非線形特性を有し，透磁率（比透磁率）は定数として扱えない．
B-H 特性が示されている場合にはグラフから情報を読み取る必要がある．

例題 6.1

半径 10 mm で高さ 10 mm の円柱状の磁性体が $2.0 \times 10^4\ \mathrm{A \cdot m^{-1}}$ に磁化している場合，磁化電流 $I_\mathrm{M} = \int \boldsymbol{M} \cdot d\boldsymbol{l}$ [A] の大きさを求めよ．

【解答】 磁化電流は $I_\mathrm{M} = \int \boldsymbol{M} \cdot d\boldsymbol{l}$ [A] と定義されるから，数値を代入すると

$$I_\mathrm{M} = \int \boldsymbol{M} \cdot d\boldsymbol{l} = (2 \times 10^4)(1 \times 10^{-2}) = 200\ [\mathrm{A}]$$

■

例題 6.2

z 軸を中心とする内半径 a [m]，外半径 b [m] の無限長で円筒状の磁性体がある．磁性体の比透磁率は μ_r であり，磁性体以外の部分は真空とする．z 軸上に線電流 I [A] を流したとき，磁界の強さ分布と，磁束密度分布を求めよ．あわせて，磁性体内での磁化の強さ分布を求めよ．

【解答】〔磁界分布〕 磁界に関するアンペールの法則は $\int \boldsymbol{H} \cdot d\boldsymbol{l} = I = \int \boldsymbol{J} \cdot d\boldsymbol{S}$ であるから

$$左辺 = \int \boldsymbol{H} \cdot d\boldsymbol{l} = H_\theta 2\pi r,$$

$$右辺 = I$$

であるから，磁界の強さはどの領域においても

$$H_\theta(r) = \frac{I}{2\pi r}\ [\mathrm{A \cdot m^{-1}}]$$

〔磁束密度分布〕 磁束密度は $\boldsymbol{B} = \mu_0 \mu_\mathrm{r} \boldsymbol{H}$ [T] であるから

$0 < r < a \quad B_\theta(r) = \frac{\mu_0 I}{2\pi r}$ [T]

$a < r < b \quad B_\theta(r) = \frac{\mu_0 \mu_\mathrm{r} I}{2\pi r}$ [T]

$b < r \quad B_\theta(r) = \frac{\mu_0 I}{2\pi r}$ [T]

〔磁化の強さ分布〕 磁界の強さが $\boldsymbol{H} = \frac{\boldsymbol{B}}{\mu_0} - \boldsymbol{M}$ と定義されているから，磁化の強さは

$$\boldsymbol{M} = \frac{\boldsymbol{B}}{\mu_0} - \boldsymbol{H}\ [\mathrm{A \cdot m^{-1}}]$$

したがって

$0 < r < a \quad M_\theta(r) = 0\ [\mathrm{A \cdot m^{-1}}]$

$a < r < b \quad M_\theta(r) = \frac{I}{2\pi r}(\mu_\mathrm{r} - 1)\ [\mathrm{A \cdot m^{-1}}]$

$b < r \quad M_\theta(r) = 0\ [\mathrm{A \cdot m^{-1}}]$

■

例題 6.3

無限長で半径 a [m] の非磁性体でできた円柱導体に，電流 I [A] が断面に一様に分布して流れている．その導体の外側に導体と同軸で内半径 a [m]，外半径 b [m] の円筒状の磁性体があり，その透磁率が μ [H · m^{-1}] であるとき，磁界の強さ分布と磁束密度分布を求めよ．あわせて，磁性体内での磁化の強さ分布を求めよ．

【解答】 磁界に関するアンペールの法則の左辺は

$$\int \boldsymbol{H} \cdot d\boldsymbol{l} = H_\theta 2\pi r$$

右辺を計算する際に，電流 I [A] は半径 a [m] の円柱導体に一様に流れているから

$$J_z = \frac{I}{\pi a^2} \, [\mathrm{A \cdot m^{-2}}]$$

となり

$$0 < r < a \quad 右辺 = \int_0^r \frac{I}{\pi a^2} 2\pi r dr = \frac{I}{\pi a^2} \pi r^2$$

$$a < r \quad 右辺 = \int_0^a \frac{I}{\pi a^2} 2\pi r dr = I$$

したがって

$0 < r < a$

$H_\theta(r) = \frac{Ir}{2\pi a^2}$ [A · m^{-1}],　$B_\theta(r) = \frac{\mu_0 Ir}{2\pi a^2}$ [T],　$M_\theta(r) = 0$ [A · m^{-1}]

$a < r < b$

$H_\theta(r) = \frac{I}{2\pi r}$ [A · m^{-1}],　$B_\theta(r) = \frac{\mu I}{2\pi r}$ [T],　$M_\theta(r) = \frac{I}{2\pi r}\left(\frac{\mu}{\mu_0} - 1\right)$ [A · m^{-1}]

$b < r$

$H_\theta(r) = \frac{I}{2\pi r}$ [A · m^{-1}],　$B_\theta(r) = \frac{\mu_0 I}{2\pi r}$ [T],　$M_\theta(r) = 0$ [A · m^{-1}]

得られた結果を図 6.1 に示す．

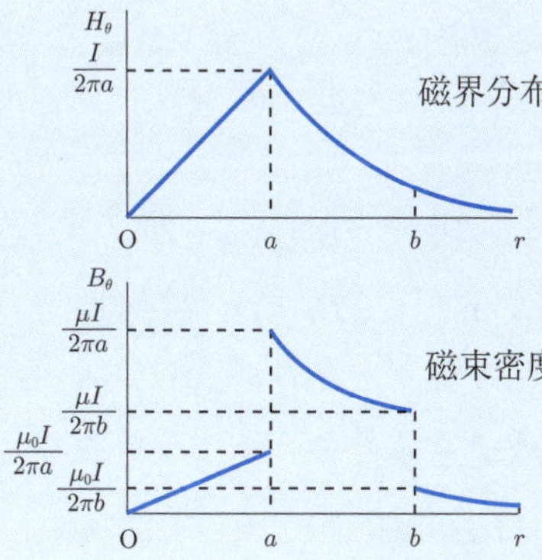

図 6.1　磁界分布と磁束密度分布

■ 例題 6.4 ■

図 6.2 のような長方形の断面を持ち，内半径 a [m]，外半径 b [m]，厚さ c [m] のリング状で，透磁率が μ [H · m^{-1}] の磁性体がある．

この磁性体に N 巻きのコイルを巻き，無端ソレノイドを作り，電流 I [A] を流した．磁性体中の半径 r [m]（$a < r < b$）での磁界の強さ分布と磁束密度分布を求めよ．あわせて，磁性体内の磁束を求めよ．

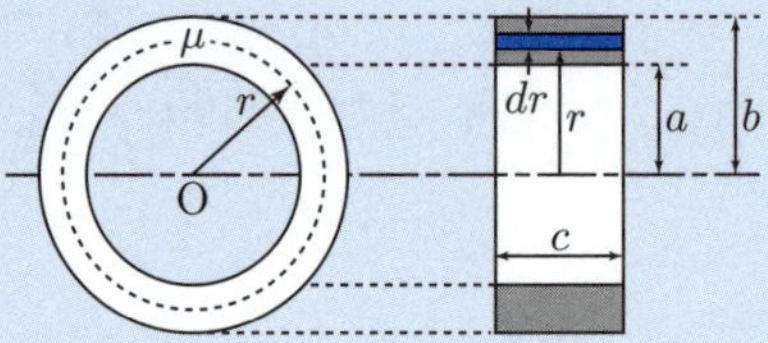

図 6.2　リング状の磁性体

【解答】　磁力線は磁性体内部を貫くようにリング状に発生する．したがって，アンペールの法則の左辺は

$$\begin{aligned}\text{左辺} &= \int \boldsymbol{H} \cdot d\boldsymbol{l} \\ &= H_\theta 2\pi r\end{aligned}$$

$a < r$ の領域で磁力線を想定した場合，想定した磁力線で囲まれる断面内には電流は流れていないから

$$\text{右辺} = 0$$

$a < r < b$ では電線に流れている電流は I [A] だが鎖交数は N であるから

$$\text{右辺} = NI$$

$b < r$ では電線に流れている電流は I [A] だが鎖交数は $N - N$ であり

$$\text{右辺} = 0$$

したがって

$$\begin{aligned}
&0 < r < a \quad H_\theta(r) = 0\,[\mathrm{A \cdot m^{-1}}], \qquad B_\theta(r) = 0\,[\mathrm{T}] \\
&a < r < b \quad H_\theta(r) = \tfrac{NI}{2\pi r}\,[\mathrm{A \cdot m^{-1}}], \quad B_\theta(r) = \tfrac{\mu NI}{2\pi r}\,[\mathrm{T}] \\
&b < r \qquad\ \ H_\theta(r) = 0\,[\mathrm{A \cdot m^{-1}}], \qquad B_\theta(r) = 0\,[\mathrm{T}]
\end{aligned}$$

磁束は磁束密度の面積積分であるから

$$\begin{aligned}\varphi &= \int \boldsymbol{B} \cdot d\boldsymbol{S} \\ &= \int_a^b \tfrac{\mu NIc}{2\pi} \tfrac{dr}{r} = \tfrac{\mu NIc}{2\pi} \ln \tfrac{b}{a}\,[\mathrm{Wb}]\end{aligned}$$

■

6.1 節の関連問題

□ **6.1**　一様な磁界 $\boldsymbol{H}\,[\mathrm{A\cdot m^{-1}}]$ の中に置かれた磁性体が一様に $\boldsymbol{M}\,[\mathrm{A\cdot m^{-1}}]$ の強さに磁化されているものとする．以下の問に答えよ．なお，空隙は薄く広い形状とする．

(1)　図 1(a) のように，磁性体の内部に磁化と直角な方向に広がる平面状の空隙を作るとき，空隙内の磁界の強さ H_0 を求めよ．

(2)　図 2(b) のように，磁性体の内部に磁界 $\boldsymbol{H}$ と平行に広がる平面状の空隙を作るとき，空隙内の磁界の強さ H_0 を求めよ．

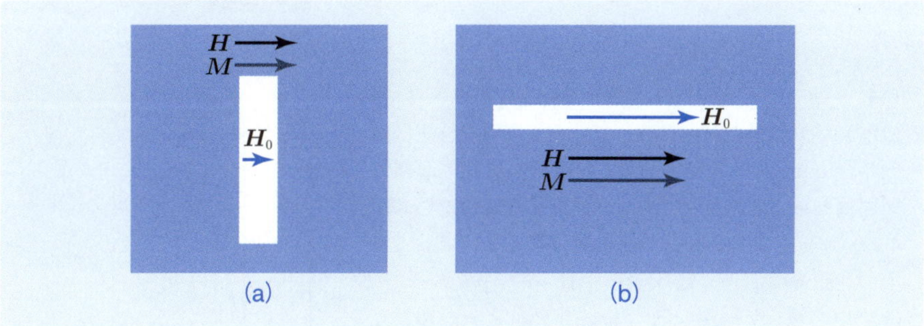

図 1

□ **6.2**　図 2 のような，z 軸を中心として半径 $a\,[\mathrm{m}]$ の円柱状で比透磁率は μ_{r1} の磁性体を包むように内半径 $a\,[\mathrm{m}]$，外半径 $b\,[\mathrm{m}]$ の無限長で円筒状の比透磁率が μ_{r2} の磁性体がある．磁性体以外の部分での透磁率は真空の透磁率 μ_0 と等しい．z 軸上に線電流 $I\,[\mathrm{A}]$ を流したとき，以下の問に答えよ．

(1)　磁界の強さ $\boldsymbol{H}\,[\mathrm{A\cdot m^{-1}}]$ を r の関数として求めよ．

(2)　磁束密度 $\boldsymbol{B}\,[\mathrm{T}]$ を r の関数として求めよ．

(3)　磁性体内での磁化の強さ $\boldsymbol{M}\,[\mathrm{A\cdot m^{-1}}]$ を r の関数として求めよ．

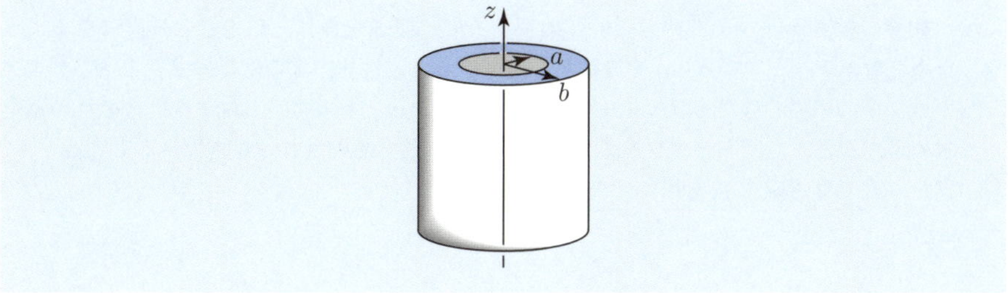

図 2

□ **6.3** 図3に示すように，断面積 $S\,[\mathrm{m}^2]$，磁路長 $l_1\,[\mathrm{m}]$，透磁率 $\mu_1\,[\mathrm{H\cdot m^{-1}}]$ の磁性体と磁路長 $l_2\,[\mathrm{m}]$，透磁率 $\mu_2\,[\mathrm{H\cdot m^{-1}}]$ の磁性体とが，エアギャップ $g\,[\mathrm{m}]$ 離れて置かれている．これに N 回巻きのコイルが巻かれ，$I\,[\mathrm{A}]$ の電流を流した．各部の磁界の強さと磁束密度をアンペールの法則を用いて導け．

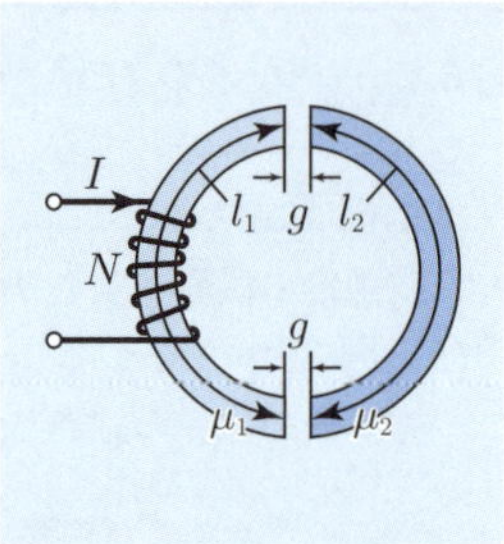

図3

□ **6.4** z 軸上に太さの無視できる電線が配置され $I\,[\mathrm{A}]$ の電流が z 軸の正方向に流れている．電線の外側には内半径 $a\,[\mathrm{m}]$，外半径 $b\,[\mathrm{m}]$ の円筒状の磁性体が電流と同軸として配置されている．磁性体の磁化特性は図4に示すとおりである．以下の問に答えよ．なお，真空の透磁率は $\mu_0 = 4\pi \times 10^{-7}\,[\mathrm{H\cdot m^{-1}}]$ である．

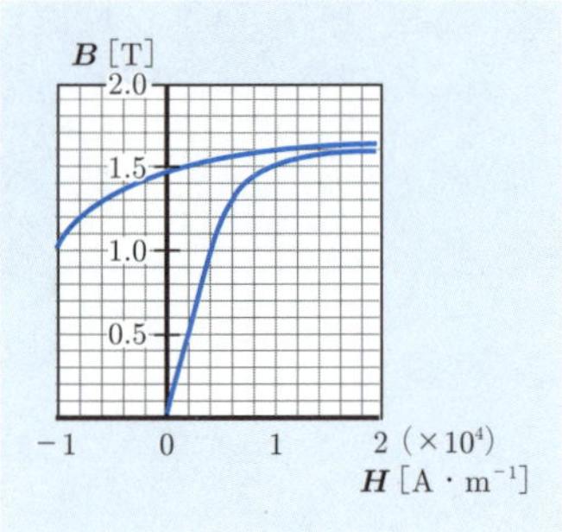

図4

(1) 中心軸を $r = 0$ として，磁界分布を r の関数として求めよ．

(2) 磁化特性を示すグラフより，磁性体内部での磁界の強さが弱いとき（$0.2 \times 10^4\ \mathrm{A\cdot m^{-1}}$ 以下），磁界の強さと磁束密度は比例すると考えてよい．この場合の透磁率 $\mu\,[\mathrm{H\cdot m^{-1}}]$ を数値で求めよ．あわせて，比透磁率 μ_r の値を求めよ．なお，式中で π を用いて表現してよい．

(3) 磁性体内部の磁界の強さの最大値が $0.2 \times 10^4\ \mathrm{A\cdot m^{-1}}$ 以下の場合，磁性体内部の磁束密度分布を求めよ．なお，式では μ を用いて表現してかまわない．

(4) 磁性体内部の磁化の強さ分布を求めよ．なお，式では μ を用いて表現してかまわない．

(5) $a = 10.0\,[\mathrm{mm}]$，$b = 50.0\,[\mathrm{mm}]$ とし，電流 $I = 200\pi\,[\mathrm{A}]$ とした場合，$r = a$ および $r = b$ における磁束密度の値を求めよ．

(6) 磁界の強さが弱い条件で，磁性体の長さ方向に厚さ全体に，磁力線と垂直になるような小さなエアギャップ $\delta\,[\mathrm{m}]$ を設けたものとする．磁性体内部の磁界の強さを H_m，エアギャップの磁界の強さを H_g として，半径 $r\,[\mathrm{m}]$（$a < r < b$）におけるそれぞれの値を求めよ．なお，エアギャップを設けたことによる磁力線の乱れは無視できるものとする．また，式では透磁率 μ を用いて表現してかまわない．

6.2　電磁石と永久磁石

▶問題解法のポイント

◎回路としての扱い（磁気回路）（近似解を誘導するために有効な解析法）

- 流れ：磁束　$\varphi = \int \boldsymbol{B} \cdot d\boldsymbol{S}$ [Wb]　⇔　電流　$I = \int \boldsymbol{J} \cdot d\boldsymbol{S}$ [A]
- **起磁力**：流れの原動力　NI [A]　⇔　起電力　V [V]
- **磁気抵抗**：流れる量を制限　$R_{\mathrm{m}} = \frac{l}{\mu S}$ [H^{-1}]　⇔　抵抗　$R = \rho\frac{l}{S}$ [Ω]

近似解であるから

- 位置による，わずかな磁力線の長さの違い
- 磁路の断面内部の磁束の大きさの差

などは考慮しなくてよい．

◎磁石の扱い

- 電磁石：

$$\int \boldsymbol{H} \cdot d\boldsymbol{l} = NI \qquad \cdots (6.5)$$

磁性体の磁化特性が線形の場合には透磁率を利用

磁性体の磁化特性が非線形の場合には磁化特性を利用し数値の読取り，あるいはグラフ処理が必要

- 永久磁石：

$$\int \boldsymbol{H} \cdot d\boldsymbol{l} = 0 \qquad \cdots (6.6)$$

透磁率を用いた解析はできない ⇒ グラフの活用
数値の読取り
理論直線と磁化特性の交点の読取り

磁性体内部の磁界は磁化を打ち消す方向に発生する ⇔ **減磁界**

減磁率：$N = -\frac{H_{\mathrm{m}}}{M}$　（H_{m}：磁性体内部の磁界の強さ）

例題 6.5

全長 l [m] でリング状をした透磁率 μ [H・m^{-1}] の磁性体がある．このリングには長さが g [m]（$l \gg g$）のエアギャップが設けてある．この磁性体に N 巻きのコイルを巻き，電流を I [A] 流し電磁石を作った．磁性体内部とエアギャップにおける磁界の強さと磁束密度をそれぞれ求めよ．なお，エアギャップの部分での磁力線の広がりはないものとし，磁性体の磁化特性は線形性を示すものとする．

【解答】　磁界に関するアンペールの法則を用いる．その際，磁性体の内部とエアギャップ内の磁界の強さをそれぞれ H_m, H_g [A・m^{-1}] とすれば

$$\oint \boldsymbol{H} \cdot d\boldsymbol{l} = H_\mathrm{m} l + H_\mathrm{g} g = NI$$

となる．また境界条件より磁束密度が磁性体の内部とエアギャップ内とで等しくなるから B [T] とおけば

$$\frac{B}{\mu} l + \frac{B}{\mu_0} g = NI$$

となり

$$B = \frac{NI\mu_0\mu}{\mu g + \mu_0 l} \text{ [T]}$$
$$H_\mathrm{m} = \frac{NI\mu_0}{\mu g + \mu_0 l}, \quad H_\mathrm{g} = \frac{NI\mu}{\mu g + \mu_0 l} \text{ [A} \cdot \text{m}^{-1}\text{]}$$

■

例題 6.6

図 6.3 のような断面積 S [m^2]，磁路長 l_1 [m]，透磁率 μ_1 [H・m^{-1}] の磁性体と磁路長 l_2 [m]，透磁率 μ_2 [H・m^{-1}] の 2 つの磁性体がエアギャップ g [m] 離れて置かれている．

これに N 回巻きのコイルを巻き，I [A] の電流を流した場合の各部の磁界の強さと磁束密度を磁気回路の考え方で求めよ．なお，エアギャップでの磁力線の広がりはないものとする．また，磁性体の磁化特性における非線形性はないものとする．

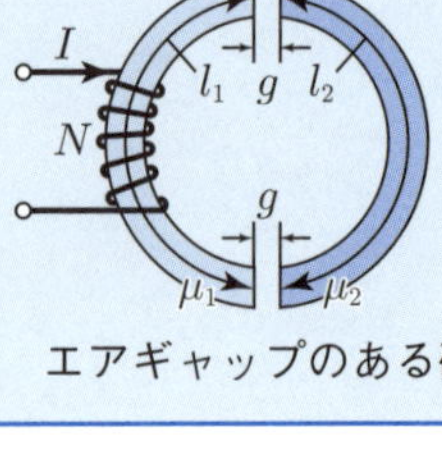

図 6.3　エアギャップのある磁性体

【解答】 磁気回路で考えれば，磁束の流れる場所の磁気抵抗はそれぞれ

$$R_{l_1} = \frac{l_1}{\mu_1 S}, \quad R_{l_2} = \frac{l_2}{\mu_2 S}, \quad R_{\mathrm{g}} = \frac{g}{\mu_0 S}\ [H^{-1}]$$

であり，これが直列に接続されている．起磁力 NI によってこの抵抗に流れる磁束 φ は

$$\varphi = \frac{NI}{R_{l_1}+R_{l_2}+2R_{\mathrm{g}}} = \frac{NI}{\frac{l_1}{\mu_1 S}+\frac{l_2}{\mu_2 S}+\frac{2g}{\mu_0 S}}\ [\mathrm{Wb}]$$

となり，磁路中の断面内の磁束密度は等しいと見なせば $B = \frac{\varphi}{S}$ [T] より，次式のようになる．

$$B = \frac{\varphi}{S} = \frac{NI}{S(R_{l_1}+R_{l_2}+2R_{\mathrm{g}})} = \frac{NI}{\frac{l_1}{\mu_1}+\frac{l_2}{\mu_2}+\frac{2g}{\mu_0}}\ [\mathrm{T}]$$

それぞれの場所における磁界の強さは

$$H_1 = \frac{B}{\mu_1} = \frac{1}{\mu_1}\frac{NI}{\frac{l_1}{\mu_1}+\frac{l_2}{\mu_2}+2\frac{g}{\mu_0}}, \quad H_2 = \frac{1}{\mu_2}\frac{NI}{\frac{l_1}{\mu_1}+\frac{l_2}{\mu_2}+2\frac{g}{\mu_0}}$$

$$H_{\mathrm{g}} = \frac{1}{\mu_0}\frac{NI}{\frac{l_1}{\mu_1}+\frac{l_2}{\mu_2}+2\frac{g}{\mu_0}}\ [\mathrm{A\cdot m^{-1}}]$$

■

■ 例題 6.7 ■

半径 20 mm の円形の断面を有する長さ 1.0 m の磁性体がある．この磁性体をリング状に丸め，エアギャップが 10 mm になるような磁気回路を構成し，1000 回の巻線を施した．なお，エアギャップにおける磁力線の広がりは無視できるものとする．磁性体の B-H 特性は図 6.4 に示すように非線形の特性を有する．磁化されていない状態からコイルに電流を流し始める場合，エアギャップでの磁束密度を 1.5 T にするために必要な電流の値を求めよ．

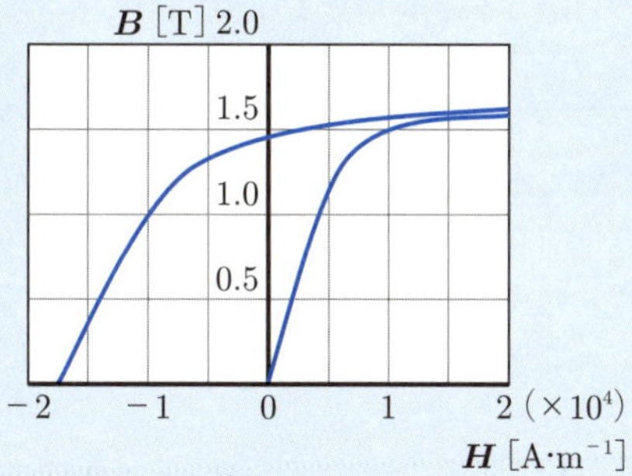

図 6.4 磁化特性

【解答】 閉じた磁力線に対してアンペールの法則を用いれば $\oint \boldsymbol{H}\cdot d\boldsymbol{l} = H_{\mathrm{m}}l + H_{\mathrm{g}}g = NI$ である．［例題 6.5］，［例題 6.6］を参考にすれば，磁束密度が連続するのでエアギャップ部の磁界の強さは $\frac{B}{\mu_0}$ である．しかし，磁化特性は図 6.4 で与えられているように，非線形性を示す．したがって，磁性体内部の磁界の強さはグラフから読み取る必要がある．グラフより 1.5 T にするには $H_{\mathrm{m}} = 1.0\times10^4\ [\mathrm{A\cdot m^{-1}}]$ になることがグラフから読み取れる．したがって $H_{\mathrm{m}}l + \frac{B}{\mu_0}g = NI$ であり，数値を代入すれば

$$(1.0\times10^4)\cdot 1 + \frac{1.5}{4\pi\times10^{-7}}1\times10^{-2} = 1\times10^3 I$$

となり $I \simeq 22\,[\mathrm{A}]$ ■

例題 6.8

前問と同一の条件において，コイルに 16 A の電流を流した場合，エアギャップの磁束密度の値を求めよ．

【解答】 前問と同様に磁性体の磁化特性は非線形であるから，$H_\mathrm{m}l + \frac{B}{\mu_0}g = NI$ は成立するが，数値はグラフを利用する必要がある．ここで，数値を代入すると

$$B = \frac{\mu_0}{g}(NI - H_\mathrm{m}l) = \frac{4\pi\times10^{-7}}{1\times10^{-2}}16\times10^3 - \frac{4\pi\times10^{-7}}{1\times10^{-2}}H_\mathrm{m}$$
$$\simeq 2.0 - 1.3\times10^{-4}H_\mathrm{m}$$

になるから，切片が 2 T，$B = 0$ で $H = \frac{2}{1.3\times10^{-4}} \simeq 1.5\times10^4\,[\mathrm{A\cdot m^{-1}}]$ の点を通る傾きが負の直線をグラフに書き込むと，直線と磁化特性の曲線との交点は $B \simeq 1.3\,[\mathrm{T}]$ となる．つまり，交点が条件を満足する点である． ■

例題 6.9

［例題 6.7］と同一の磁化特性を有する磁性体を用いて永久磁石を作った．エアギャップの磁束密度を 1.3 T にするために必要なエアギャップの長さ g の値を求めよ．

【解答】 永久磁石の問題であるから，図 6.4 に示す B-H 特性の第二象限を利用する．永久磁石なので，アンペールの法則は $H_\mathrm{m}l + H_\mathrm{g}g = 0$ となる．そこで，1.3 T にするためには $H_\mathrm{m} \simeq -0.6\times10^4\,[\mathrm{A\cdot m^{-1}}]$ になるから $H_\mathrm{m}l + \frac{B}{\mu_0}g = 0$ に数値を代入すれば $g = 5.8\,[\mathrm{mm}]$ となる． ■

6.2 節の関連問題

□ **6.5** 図 5 に示すような 2 つのコイルと 2 つのエアギャップがある磁気回路を考える．なお，磁性体の透磁率 μ は無限大と仮定する．また，エアギャップの長さと磁性体の断面積は図中に記すとおりである．エアギャップでの磁力線の乱れは無視できるものとして次の問に答えよ．

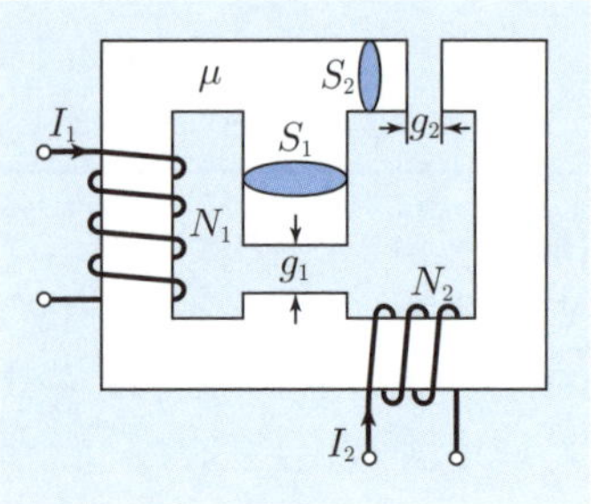

図 5

(1) コイル 1 に I_1 [A] の電流を流し，コイル 2 には電流は流さない場合，それぞれのエアギャップにおける磁束密度を求めよ．

(2) コイル 2 に I_2 [A] の電流を流し，コイル 1 には電流は流さない場合，それぞれのエアギャップにおける磁束密度を求めよ．

(3) コイル 1 に I_1 [A] の電流を流し，コイル 2 には I_2 [A] の電流を流した場合，それぞれのエアギャップにおける磁束密度を求めよ．

□**6.6** 図 6 のような B-H 特性を持つ磁性体のリングがある．このリングに 200 回コイルを巻き，$30\sin 100\pi t$ [A] の電流を流した．磁路長が 0.1 m のとき，電流がゼロになった瞬間，磁性体中の磁束密度 B_r [T] の値を求めよ．

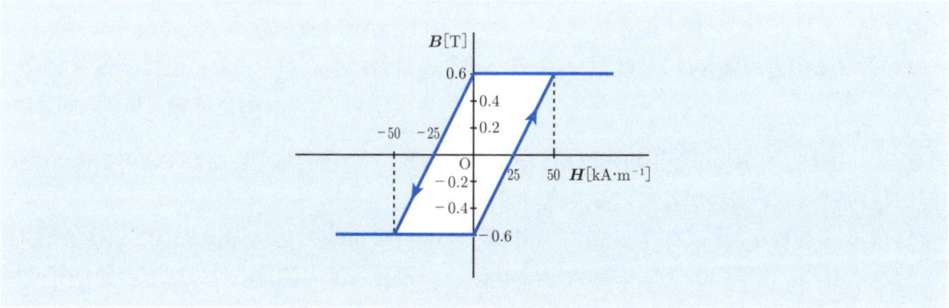

図 6

□**6.7** 図 7 のような磁気特性の磁性体で永久磁石を作成した．磁性体の磁路長 l [m]，ギャップ長 g [m] として，次の問に答えよ．なお，漏れ磁束やエアギャップでの磁力線の広がりはないものとする．

(1) 磁性体中の磁束密度 B_m [T] と磁界 H_m [A·m^{-1}] の関係式を導け．

(2) $\frac{l}{g} = \frac{2}{\pi} \times 10^2$ にした場合のエアギャップの磁束密度 B_g [T] の値を求めよ．

(3) このときの磁化の強さ M [A · m^{-1}] を求めよ．

(4) この場合の減磁率の値を求めよ．

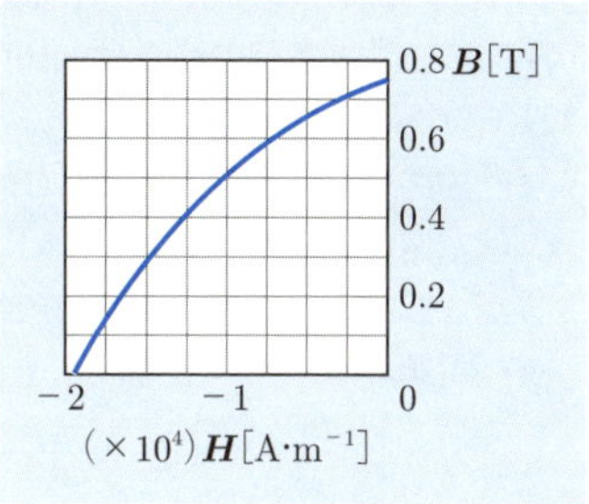

図 7

□**6.8** 長さ l [m] のリング状の磁性体の一部に g [m] のエアギャップが設けてある．磁性体内，外の磁界の強さをそれぞれ H_l, H_g [A · m^{-1}]，磁性体の断面積は S [m^2] とする．磁性体は初めから M [A · m^{-1}] に磁化しているものとして次の問に答えよ．

(1) 磁性体内および外の磁界の強さを，M を用いて示せ．

(2) この場合の減磁率 N を求めよ．

(3) 減磁率をゼロにする工夫を簡潔に述べよ．

第6章の問題

□ **1** 全長 l [m] でリング状をした透磁率 μ [H・m^{-1}] の磁性体がある．このリングには長さが g [m]（$l \gg g$）のエアギャップが設けてある．この磁性体に N 巻きのコイルを巻き，電流を I [A] 流した．磁性体内部とエアギャップにおける磁束密度を求めよ．また，エアギャップにおける磁界の強さは磁性体中の磁界の強さの何倍になるか．また，磁化の強さを求めよ．（H12 電験二種試験問題改）

□ **2** エアギャップ g [m] と平均磁路長 l [m] で透磁率 μ_r の磁性体で磁路ができており，鉄心にはコイルが N 回巻かれている．次の問に答えよ．

(1) $l = 0.50$ [m], $g = 5.0 \times 10^{-4}$ [m], $S = 0.0012$ [m^2], $\mu_0 = 4\pi \times 10^{-7}$ [H・m^{-1}], $\mu_r = 1000$, $N = 30$ とした場合，直流電流を 3.0 A 流すと磁路内部の磁束の値はどの程度になるか．

(2) 磁路の磁束密度を 1.0 T にするために必要な電流の値を求めよ．

□ **3** 図 8 のような形状で比透磁率 μ_r の磁性体がある．断面積は一様に S [m^2] であり AB, BC, CD など各辺の長さは l [m]，BE 間に設けられたエアギャップの長さは g [m] である．以下の設問に答えよ．

(1) 磁路 AB の磁気抵抗 R_1 [H^{-1}]，磁路 BE の磁気抵抗 R_2 [H^{-1}] を求めよ．

(2) 左側の N 回巻きのコイルに電流を I [A] 流し，右側のコイルの電流はゼロとした．磁路 AB における磁束 φ_1，磁路 BE における磁束 φ_2 を R_1, R_2 を用いて表せ．

(3) 右側のコイルにも電流 I を流したとき，同様に φ_1, φ_2 を求めよ．

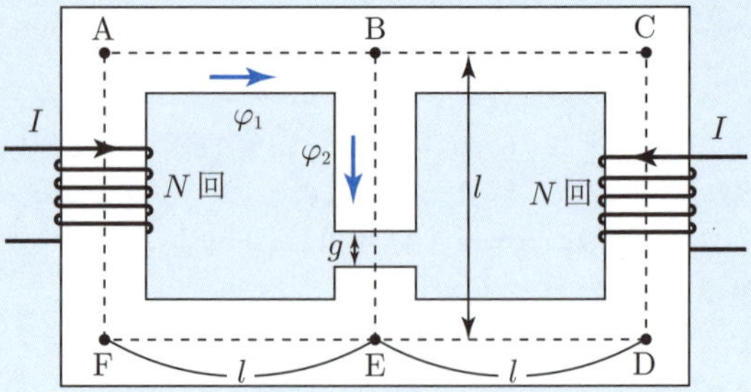

図 8

□**4** 図 9 のように，断面が 1 辺 20 mm の正方形で，内半径が 90 mm，外半径が 110 mm の環状鉄心があり，中心を 1.0 kA の電流が流れている．鉄の比透磁率を 800 とするとき，以下の問に答えよ．（H24 電験二種試験問題改）

(1) アンペールの法則より，中心から r の位置での磁界の強さを求め，積分により環状鉄心の磁束を求めよ．

(2) 環状鉄心の平均長さを半径 100 mm の円周と考え，磁気抵抗を求めた上で磁束を求めよ．

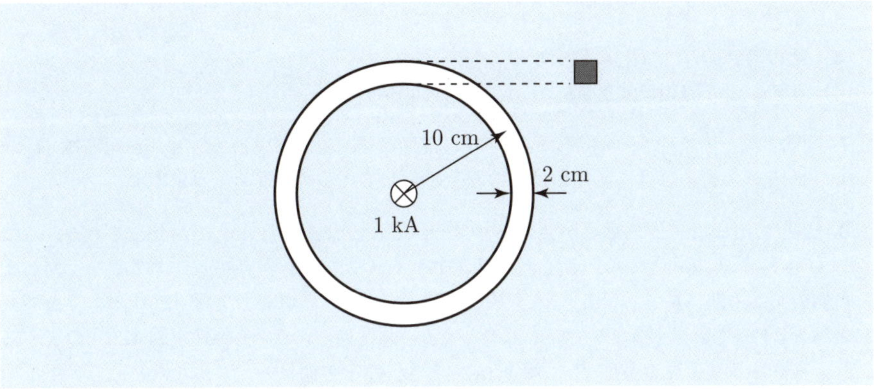

図 9

□**5** 図 10 に示す磁気回路の中で，平均磁路長 l_1 [m] の磁性体は永久磁石であり M [A·m^{-1}] に磁化している．平均磁路長 l_2 [m] の磁性体は透磁率 μ_2[H·m^{-1}] であり，各エアギャップの長さを x [m]，磁路の断面積を S [m^2] とし，エアギャップでの磁力線の広がりは無視できるものとする．磁束密度とエアギャップにおける磁界の強さを求めよ．

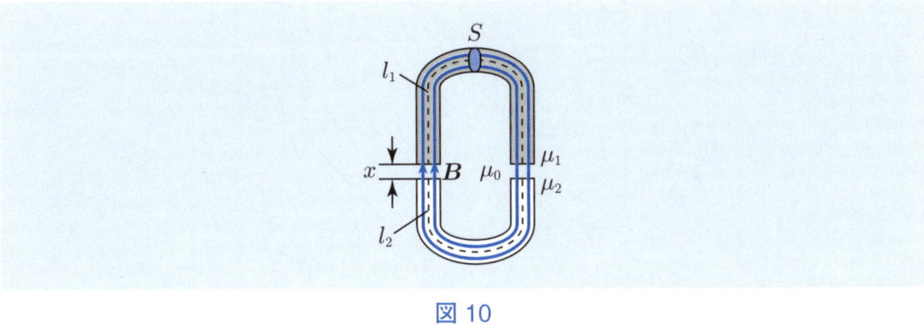

図 10

□**6** 図 11 のような磁気特性の磁性体で永久磁石を作成した．磁性体の磁路長 l [m]，エアギャップ長 g [m] として，次の問に答えよ．なお，漏れ磁束はないものとするとする．

(1) 磁性体中の磁束密度 B_{m} [T]，エアギャップの磁束密度 B_{g} [T]，磁界 H_{m} [A · m^{-1}], H_{g} [A · m^{-1}] はそれぞれどのような関係が成り立つか．

(2) エアギャップ中で $B_{\mathrm{g}} = 0.4$ [T] を得るためには $\frac{l}{g}$ をどうすればよいか．

(3) その場合，H_{m}, H_{g} の値を求めよ．

(4) このときの磁化の強さ M [A · m^{-1}] を求めよ．

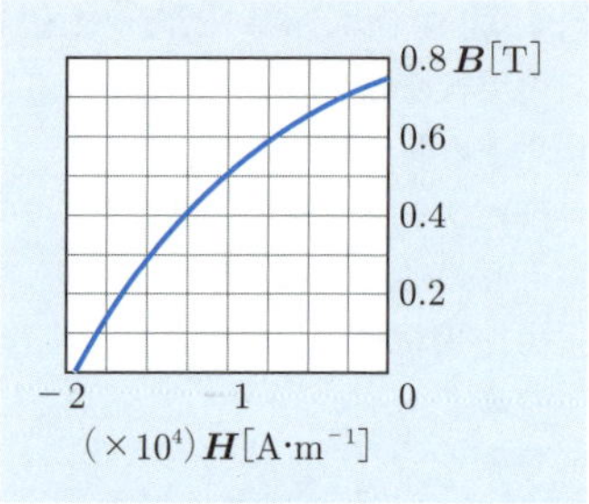

図 11

□**7** 前問と同一の条件で，減磁率が 0.2 の永久磁石がある．エアギャップ中の磁束密度 $B_{\mathrm{g}} = 0.4$ [T] を得るためには，磁性体はどの程度磁化している必要があるか求めよ．

□**8** 透磁率 μ[H·m^{-1}] の鉄心が 2 つあり，それぞれの長さが l_1 [m] と l_2 [m] である．ただし $l_1 + l_2 = l_{\mathrm{c}}$ [m] とする．鉄心間にはエアギャップ l_{g} [m] が存在し，エアギャップと反対側の両端の間に長さ l_{m} [m] の永久磁石が挟んであり，全体として図 12(a) のような断面積 S [m^2] のリングを構成しているものとする．永久磁石の B-H 特性が図 12(b) のように与えられる（残留磁束密度 B_{r}，傾き μ_0）とき，以下の問に答えよ．ただし，エアギャップ中の透磁率は μ_0 [H · m^{-1}] であり，磁力線のふくらみは無視できるものとする．

(1) 鉄心（core）中の磁界の強さを H_{c}，エアギャップ（gap）中の磁界の強さを H_{g}，永久磁石中の磁界の強さを H_{m} とするとき，アンペールの法則により成立する式を示せ．

(2) 境界条件を示せ．

(3) 磁束密度 B を求めよ．

(4) エアギャップ中の磁界の強さ H_{g} を求めよ．

(5) 永久磁石中の磁界の強さ H_{m} を求めよ．

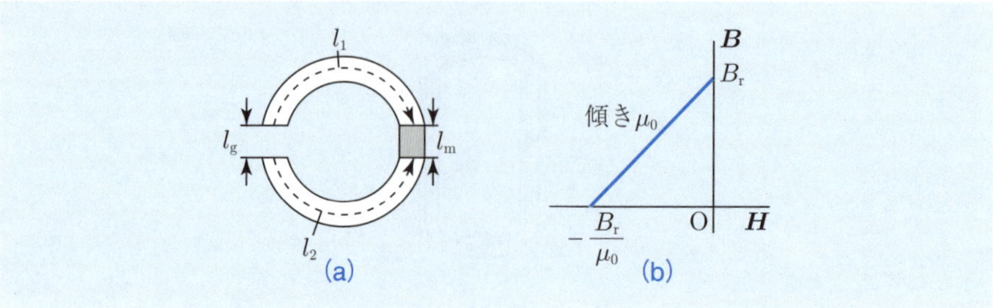

図 12

第7章

電磁誘導とインダクタンス

第 1～3 章では静止した電荷の周りに発生する静電界の問題を解く手法を勉強した．第 4 章では電荷が移動することによる電流に関わる問題の解法を学んだ．また，第 5, 6 章では電流が流れることによって引き起こされる静磁界における問題の解法を学んだ．第 6 章では非線形の特性を有する磁性材料の解析法も学んだ．なお，第 4 章以降は電荷の移動を伴う現象を扱っているが，時間に対しては基本的には定常状態における現象であった．

ところで，コイルの近くで磁石を動かすと，あるいはコイル自体を動かすと，コイルに起電力が発生することは経験的に古くから知られている．また，コイルが静止していても，コイルに流す電流が時間とともに変化する，いわゆる交流電流を流す場合にもコイルに起電力が発生することが実験的に明らかになっている．本章以降は，時間と共に変動する動的な現象の問題を解く手法を学ぶ．

第7章の重要項目

◎静電界，静磁界に対して動的な現象，つまり磁界の中で導体が運動する場合，あるいは磁界が変動する場合には**電磁誘導**による起電力が観測される．

◎導体に発生する起電力

- **速度起電力：**

$$U = \int (\boldsymbol{v} \times \boldsymbol{B}) \cdot d\boldsymbol{l} = vBl \,[\mathrm{V}] \tag{7.1}$$

- **ファラデーの法則：**

$$U = -\frac{\partial \Phi}{\partial t} = -N\frac{\partial}{\partial t}\int \boldsymbol{B} \cdot d\boldsymbol{S} \,[\mathrm{V}] \tag{7.2}$$

誘導電界：$\oint \boldsymbol{E} \cdot d\boldsymbol{l} = -N\frac{\partial}{\partial t}\int \boldsymbol{B} \cdot d\boldsymbol{S}$　$\Leftrightarrow$　静電界：$\oint \boldsymbol{E} \cdot d\boldsymbol{l} = 0$

◎インダクタンス：

- **自己インダクタンス：**

$$U_i = -L_i\frac{\partial I_i}{\partial t} \,[\mathrm{V}], \quad L_i = \frac{\Phi_{ii}}{I_i} \,[\mathrm{H}] \tag{7.3}$$

- **相互インダクタンス：**

$$U_j = -M\frac{\partial I_i}{\partial t} \,[\mathrm{V}], \quad M = \frac{\Phi_{ji}}{I_i} \,[\mathrm{H}] \tag{7.4}$$

- **結合係数：**

$$k = \frac{M}{\sqrt{L_i L_j}} \quad (\text{漏れ磁束があると } k < 1) \tag{7.5}$$

（磁力線はコイルあるいは磁性体内部から漏れることが多い．）

- インダクタンスの接続：

$$L = L_i + L_j \pm 2M \tag{7.6}$$

◎磁界に蓄えられるエネルギー

- 磁界のエネルギー密度：

$$w = \int \boldsymbol{H} \cdot d\boldsymbol{B} = \frac{\mu H^2}{2} = \frac{B^2}{2\mu} \,[\mathrm{J \cdot m^{-3}}] \tag{7.7}$$

$$W = \iiint w dv = \frac{1}{2}LI^2 = \frac{1}{2}\Phi I \,[\mathrm{J}] \tag{7.8}$$

◎境界面に働く力

- **仮想変位法：**

$$F = \pm\left(\frac{\partial W}{\partial x}\right)_{\substack{+:\text{電源接続} \\ -:\text{電源なし}}} [\mathrm{N}] \tag{7.9}$$

- **マクスウェルのひずみ力：**磁界によって空間や磁性体がひずむ力

$$f = \frac{\mu}{2}H^2 = \frac{1}{2\mu}B^2 \,[\mathrm{N \cdot m^{-2}}] \tag{7.10}$$

磁力線の方向：圧縮力

磁力線と垂直方向：膨張力

7.1 電磁誘導と誘導起電力

▶問題解法のポイント

◎導体に発生する起電力とその算出法

- 速度起電力：

$$U = \int (\boldsymbol{v} \times \boldsymbol{B}) \cdot d\boldsymbol{l}$$
$$= vBl \, [\mathrm{V}]$$

静電界における電位の性質（$\oint \boldsymbol{E} \cdot d\boldsymbol{l} = 0$）とは違うことを認識する必要がある．

- ファラデーの法則：

$$U = -\frac{\partial \Phi}{\partial t}$$
$$= -N\frac{\partial}{\partial t}\int \boldsymbol{B} \cdot d\boldsymbol{S} \, [\mathrm{V}]$$

- 算出手法

静磁界の解法を利用して空間あるいは磁性体内部の磁束密度を算出する．
コイル状に導体が巻かれている場合は鎖交数を忘れてはならない．

↓

(1) 磁束密度が時間とともに変動する場合
ファラデーの法則を利用して解く．
（発生する起電力の方向はレンツの法則により確認する必要あり）

(2) 導体が運動している場合
ファラデーの法則を利用して解ける場合が多い．
（発生する起電力の方向はレンツの法則により確認する必要あり）
速度起電力が有用の場合も多い．
（起電力の向きは外積の関係から判断できる）

■ **例題 7.1** ■

図 7.1 に示すように，一様な磁束密度 $\boldsymbol{B}$ [T] の中に，断面積が S [m^2] で 1 巻きの円形コイルが置かれている．このコイルは図に示すように，その直径を回転軸として回転する．なお，軸は磁力線と垂直な平面上に固定されている．次の問に答えよ．

(1) このコイルを $t=0$ で断面が磁力線と平行な状態から角速度 ω [rad · s^{-1}] で回転させた．このコイルに発生する起電力の時間変化を求めよ．

(2) このコイルの断面を磁力線と垂直にして固定し，磁束密度を時間とともに $B_0 \sin \omega t$ で変化させた．コイルに発生する起電力の時間変化を求めよ．

(3) このコイルの断面を磁力線に対し 30° 傾けて固定し，磁束密度を時間とともに $B_0 \sin \omega t$ で変化させた．コイルに発生する起電力の時間変化を求めよ．

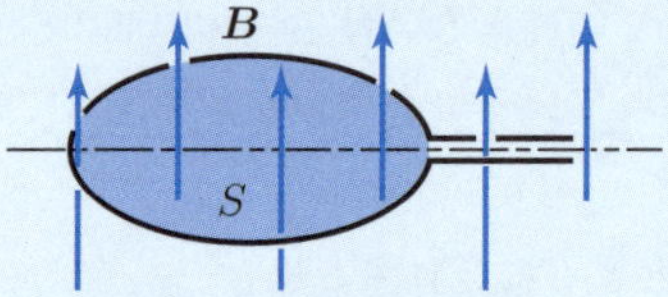

図 7.1 磁界中のコイル

【解答】 (1) ファラデーの法則を用いれば，磁力線と交わるコイルの断面積が時間とともに変化するから

$$
\begin{aligned}
U(t) &= -N \frac{\partial}{\partial t} \int \boldsymbol{B} \cdot d\boldsymbol{S} \\
&= -\frac{\partial \boldsymbol{B} \cdot \boldsymbol{S}(t)}{\partial t} \\
&= -\frac{\partial BS \sin \omega t}{\partial t} \\
&= -\omega BS \cos \omega t \,[\mathrm{V}]
\end{aligned}
$$

(2) 前問と同様に考えると

$$
\begin{aligned}
U(t) &= -\frac{\partial \boldsymbol{B}(t) \cdot \boldsymbol{S}}{\partial t} \\
&= -\frac{\partial (B_0 \sin \omega t\, S)}{\partial t} \\
&= -\omega B_0 S \cos \omega t \,[\mathrm{V}]
\end{aligned}
$$

(3)
$$
\begin{aligned}
U(t) &= -\frac{\partial \boldsymbol{B}(t) \cdot \boldsymbol{S}}{\partial t} \\
&= -\frac{\partial (B_0 \sin \omega t\, S \sin 30^\circ)}{\partial t} \\
&= -\frac{\omega B_0 S}{2} \cos \omega t \,[\mathrm{V}]
\end{aligned}
$$

となる．負符号はコイルを貫く磁束の変化を抑える方向であることを意味している．

■

例題 7.2

図 7.2 に示すように，一様な磁界 $\boldsymbol{H}$ [A · m^{-1}] の中で，巻数 N，面積 S [m^2] の長方形コイルの一辺を磁界と垂直方向に固定し，その辺を中心にして $t = 0$ で磁界と垂直にコイルが交わる状態から，角速度 ω [rad · s^{-1}] で回転するときコイルに発生する起電力を求めよ．

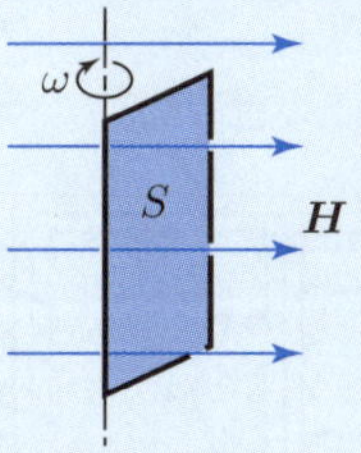

図 7.2 磁界中で回転するコイル

【解答】 コイルが磁力線と交わる磁束は

$$\begin{aligned}\Phi(t) &= N \int \boldsymbol{B} \cdot d\boldsymbol{S} \\ &= \mu_0 NHS \cos \omega t \,[\mathrm{Wb}]\end{aligned}$$

であるから，起電力は

$$\begin{aligned}U(t) &= -\frac{N\partial\varphi(t)}{\partial t} \\ &= -\frac{\partial\Phi(t)}{\partial t} \\ &= \mu_0 HSN\omega \sin \omega t \,[\mathrm{V}]\end{aligned}$$

となる． ■

例題 7.3

図 7.3 に示すような磁路の断面積が 0.051 m^2，平均磁路長が 3.3 m，比透磁率 6000 の鉄心にコイルを 2 組巻いた変圧器において，一次コイルに 60 Hz の正弦波電流を流し，鉄心中の磁界の強さの最大値が 70 A · m^{-1} になるように励磁した．二次コイルの巻き数を 100 回とした場合，二次コイルに発生する起電力の実効値を求めよ．なお，真空の透磁率は $4\pi \times 10^{-7}$ H · m^{-1} とし，磁力線の漏れはないものとする． （H7 以前 電験二種問題改）

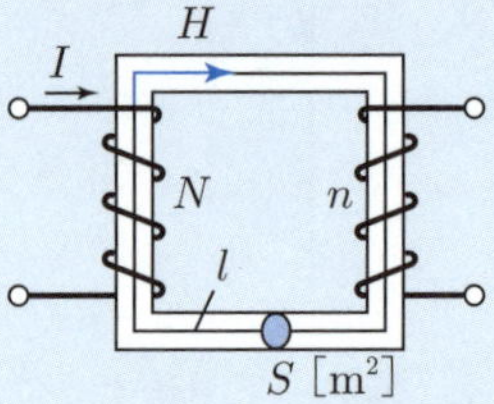

図 7.3 鉄心と 2 つのコイル

【解答】 平均磁路長が l [m] で巻数が N のコイルに $I = I_\mathrm{m} \sin \omega t$ [A] の電流を流した場合に発生する磁界の強さは

$$H = \frac{NI_\mathrm{m} \sin \omega t}{l} \ [\mathrm{A \cdot m^{-1}}]$$

であり，磁束密度は

$$B = \mu_0 \mu_\mathrm{r} H = \mu_0 \mu_\mathrm{r} \frac{NI_\mathrm{m} \sin \omega t}{l} \ [\mathrm{T}]$$

したがって，n 巻きの二次コイルに発生する起電力は磁性体の断面積が S [m^2] とすれば

$$\begin{aligned} U(t) &= -\frac{\partial n\varphi}{\partial t} \\ &= -\frac{\partial}{\partial t}\left(n\mu_0 \mu_\mathrm{r} \frac{NI_\mathrm{m} \sin \omega t}{l} S\right) \ [\mathrm{V}] \end{aligned}$$

になり

$$U(t) = -\omega n \mu_0 \mu_\mathrm{r} \frac{NI_\mathrm{m}}{l} S \cos \omega t \ [\mathrm{V}]$$

である．実効値は

$$U_\mathrm{rms} = \omega n \mu_0 \mu_\mathrm{r} \frac{N}{l} \frac{I_\mathrm{m}}{\sqrt{2}} S \ [\mathrm{V}]$$

である．問より $H = \frac{NI_\mathrm{m}}{l} = 70$ [A·m^{-1}]，周波数が 60 Hz であるから $I = I_\mathrm{m} \sin 120\pi t$ [A] となり，それぞれ数値を代入すれば

$$\begin{aligned} U_\mathrm{rms} &= \omega n \mu_0 \mu_\mathrm{r} \frac{N}{l} \frac{I_\mathrm{m}}{\sqrt{2}} S \\ &= 120\pi \cdot 100 \cdot 4\pi \times 10^{-7} \cdot 6000 \cdot \frac{70}{\sqrt{2}} \cdot 0.051 \\ &\simeq 718 \ [\mathrm{V}] \end{aligned}$$

■

7.1 節の関連問題

□ **7.1** 図 1(a) のように，2 本の導線を間隔 l [m] でレール状に平行に置き，左端に抵抗 R [Ω] を含む導線を直角につなげる．このレールの上に導体棒を置き，導体棒と導線とで閉回路を作る．図 1 のように抵抗両端を P 点，Q 点と名付ける．また，空間的に一様な磁束密度 $\boldsymbol{B}$ [T] が存在し，その方向は導線が作る平面に垂直な方向で，図のように上向きを正にとる．導体棒を左から a [m] の位置に置き，$\boldsymbol{B}$ を変化させる場合に以下の問に答えよ．

(1) $\boldsymbol{B}$ が図 1(b) のように時間変化する場合，閉回路に生じる誘導起電力 $U(t)$ [V] を

$$\text{(I)}\ 0 < t < t_1 \quad \text{(II)}\ t_1 < t < 2t_1 \quad \text{(III)}\ 2t_1 < t < 3t_1$$

の 3 つの時間領域についてそれぞれ求めよ．

(2) P 点と Q 点で電位の高い方はどちらか，また，導体棒はどちらの方向に力を受けるかそれぞれの場合について答えよ．

(3) $\boldsymbol{B}$ が図 1(c) のように時間変化する場合，閉回路に生じる誘導起電力 $U(t)$ [V] を求めよ．

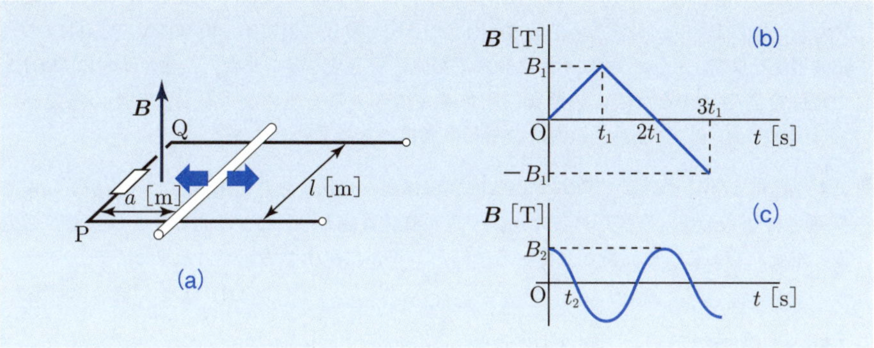

図 1

□ **7.2** 図 2(a) のように，面積 S [m^2] の 1 回巻き円形コイル（端子 A, B 付き）を，コイルの面が z 軸に垂直となるように置き，$t = 0$ [s] で $x = 0$ [m] の位置から x 軸の正方向へ速度 v [m · s^{-1}] で移動させる．磁束密度 $\boldsymbol{B}$ [T] の分布が以下の各場合について問に答えよ．なお，$\boldsymbol{B}$ は $+z$ 方向を正ととり，コイルの大きさは十分に小さく，コイル内で $\boldsymbol{B}$ は一様と考えてよい．

(1) 図 2(b) のような磁束密度分布である場合，コイルに生じる誘導起電力 $U(t)$ [V] を求めよ．

(2) 図 2(c) のような磁束密度分布である場合，コイルに生じる誘導起電力 $U(t)$ [V] を求めよ．

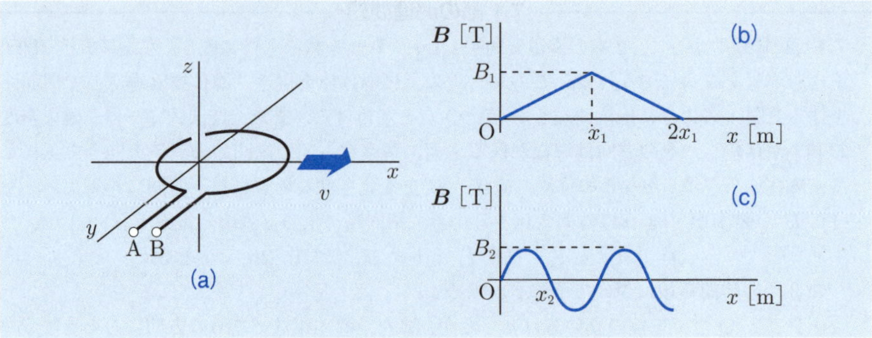

図2

□ **7.3** 磁路の断面積が $1.0\,\mathrm{m}^2$，平均磁路長が $8.0\,\mathrm{m}$，比透磁率 5000 の鉄心にコイルを 2 組巻いた変圧器において，一次コイルは 10 回巻かれており，このコイルに $20\,\mathrm{kV}$ で $50\,\mathrm{Hz}$ の正弦波電圧を印加した．一次コイルに流れる電流の値を求めよ．また，二次コイルに $500\,\mathrm{kV}$ の電圧を発生させるために必要な二次コイルの巻き数を求めよ．なお，真空の透磁率は $4\pi \times 10^{-7}\,\mathrm{H \cdot m^{-1}}$ とし，磁力線の漏れは無視できるものとする．

□ **7.4** $I_0 \sin \omega t\,[\mathrm{A}]$ の電流が流れている直線導体から $a\,[\mathrm{m}]$ 離れた位置に，一辺が $a\,[\mathrm{m}]$ で N 巻きの正方形をした矩形コイルが，一辺が直線電流と平行に，またコイルの断面が磁力線と垂直に交わるように置かれている．矩形コイルに発生する起電力を求めよ．

（H7 以前 電験二種問題改）

□ **7.5** 直角座標系において，図3のように，x-y 面内に直角に曲がった導線が固定されており，その上を導体棒が x 軸の正方向に一定速度 $v\,[\mathrm{m \cdot s^{-1}}]$ で移動する．$t = 0$ で $x = 0$ の位置をスタートし，磁界は全て z 軸の正方向であるとして，以下の問に答えよ．

(1) 空間に一様な磁束密度 $B = B_0\,[\mathrm{T}]$ が存在する場合，導線と導体棒によって構成される閉回路に生じる誘導起電力 $U(t)\,[\mathrm{V}]$ を求めよ．

(2) 磁束密度が $B(t) = B_0 \sin \omega t\,[\mathrm{T}]$ と表わされるとき，$U(t)\,[\mathrm{V}]$ を求めよ．

(3) 磁束密度が x 軸の正方向に $B(x) = B_0 \frac{x}{x_0}\,[\mathrm{T}]$ と変化するとき，$U(t)\,[\mathrm{V}]$ を求めよ．

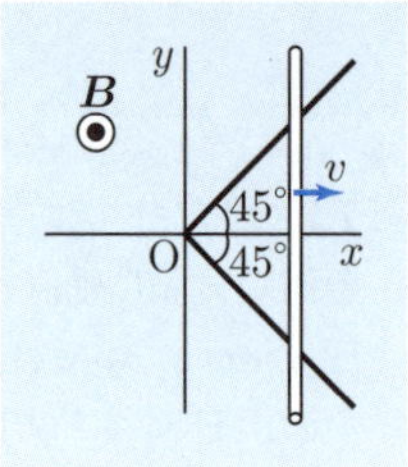

図3

7.2　インダクタンス

▶問題解法のポイント

◎インダクタンスの定義

- 自己インダクタンス：

$$L_i = \frac{\Phi_{ii}}{I_i}\ [\mathrm{H}]$$

磁界を発生させるコイルと起電力を観測するコイルが同一

- 相互インダクタンス：

$$M = \frac{\Phi_{ji}}{I_i}\ [\mathrm{H}]$$

磁界を発生させるコイルと起電力を観測するコイルが別

コイルの巻き方と電流の向きによって発生する磁束の向きは変わる．そこで，回路図では巻き始めの位置に黒丸を付し，巻く向きを表示する場合が多い．黒丸の位置が同じ側に付されている場合には，コイルの作る磁束は互いに加算される向き（**和動**），逆の配置であれば打ち消す向き（**差動**）と表現する．

◎インダクタンスの算出

- アンペールの法則を用い磁界を誘導

⇒ 磁束密度の算出 ⇒ コイルの存在する場所の磁束を算出

- 磁気抵抗の考えを利用し磁束を算出

↓

誘導された磁束を用いて着目するコイルとの鎖交磁束を算出

- 自己インダクタンス：鎖交するコイルと磁界を発生させるコイルが同一
- 相互インダクタンス：鎖交するコイルと磁界を発生させるコイルが別

- 磁界に蓄えられるエネルギーから算出（次節参照）：

$$L = \frac{2W}{I^2}\ [\mathrm{H}]$$

例題 7.4

トランスの一次側巻線の自己インダクタンスが 50 mH，二次側の自己インダクタンスが 120 mH で相互インダクタンスが 75 mH のトランスの一次側に図 7.4 のような電流を流した場合，それぞれの巻線に発生する起電力を求めよ．

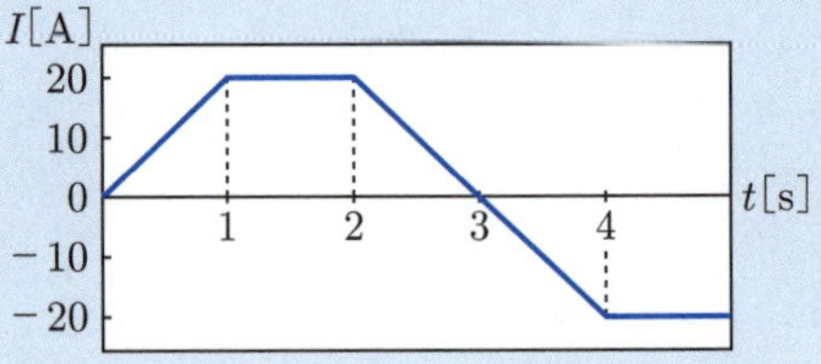

図 7.4 コイルに流す電流の時間変化

【解答】 一次コイルに発生する起電力は

$$U_1 = -L_1 \frac{\partial I}{\partial t}\,[\mathrm{V}]$$

二次コイルに発生する起電力は

$$U_2 = -M \frac{\partial I}{\partial t}\,[\mathrm{V}]$$

と表現できるから，電流の時間微分（傾き）をグラフから読み取ればよい．

$0 < t < 1$

$$\frac{\partial I}{\partial t} = 20\,[\mathrm{A\cdot s^{-1}}], \qquad U_1 = -1.0\,[\mathrm{V}], \quad U_2 = -1.5\,[\mathrm{V}]$$

$1 < t < 2$

$$\frac{\partial I}{\partial t} = 0\,[\mathrm{A\cdot s^{-1}}], \qquad U_1 = 0\,[\mathrm{V}], \qquad U_2 = 0\,[\mathrm{V}]$$

$2 < t < 4$

$$\frac{\partial I}{\partial t} = -20\,[\mathrm{A\cdot s^{-1}}], \quad U_1 = 1.0\,[\mathrm{V}], \qquad U_2 = 1.5\,[\mathrm{V}]$$

■

例題 7.5

一次巻線 N_1 巻き，二次巻線 N_2 巻きのコイルが透磁率 $\mu\,[\mathrm{H\cdot m^{-1}}]$，磁路の長さ $l\,[\mathrm{m}]$，断面積 $S\,[\mathrm{m^2}]$ の磁性体に巻かれている．以下の問に答えよ．

(1) 各コイルの自己インダクタンスと相互インダクタンスを求めよ．

(2) 一次巻線に $V = V_0 \sin\omega t\,[\mathrm{V}]$ の電圧を印加したとき，一次巻線に流れる電流と二次巻線の両端に表われる電圧を求めよ．

(3) 一次電圧の実効値を 6.6 kV，二次電圧の実効値を 550 kV にするための巻線比を求めよ．

【解答 1】 (1) アンペールの法則を用いれば

$$H = \frac{NI}{l}\,[\mathrm{A\cdot m^{-1}}]$$

であり，磁束密度は

$$B = \mu\frac{NI}{l}\,[\mathrm{T}]$$

したがって，N_1 巻きのコイルの自己インダクタンスは

$$L_1 = \mu\frac{{N_1}^2 S}{l}\,[\mathrm{H}]$$

N_2 巻きのコイルの自己インダクタンスは

$$L_2 = \mu\frac{{N_2}^2 S}{l}\,[\mathrm{H}]$$

相互インダクタンスは

$$M = \mu\frac{N_1 N_2 S}{l}\,[\mathrm{H}]$$

(2) $V_0 \sin\omega t = -L_1\frac{\partial I}{\partial t}$ であるから両辺を積分すれば

$$I = \frac{lV_0}{\mu {N_1}^2 S\omega}\cos\omega t\,[\mathrm{A}] \qquad ①$$

$U_2 = -M\frac{\partial I}{\partial t}\,[\mathrm{V}]$ であり，微分項に①式を代入し，(1) で求まったインダクタンスを代入すれば

$$U_2 = \frac{N_2}{N_1}V_0 \sin\omega t\,[\mathrm{V}]$$

となる．

(3) $\frac{N_2}{N_1} = \frac{U_2}{U_1}$ になるから数値を代入すれば 83.3.

【解答 2】 (1) インダクタンスの算出法としては，磁気抵抗の考えを利用すれば磁気抵抗は $R_\mathrm{m} = \frac{l}{\mu S}\,[\mathrm{H^{-1}}]$ であるから

$$L = \frac{\Phi}{I} = \frac{N\varphi}{I} = \frac{N}{I}\frac{NI}{R_\mathrm{m}}\,[\mathrm{H}]$$

より求まる． ■

例題 7.6

図 7.5 に示すように環状鉄心に2つのコイルが巻かれている．コイル1は N 巻きであり，その自己インダクタンスは L [H] である．コイル2の自己インダクタンスは $4L$ [H] とした場合，コイル2の巻数を求めよ．なお，鉄心は等面積であり，漏れ磁束は無いものとする．また，鉄心の磁化特性は線形で磁気飽和は無いものとする．

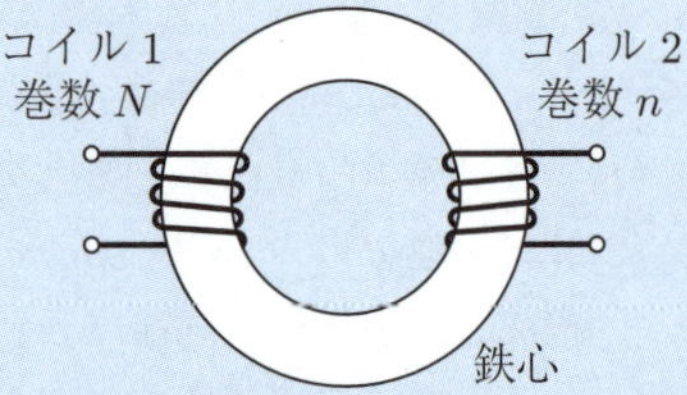

図 7.5 環状鉄心と 2 つのコイル

（H20 電験三種問題改）

【解答】 磁性体の磁気抵抗を $R_{\rm m}$ [H^{-1}] とすれば，N 巻きのコイルに電流を I [A] 流した場合に発生する磁束は $\varphi = \frac{NI}{R_{\rm m}}$ [Wb] であり，そのコイルの自己インダクタンスは $L_N = \frac{N\varphi}{I} = \frac{N^2}{R_{\rm m}}$ [H] である．

コイル2の巻き数を n 巻きとした場合，そのコイルの自己インダクタンスは $L_n = \frac{n^2}{R_{\rm m}}$ [H] であるから $L_n = \frac{n^2}{R_{\rm m}} = 4L_N = \frac{4N^2}{R_{\rm m}}$ となり $n = 2N$. ■

例題 7.7

図 7.6 のように1つの鉄心に3つのコイルが巻かれている．いずれのコイルの自己インダクタンスも L [H] であり，コイル間の相互インダクタンスは全て M [H] とする．以下の問に答えよ．

（H7 以前 電験二種問題改）

(1) スイッチSが開いている場合のAB間の合成インダクタンスを求めよ．

(2) スイッチSが閉じている場合のAB間の合成インダクタンスを求めよ．

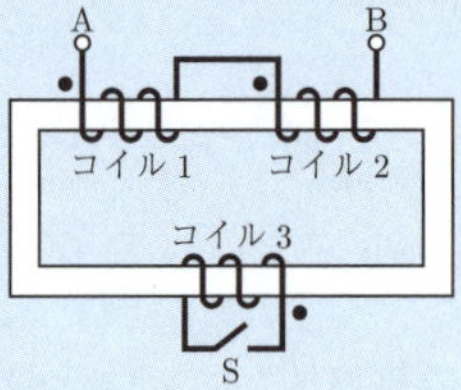

図 7.6 鉄心と 3 つのコイル

【解答】 (1) 磁性体の磁気抵抗を R [H^{-1}]，コイル1とコイル2の巻き数を N, n とすれば，コイル1に電流 I_1 [A] を流した場合に発生する磁束は $\varphi_1 = \frac{NI_1}{R}$ [Wb] であり，コイル2に電流 I_2 [A] を流した場合に発生する磁束は $\varphi_2 = \frac{nI_2}{R}$ [Wb] である．

回路図より，それぞれのコイルの作る磁束は加算されるようにコイルは巻かれてい

る（和動的）から，コイル 1 の鎖交磁束は

$$\Phi_1 = \varphi_1 N + \varphi_2 N = \frac{N^2 I_1}{R} + \frac{NnI_2}{R}\,[\mathrm{Wb}]$$

となる．ここで $L_1 = \frac{N\varphi_1}{I_1} = \frac{N^2}{R}\,[\mathrm{H}]$, $M = \frac{N\varphi_2}{I_2} = \frac{Nn}{R}\,[\mathrm{H}]$ であるから

$$\Phi_1 = L_1 I_1 + M I_2\,[\mathrm{Wb}]$$

となる．

同様に，コイル 2 の鎖交磁束は

$$\Phi_2 = \varphi_1 n + \varphi_2 n = \frac{NnI_1}{R} + \frac{n^2 I_2}{R}\,[\mathrm{Wb}]$$

となる．ここで $L_2 = \frac{n\varphi_2}{I_2} = \frac{n^2}{R}\,[\mathrm{H}]$, $M = \frac{N\varphi_2}{I_1} = \frac{Nn}{R}\,[\mathrm{H}]$ であるから

$$\Phi_2 = M I_1 + L_2 I_2\,[\mathrm{Wb}]$$

となる．

コイル 3 は S が開いているので起電力が発生しても電流は流れないため，磁束は発生しない．したがって，2 つのコイルを接続し $I = I_1 = I_2\,[\mathrm{A}]$ とし，$L = L_1 = L_2$, $N = n$ であるから，コイル全体と鎖交する磁束を求めると

$$\begin{aligned}\Phi &= \Phi_1 + \Phi_2 \\ &= LI + MI + MI + LI = (2L + 2M)I\,[\mathrm{Wb}]\end{aligned}$$

したがって，合成容量は

$$L_{\mathrm{AB}} = \frac{\Phi}{I} = 2L + 2M\,[\mathrm{H}]$$

となる．

(2)　コイル 3 に $I_3\,[\mathrm{A}]$ の電流が流れているものとし，コイル 3 に発生する起電力は

$$U_3 = -\frac{\partial \Phi_3}{\partial t} = -\frac{\partial}{\partial t}(L_3 I_3 + M I_1 + M I_2)\,[\mathrm{V}]$$

となる．ここで，$I = I_1 = I_2\,[\mathrm{A}]$, $L_3 = L\,[\mathrm{H}]$ である．また，コイル 3 は短絡されているから $U_3 = 0\,[\mathrm{V}]$ となる．したがって

$$I_3 = -\frac{2M}{L_3} I = -\frac{2M}{L} I\,[\mathrm{A}]$$

コイル 1，コイル 2 に発生する起電力を同様に表わすと

$$U_1 = -\frac{\partial \Phi_1}{\partial t} = -\frac{\partial}{\partial t}(L_1 I_1 + M I_2 + M I_3)\,[\mathrm{V}]$$
$$U_2 = -\frac{\partial \Phi_2}{\partial t} = -\frac{\partial}{\partial t}(L_2 I_2 + M I_1 + M I_3)\,[\mathrm{V}]$$

したがって，AB 間に発生する起電力は和動的な接続であるから

$$\begin{aligned}U_1 + U_2 &= -\frac{\partial}{\partial t}\{(L_1 I_1 + M I_2 + M I_3) + (L_2 I_2 + M I_1 + M I_3)\} \\ &= -\frac{\partial}{\partial t}\{(2L + 2M)I + 2M I_3\} \\ &= -\frac{\partial}{\partial t}(L_{\mathrm{AB}} I)\,[\mathrm{V}]\end{aligned}$$

I_3 の値を代入すれば

$$L_{\mathrm{AB}} = (2L + 2M) + 2M\left(\frac{-2M}{L}\right)[\mathrm{H}]$$

となる．　■

例題 7.8

磁路長 l [m]，断面積 S [m^2] のリング状の磁性体に N_1 巻きのコイルと N_2 巻きのコイルがそれぞれ巻かれている．この磁性体の比透磁率を μ_r とし，磁気飽和やヒステリシスは無いものとして，また漏れ磁束も無いものとして次の問に答えよ．なお，$\mu_0 = 4\pi \times 10^{-7}$ [H · m^{-1}] である．

(1) それぞれのコイルの自己インダクタンス L_1, L_2 [H] とコイル間の相互インダクタンス M [H] を求めよ．

(2) $l = 2\pi$ [m], $S = 10$ [cm^2], $\mu_r = 5000$, $N_1 = 100$, $N_2 = 200$ とした場合，各インダクタンスの値を算出せよ．

(3) 互いのコイルの作る磁束が足し合わされるように直列に接続した場合と，打ち消されるように直列に接続した場合の合成インダクタンスを求めよ．

【解答】 (1) ［例題 7.5］と同様に計算すれば

$$L_1 = \mu_0\mu_r \frac{{N_1}^2}{l} S, \quad L_2 = \mu_0\mu_r \frac{{N_2}^2}{l} S, \quad M = \mu_0\mu_r \frac{N_1 N_2}{l} S \text{ [H]}$$

(2) 数値を代入すれば

$$L_1 = 10 \text{ [mH]}, \quad L_2 = 40 \text{ [mH]}, \quad M = 20 \text{ [mH]}$$

(3) $L_+ = L_1 + L_2 + 2M = 90$ [mH], $L_- = L_1 + L_2 - 2M = 10$ [mH] ■

7.2 節の関連問題

□ **7.6** 直線状の導線に $I = I_0 \sin \omega t$ [A] が流れている．この直線導線を軸に半径 a [m] の部分に断面積 S [m^2] の N 巻きの空心のソレノイドがある．なお，$\sqrt{S} \ll a$ としてソレノイドに発生する起電力を求めよ．また，ソレノイドに抵抗 R [Ω] を挿入した場合，流れる電流 i [A] を求めよ．$i \propto I$ となるためには，ソレノイドの自己インダクタンスを L とした場合，$\omega L \gg R$ の条件が必要であることを確認せよ．

□ **7.7** 図 4 に示すような 2 つのコイルと 2 つのギャップがある磁気回路を考える．なお，磁性体の透磁率 μ [H · m^{-1}] は無限大と仮定する．また，ギャップの長さと磁性体の断面積は図中に記すとおりである．ギャップでの磁力線の乱れは無視できるものとしてコイル 1, 2 の自己インダクタンス L_1, L_2 [H] およびコイル間の相互インダクタンス M [H] を求めよ．

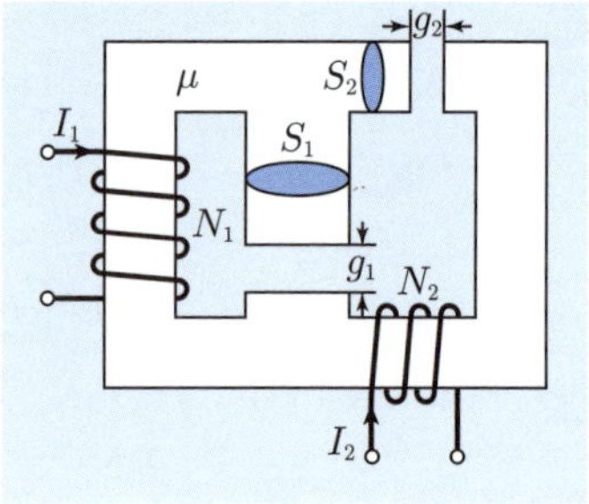

図 4

□ **7.8** 図 5 のような無端ソレノイドがあり，1-2 間の巻線の巻数は n とする．全磁路の磁気抵抗を $R\,[\mathrm{H}^{-1}]$ とした場合，以下の問に答えよ．

(1) 1-3 間と 3-2 間の相互インダクタンス $M\,[\mathrm{H}]$ を求めよ．

(2) 相互インダクタンスを最大にするためには，3 の位置をどこにすればよいか．

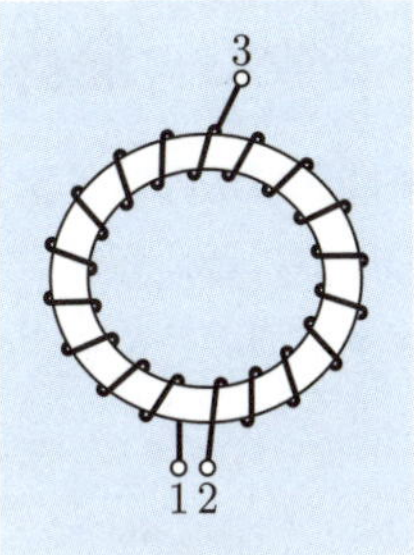

図 5

□ **7.9** 図 6(a) のような空隙を持つ環状鉄心に 2 つの巻線が巻かれている．鉄心部の平均磁路長は $l\,[\mathrm{m}]$ で透磁率 $\mu\,[\mathrm{H\cdot m^{-1}}]$，空隙の長さは $d\,[\mathrm{m}]$ で透磁率は $\mu_0\,[\mathrm{H\cdot m^{-1}}]$ とする．断面積は $S\,[\mathrm{m^2}]$ である．a-b 間の巻数は $2N$，b-c 間は N 巻きとする．空隙での磁束の漏れや乱れは無視できるものとする．以下の問に答えよ． (H18 電験二種問題改)

(1) a-c 間の自己インダクタンスを求めよ．

(2) b-c 間の自己インダクタンスを求めよ．

(3) a-b 間のコイルと b-c 間のコイルとの相互インダクタンスを求めよ．

(4) a-b 間のコイルに $I_\mathrm{m}\sin\omega t\,[\mathrm{A}]$ の電流を流した場合，b-c 間に発生する起電力を求めよ．なお，相互インダクタンス M を用いて表現してよいものとする．

(5) 図 6(b) に示すような起電力が b-c 間に発生した場合，a-b 間のコイルに流れている電流を式で示せ．なお，相互インダクタンス M を用いて表現してよいものとする．

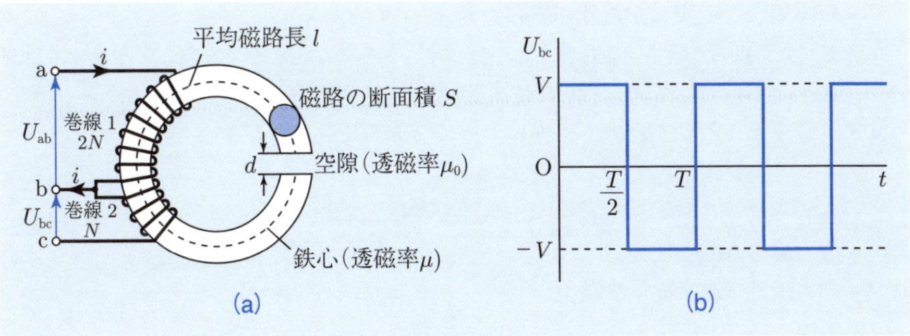

図 6

7.3 磁界に蓄えられるエネルギーと力

▶問題解法のポイント

◎磁界に蓄えられるエネルギー：磁界の存在する場にエネルギーが蓄積

- 磁界のエネルギー密度：

$$w = \int \boldsymbol{H} \cdot d\boldsymbol{B} = \frac{\mu H^2}{2} = \frac{B^2}{2\mu}\,[\mathrm{J \cdot m^{-3}}],$$
$$W = \iiint w dv\,[\mathrm{J}]$$

- 算出法：アンペールの法則を利用，あるいは磁気回路の考えを利用
 （磁性体の場合，ヒステリシス損失として熱エネルギーになる）

◎境界面に働く力：エネルギー密度に違いがある界面に力が発生

- 仮想変位法：

$$F = \pm\left(\frac{\partial W}{\partial x}\right)_{\substack{+:\text{電源接続}\\ -:\text{電源なし}}}\,[\mathrm{N}]$$

電源の接続されている（電磁石の場合）場合には微分の前の符号は正
電源の接続されていない（永久磁石あるいは超電導磁石）の場合には微分の前に負符号が必要

↓

微分した結果の符号により力の向きが特定できる．

- 正の場合：仮想した距離が延びる方向
- 負の場合：仮想した距離が縮む方向

注意　力が働いた結果，磁性体あるいはコイルが変形することで連動して変化する物理量が存在するため，扱いには注意を要する．

- マクスウェルのひずみ力：磁界によって空間や磁性体がひずむ力

$$f = \frac{\mu}{2}H^2$$
$$= \frac{1}{2\mu}B^2\,[\mathrm{N \cdot m^{-2}}]$$

- 磁力線の方向：圧縮力
- 磁力線と垂直方向：膨張力

磁力線の向きと照らし合わせ力の向きを判断する必要がある．

注意　空間にもひずみ力が発生し変形することを忘れてはならない．

例題 7.9

図 7.7 に示す R-L 直列回路において $t=0$ [s] でスイッチ S を入れ V_0 [V] の電圧を印加した場合に流れる電流の変化を求めよ．あわせて，コイルに蓄えられるエネルギーを求めよ．

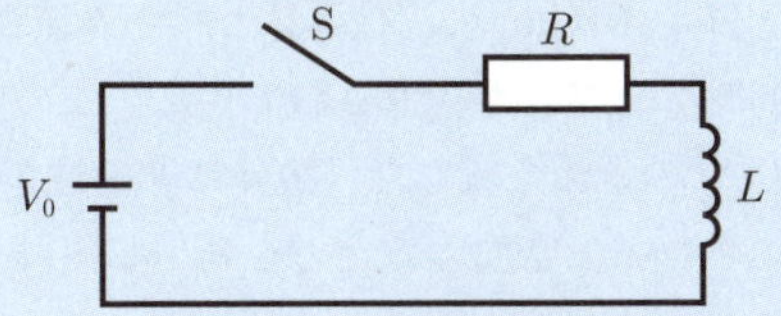

図 7.7　**R-L 直列回路**

【解答】　各素子の両端の電位差の和は回路に含まれる起電力に等しくなる，いわゆるキルヒホフの法則をあてはめると次式の微分方程式が成立する．

$$RI(t)+L\frac{dI(t)}{dt}=V_0$$

微分方程式を解くために，微分項を左辺に移動させ，微分係数を消去してまとめる必要があるので次式のように変形すると

$$L\frac{dI(t)}{dt}=V_0-RI(t)$$

変数をまとめてさらに式を変形すると

$$\frac{dI(t)}{\frac{V_0}{R}-I(t)}=\frac{R}{L}dt$$

ここで $\frac{V_0}{R}-I(t)=i(t)$ と変数変換すると $-dI(t)=di(t)$ になるから

$$\frac{di(t)}{i(t)}=-\frac{R}{L}dt$$

となる．この両辺を不定積分し，積分定数を C とすれば

$$\ln i(t)=-\frac{R}{L}t+C$$

となり

$$i(t)=\frac{V_0}{R}-I(t)=\exp\left(-\frac{R}{L}t\right)\exp C\ [\mathrm{A}]$$

とまとめられる．$t=0$ で $I=0$ [A] とすれば

$$I(t)=\frac{V_0}{R}\left\{1-\exp\left(-\frac{R}{L}t\right)\right\}\ [\mathrm{A}]$$

が求まる．

ここで，電源から送り出される電力は

$$V_0I(t)=\frac{{V_0}^2}{R}\left\{1-\exp\left(-\frac{R}{L}t\right)\right\}\ [\mathrm{W}]$$

抵抗で消費する電力は

$$RI^2(t)=\frac{{V_0}^2}{R}\left\{1-\exp\left(-\frac{R}{L}t\right)\right\}^2\ [\mathrm{W}]$$

したがって，コイルに蓄えられるエネルギーはこれらの電力の差を時間積分すればよいから

$$\begin{aligned}W(t)&=\int(V_0I(t)-RI^2(t))dt\\&=\int_0^{\infty}\frac{{V_0}^2}{R}\left\{\exp\left(-\frac{R}{L}t\right)-\exp\left(-\frac{2R}{L}t\right)\right\}dt\\&=\frac{{V_0}^2}{R}\left[-\frac{L}{R}\exp\left(-\frac{R}{L}t\right)+\frac{L}{2R}\exp\left(-\frac{2R}{L}t\right)\right]_0^{\infty}=\frac{L}{2}\left(\frac{V_0}{R}\right)^2\ [\mathrm{J}]\end{aligned}$$

■

■ 例題 7.10 ■

外半径 a [m] の円柱導体と厚さの無視できる内半径 b [m]（$a < b$）の円筒導体で同軸ケーブルが構成されている．この内部導体に上方向，外部導体には下方向へ I [A] の電流を流した．導体は非磁性体であり，導体間は空間とした場合，磁界のエネルギー密度の考え方を利用し同軸ケーブルの単位長さあたりのインダクタンスを求めよ．

【解答】 アンペールの法則を用いれば円柱導体内では

$$H_\theta = \frac{I}{2\pi a^2} r \, [\mathrm{A \cdot m^{-1}}]$$

導体間の空間は

$$H_\theta = \frac{I}{2\pi r} \, [\mathrm{A \cdot m^{-1}}]$$

となるから導体内に蓄えられる磁界のエネルギー密度は

$$\begin{aligned} w_\mathrm{c} &= \frac{\mu_0}{2} {H_\theta}^2 \\ &= \frac{\mu_0}{2} \left(\frac{I}{2\pi a^2} r \right)^2 \, [\mathrm{J \cdot m^{-3}}] \end{aligned}$$

導体間のエネルギー密度は

$$\begin{aligned} w_\mathrm{a} &= \frac{\mu_0}{2} {H_\theta}^2 \\ &= \frac{\mu_0}{2} \left(\frac{I}{2\pi r} \right)^2 \, [\mathrm{J \cdot m^{-3}}] \end{aligned}$$

となる．導体の長さ h [m] の部分に蓄えられるエネルギーはエネルギー密度を体積積分すればよく

$$\begin{aligned} W &= \int_0^a \frac{\mu_0}{2} \left(\frac{I}{2\pi a^2} r \right)^2 2\pi r h dr + \int_a^b \frac{\mu_0}{2} \left(\frac{I}{2\pi r} \right)^2 2\pi r h dr \\ &= \frac{\mu_0 I^2 h}{16\pi} + \frac{\mu_0 I^2 h}{4\pi} \ln \frac{b}{a} \, [\mathrm{J}] \end{aligned}$$

したがって

$$\begin{aligned} L &= \frac{2W}{I^2} \\ &= \frac{\mu_0 h}{8\pi} + \frac{\mu_0 h}{2\pi} \ln \frac{b}{a} \, [\mathrm{H}] \end{aligned}$$

単位長さあたりで表現すれば

$$\begin{aligned} L' &= \frac{L}{h} \\ &= \frac{\mu_0}{8\pi} + \frac{\mu_0}{2\pi} \ln \frac{b}{a} \, [\mathrm{H \cdot m^{-1}}] \end{aligned}$$

となる． ■

例題 7.11

外半径 a [m] の厚さの無視できる円筒導体と同軸に内半径 b [m]（$a < b$）の厚さの無視できる円筒状の導体がある．この同軸ケーブルに往復電流を流した場合，次の問に答えよ．なお，導体間は空間とする．

(1) ケーブルの単位長さあたりに蓄えられるエネルギー W [J·m^{-1}] を求めよ．

(2) この場合，外側の円筒導体の内側表面の単位面積あたりに働く力とその方向を次の 2 通りにより求めよ．

(a) 仮想変位法の考え方

(b) マクスウェルのひずみ力の考え方

(3) 内側円筒導体の表面の単位面積あたりに働く力とその方向を同様に求めよ．

【解答】 (1) 導体間の空間の磁界の強さは $H_\theta = \frac{I}{2\pi r}$ [A·m^{-1}] となるから，導体間の長さ h [m] の部分に蓄えられる磁界のエネルギーは

$$W_h = \int w dv = \int_a^b \frac{\mu_0}{2}\left(\frac{I}{2\pi r}\right)^2 2\pi r h dr = \frac{\mu_0 I^2 h}{4\pi} \ln \frac{b}{a} \text{ [J]}$$

単位長さあたりでは

$$W = \frac{W_h}{h} = \frac{\mu_0 I^2}{4\pi} \ln \frac{b}{a} \text{ [J·m}^{-1}\text{]}$$

(2) (a) 仮想変位法で考えれば単位長さあたり

$$F_b = \frac{\partial W}{\partial b} = \frac{\mu_0 I^2}{4\pi b} \text{ [N·m}^{-1}\text{]}$$

外側導体は半径が大きくなる方向の力が働く．表面積は $2\pi b \cdot 1$ [m^2] であるから単位面積あたりに働く力は

$$\frac{F_b}{2\pi b} = \frac{\mu_0 I^2}{8(\pi b)^2} \text{ [N·m}^{-2}\text{]}$$

(b) マクスウェルのひずみ力で考えれば

$$f_b = \frac{\mu_0}{2} {H_\theta}^2 = \frac{\mu_0 I^2}{8(\pi b)^2} \text{ [N·m}^{-2}\text{]}$$

磁力線に接する面だから磁力線が膨らむ方向の力，つまり半径が大きくなる方向の力になる．

(3) 同様に考えれば

$$F_a = \frac{\partial W}{\partial a} = -\frac{\mu_0 I^2}{4\pi a} \text{ [N·m}^{-1}\text{]}$$

で半径が小さくなる方向の力となる．単位面積あたりに働く力は

$$\frac{F_a}{2\pi a} = -\frac{\mu_0 I^2}{8(\pi a)^2} \text{ [N·m}^{-2}\text{]}$$

また，マクスウェルのひずみ力で考えれば

$$f_a = \frac{\mu_0}{2} {H_\theta}^2 = \frac{\mu_0 I^2}{8(\pi a)^2} \text{ [N·m}^{-2}\text{]}$$

■

例題 7.12

図 7.8 に示すような断面が矩形でリング状をした透磁率 $\mu\,[\mathrm{H \cdot m^{-1}}]$ の磁性体の周りに N 巻きの環状コイルが巻かれ，$I\,[\mathrm{A}]$ の電流が流れている．以下の問に答えよ．

(1) 磁性体内でリングの中心軸から $r\,[\mathrm{m}]$ の点の磁界のエネルギー密度を求めよ．

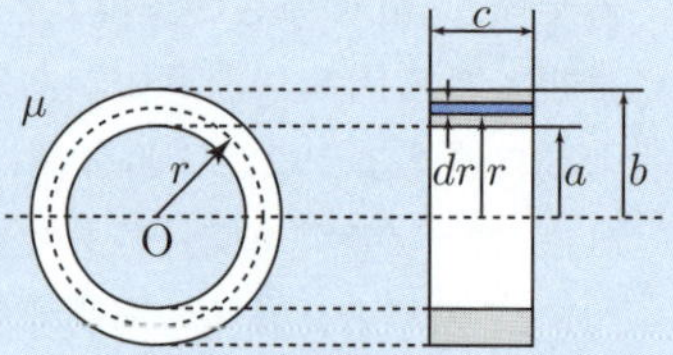

図 7.8 環状鉄心

(2) 磁性体内に蓄えられる磁界のエネルギーを求めよ．

(3) コイルの自己インダクタンスを求めよ．

(4) 磁性体の外側表面（$r = b$）の単位面積あたりに働く力の大きさと方向を求めよ．

(5) 磁性体の内側表面（$r = a$）に働く力の大きさと方向を求めよ．

【解答】 (1) 磁性体内部の磁界の強さは $H_\theta = \frac{NI}{2\pi r}\,[\mathrm{A \cdot m^{-1}}]$ となるから，磁性体内部に蓄えられる磁界のエネルギー密度は

$$w = \frac{\mu}{2}{H_\theta}^2 = \frac{\mu}{2}\left(\frac{NI}{2\pi r}\right)^2\,[\mathrm{J \cdot m^{-3}}]$$

(2) 磁性体内部に蓄えられるエネルギーは

$$W = \int_a^b \frac{\mu}{2}\left(\frac{NI}{2\pi r}\right)^2 2c\pi r dr = \frac{\mu N^2 I^2}{4\pi} c \ln\frac{b}{a}\,[\mathrm{J}]$$

(3) インダクタンスは

$$L = \frac{2W}{I^2} = \frac{\mu N^2 c}{2\pi}\ln\frac{b}{a}\,[\mathrm{H}]$$

(4) 仮想変位法を用いれば

$$F = \frac{\partial}{\partial b}\frac{\mu N^2 I^2 c}{4\pi}\ln\frac{b}{a} = \frac{\mu N^2 I^2 c}{4\pi b}\,[\mathrm{N}]$$

b が大きくなる方向の力．単位面積あたりでは

$$f = \frac{F}{2\pi bc} = \frac{\mu N^2 I^2}{8\pi^2 b^2}\,[\mathrm{N \cdot m^{-2}}]$$

マクスウェルのひずみ力を利用すれば

$$f = \frac{\mu}{2}H^2 = \frac{\mu N^2 I^2}{2(2\pi b)^2}\,[\mathrm{N \cdot m^{-2}}]$$

磁力線に接する面だから磁力線が膨らむ方向の力，つまり半径が大きくなる方向の力になる．

(5) 仮想変位法を用いれば

$$F = \frac{\partial}{\partial a}\frac{\mu N^2 I^2 c}{4\pi}\ln\frac{b}{a} = -\frac{\mu N^2 I^2 c}{4\pi a}\,[\mathrm{N}]$$

a が小さくなる方向の力． ■

■ 例題 7.13 ■

図 7.9 に示すような透磁率 μ [H · m^{-1}] で断面積 S [m^2]，長さ l_1 [m] の磁性体と同一の材質で断面積 S [m^2]，長さ l_2 [m] の磁性体とが図のようにエアギャップ δ [m] を隔てて対向して配置されている．長さ l_1 [m] の磁性体の周りに N 巻きのコイルが密接して巻かれている．このコイルに I [A] の電流を流した場合，l_2 [m] の磁性体を引き付ける力を求めよ．なお，エアギャップの部分の透磁率は μ_0 [H · m^{-1}] であり，エアギャップでの磁界の乱れは無視できるものとする．また，引き付けられることにより δ が変化しても磁束密度の変化は無視できるものとする．

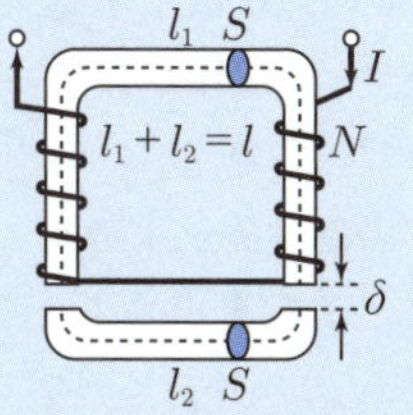

図 7.9　電磁石と吸引力

【解答 1】　磁気抵抗の考えを用いれば，長さ l_1 [m] の磁性体の部分の磁気抵抗は

$$R_{\mathrm{m1}} = \frac{l_1}{\mu S}\,[H^{-1}]$$

長さ l_2 [m] の磁性体の部分の磁気抵抗は

$$R_{\mathrm{m2}} = \frac{l_2}{\mu S}\,[H^{-1}]$$

エアギャップ δ [m] の磁気抵抗は $R_\delta = \frac{\delta}{\mu_0 S}$ [H^{-1}] であるから，磁束は $\varphi = \frac{NI}{R_{\mathrm{m1}}+R_{\mathrm{m1}}+2R_\delta}$ [Wb]，磁束密度は $B = \frac{NI}{S(R_{\mathrm{m1}}+R_{\mathrm{m1}}+2R_\delta)}$ [T] である．したがって，磁性体の内部とエアギャップ内の磁界の強さをそれぞれ H_{m}, H_δ [A · m^{-1}] とすれば

$$B = \frac{NI\mu_0\mu}{\mu 2\delta+\mu_0(l_1+l_2)}\,[\mathrm{T}],$$
$$H_{\mathrm{m}} = \frac{NI\mu_0}{\mu 2\delta+\mu_0(l_1+l_2)}, \quad H_\delta = \frac{NI\mu}{\mu 2\delta+\mu_0(l_1+l_2)}\,[\mathrm{A}\cdot\mathrm{m}^{-1}]$$

となる．エネルギーを算出するために磁界のエネルギー密度を利用すると

$$W = \int w_{\mathrm{m}}dv_1 + \int w_{\mathrm{m}}dv_2 + \int w_{\mathrm{g}}dv_{\mathrm{g}} = \frac{B^2}{2\mu}Sl_1 + \frac{B^2}{2\mu}Sl_2 + \frac{B^2}{2\mu_0}S2\delta$$
$$= \frac{B^2S}{2}\frac{\mu_0(l_1+l_2)+\mu 2\delta}{\mu_0\mu} = \frac{I^2}{2}\frac{N^2\mu_0\mu}{\mu 2\delta+\mu_0(l_1+l_2)}S\,[\mathrm{J}]$$

となる．長さ l_2 の磁性体を引き付ける力を求めるには，力が働くと δ が変化することになり，仮想変位法を用いて δ で偏微分すれば

$$F = \frac{\partial W}{\partial\delta} = \frac{\partial}{\partial\delta}\frac{I^2}{2}\frac{N^2\mu_0\mu}{\mu 2\delta+\mu_0(l_1+l_2)}S = \frac{I^2}{2}\frac{-2N^2\mu_0\mu^2}{\{\mu 2\delta+\mu_0(l_1+l_2)\}^2}S\,[\mathrm{N}]$$

となり，負符号がつくことから引力であることがわかる．

【解答 2】　それぞれの部位に磁界によるひずみ力が発生するが，長さ l_2 [m] の磁性体を引き付ける力は，エアギャップが縮む力である．したがって，マクスウェルのひずみ力を利用すれば $f = \frac{\mu_0}{2}{H_\delta}^2 = \frac{I^2}{2}\frac{N^2\mu_0\mu^2}{\{\mu 2\delta+\mu_0(l_1+l_2)\}^2}$ [N · m^{-2}] になる．エアギャップは 2 か所あるから，全体として働く力は $F = 2fS = \frac{I^2}{2}\frac{2N^2\mu_0\mu^2 S}{\{\mu 2\delta+\mu_0(l_1+l_2)\}^2}$ [N] ■

例題 7.14

図 7.10 に示す磁気回路で l_1 [m] の部分は M [A・m^{-1}] に磁化されている永久磁石であり，l_2 [m] の部分は透磁率 μ [H・m^{-1}] の磁性体とする．エアギャップの部分の磁束密度を求め，永久磁石が磁性体を引き付ける力を求めよ．なお，磁性体の断面積は S [m^2] とし，エアギャップでの磁力線の乱れは無視できるものとする．なお，空間の透磁率は μ_0 [H・m^{-1}] とする．

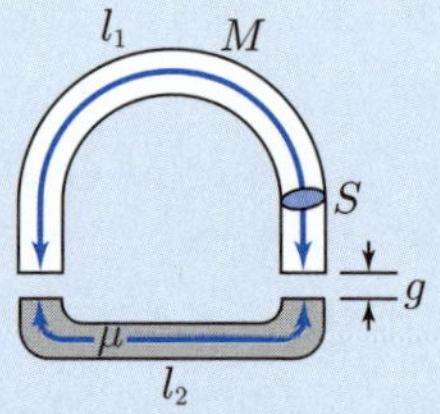

図 7.10　永久磁石と吸引力

【解答】　永久磁石の問題であるから，アンペールの法則は

$$H_m l_1 + H_g 2g + H_2 l_2 = 0$$

となる．磁束密度が連続するから，式を変形すれば

$$\left(\frac{B}{\mu_0} - M\right) l_1 + \frac{B}{\mu_0} 2g + \frac{B}{\mu} l_2 = 0$$

となり $B = \frac{\mu\mu_0 M l_1}{\mu(l_1+2g)+\mu_0 l_2}$ [T] である．磁性体を引き付ける力は，エアギャップの空間がひずみ力により縮む力であるから，エアギャップは 2 か所あるので

$$F = 2S\frac{B^2}{2\mu_0} = \mu_0 \left\{\frac{\mu M l_1}{\mu(l_1+2g)+\mu_0 l_2}\right\}^2 S \text{ [N]}$$

■

7.3 節の関連問題

□ **7.10**　単位長さあたり n 回巻かれた半径 a [m] の空心の無限ソレノイドがあり直流電流 I [A] を流した場合，コイルの半径方向と長さ方向に発生する単位面積あたりの力を，マクスウェルのひずみ力の考え方，および，仮想変位の考えにより求めよ．あわせて力の方向を示せ．空間の透磁率は μ_0 [H・m^{-1}] である．

仮想変位法を用いる場合，長さ方向に力が働くと単位長さあたりの巻数が変化することに注意が必要である（ヒント $nl = N$（総巻数は一定））．

□ **7.11**　外半径 a [m] の円筒状の導体と内半径 b [m] の円筒状の導体（$a < b$）が，同軸状に配置され，それぞれ逆方向に同じ大きさの電流 I [A] が流れている．なお，いずれの導体も厚さは無視できるものとする．導体間は空間で透磁率は μ_0 [H・m^{-1}] である．次の問に答えよ．

(1)　導体間の磁界分布を求めよ．
(2)　この場合，それぞれの場所のエネルギー密度 w を求めよ．
(3)　この導体単位長さあたりに蓄えられるエネルギー W を求めよ．
(4)　内側導体表面の単位面積あたりに働く力の大きさ f_a を求め，その方向を示せ．
(5)　外側導体表面の単位面積あたりに働く力の大きさ f_b を求め，その方向を示せ．

□ **7.12** 透磁率 $\mu\,[\mathrm{H \cdot m^{-1}}]$ の鉄心が 2 つあり，それぞれの長さが $l_1\,[\mathrm{m}]$ と $l_2\,[\mathrm{m}]$ であり，$l_1 + l_2 = l_\mathrm{c}\,[\mathrm{m}]$ とする．鉄心間にはエアギャップ $l_\mathrm{g}\,[\mathrm{m}]$ が存在し，エアギャップと反対側の両端の間に長さ $l_\mathrm{m}\,[\mathrm{m}]$ の永久磁石が挟んであり，全体として図 7(a) のような断面積 $S\,[\mathrm{m^2}]$ のリングを構成しているものとする．永久磁石の B-H 特性は図 7(b) のように与えられる（残留磁束密度 B_r，傾き μ_0）．鉄心中の磁界の強さを H_c，エアギャップ中の磁界の強さを H_g，永久磁石中の磁界の強さを H_m とするとき，エアギャップの縮む力を求めよ．ただし，エアギャップ中の透磁率は $\mu_0\,[\mathrm{H \cdot m^{-1}}]$ であり，磁力線のふくらみは無視できるものとする．

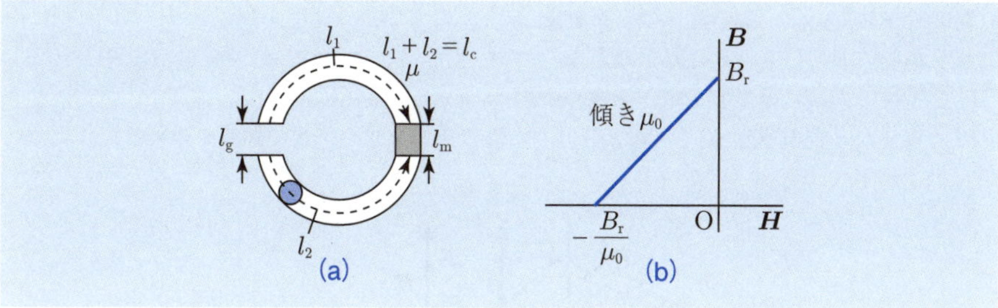

図 7

□ **7.13** 図 8 のような平行導線について以下の問に答えよ．ただし，導線の半径は $a\,[\mathrm{m}]$，間隔は $d\,[\mathrm{m}]$ とし，真空中に設置され，$I\,[\mathrm{A}]$ の往復電流が流れている．

(1) 図中 P 点の磁束密度の値を求めよ．

(2) 単位長さあたりのインダクタンスを求めよ（内部インダクタンスは無視できるものとする）．

(3) $a \ll d$ とした場合，単位長さあたりの磁気エネルギーを求めよ．

(4) 導線 1 にかかる単位長さあたりの力の大きさを仮想変位法で求めよ．また，力の方向も示せ．

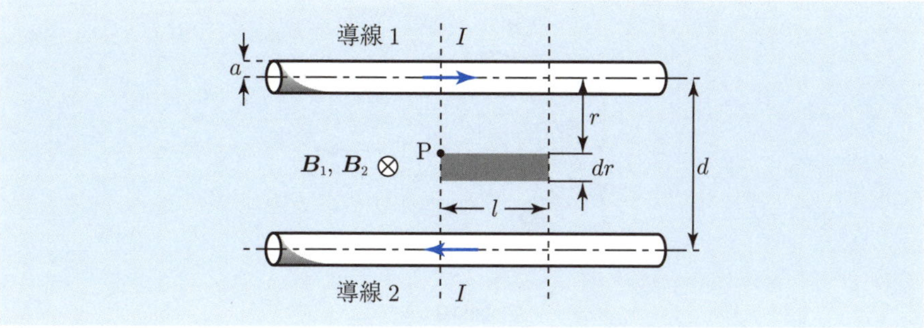

図 8

第7章の問題

□ **1**　直線導線から a [m] 離れた位置に，一辺が 0.10 m で正方形をした 1000 巻きの矩形コイルが，一辺が直線電流と平行に，またコイルの断面が磁力線と垂直に交わるように置かれている．直線導線には 250 Hz で実効値で 50 A の電流を流した場合，矩形コイルには 1.0 V の起電力（実効値）が発生した場合，a の値を求めよ．　（H7 以前 電験二種問題改）

□ **2**　図 9 に示すように，一様な磁束密度 $\boldsymbol{B}$ [T] が水平面と垂直方向に加えられている．この中に抵抗 R [Ω] を介して，l [m] 離れて 2 本のレールが平行に配置され，水平面から θ の角度で置かれている．この導体の上を質量 m [kg] の導体が，速度 $\boldsymbol{v}$ [m · s^{-1}] でレールに接しながら，落下している状態を考える．

(1)　抵抗の両端に発生する電圧を求めよ．

(2)　導体が一定の速度 $\boldsymbol{v}$ で移動を続けるための条件を求め，その速度を求めよ．

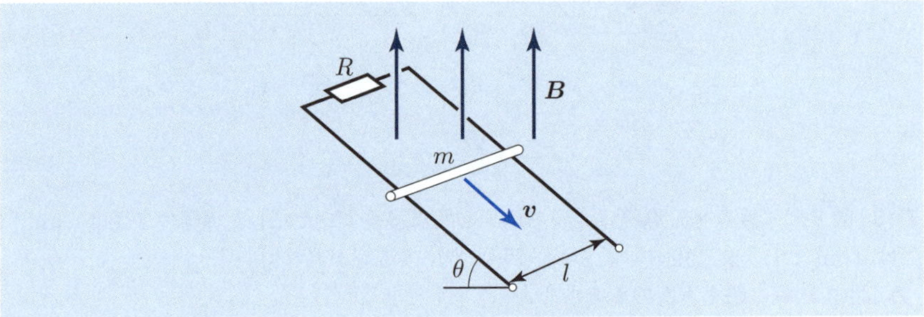

図 9

□ **3**　図 10 に示すように，コイル L に抵抗 R [Ω] を接続してある．このコイルの近くに永久磁石があり，現在 Φ_0 [Wb] の磁束がコイルと鎖交している．この磁石を $t = 0$ で動かし始め，十分遠くまで遠ざける場合，抵抗を通過する全電荷量を求めよ．

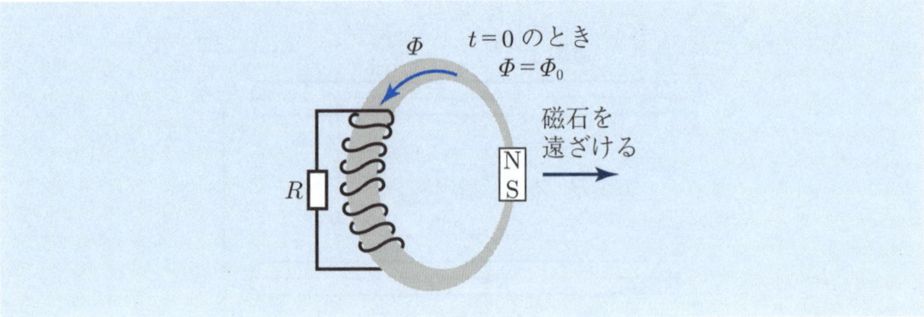

図 10

□ **4** 図 11 のような 3 つの巻線がある．これらの磁路を形成する鉄心は，いずれも半円形で，磁路の長さは a [m]，円形の断面積は S [m^2]（$\sqrt{S} \ll a$）である．それぞれの透磁率は図中に示すように違った値を有している．また，空隙は b [m] である．以下の問に答えよ．

（H17 電験二種問題改）

(1) 図 11(a) における磁路の合成磁気抵抗の値を求めよ．

(2) コイルに直流電流 I [A] を流した場合の磁束を求めよ．

(3) 図 11(a) の巻線の自己インダクタンス L_1 [H] を求めよ．

(4) 図 11(b) の巻線の自己インダクタンスを L_2 [H] とした場合，図 11(c) の巻線の自己インダクタンス L_3 [H] を L_1 と L_2 を用いて表わせ．

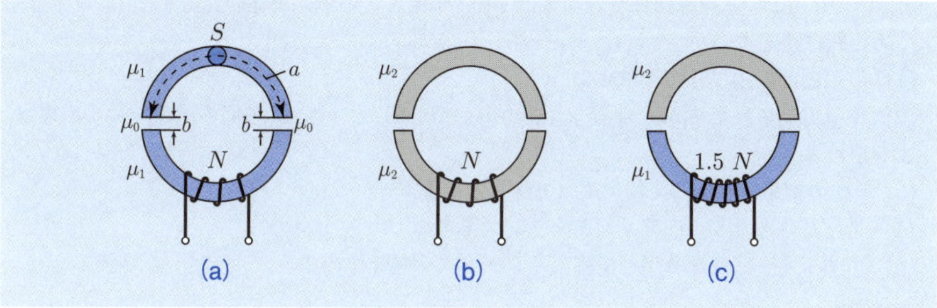

図 11 3 つのコイル

□ **5** 図 12 に示すような比透磁率 μ_r の磁性体でできた平均磁路長 l [m] とエアギャップ長 g [m] で構成された磁路がある．ここに図に示すような巻線があり a-b 間は N 巻き，b-c 間は $1.5N$ 巻き，c-d 間には $2N$ 巻きになっている．磁力線は磁路内では一様であり漏れ磁束は無く，エアギャップでの広がりも無視できるものとして次の問に答えよ．

（H21 電験二種問題改）

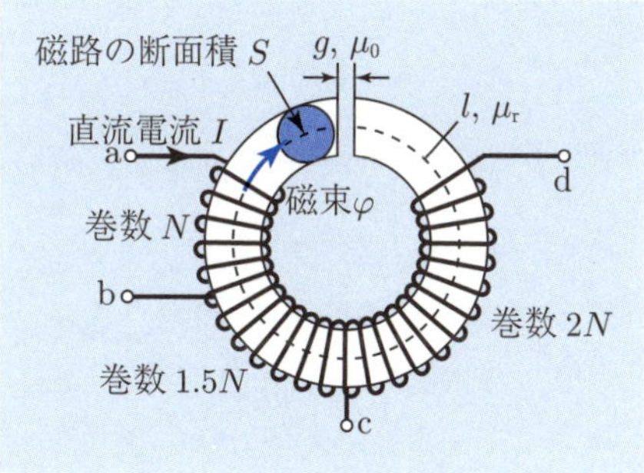

図 12

(1) エアギャップにおける磁気抵抗は磁性体内部の何倍になるか．

(2) b-c 間の自己インダクタンスは a-b 間の自己インダクタンスの何倍か．

(3) b-c 間と c-d 間の相互インダクタンスは a-b 間の自己インダクタンスの何倍か．

□**6** 問題 5 と同一の磁路に N_1 巻きと N_2 巻きのコイルが巻かれている．N_1 巻きのコイルには抵抗 $R\,[\Omega]$ を通して $E\,[\mathrm{V}]$ の直流電源がスイッチを経て接続されている．スイッチを $t=0$ で閉じた後，流れる電流を $I_1(t)$ とした場合，次の問に答えよ．なお，磁力線の漏れやエアギャップでのふくらみは無視できるものとする．（H19 電験二種問題改）

(1) 2 つのコイルの相互インダクタンスを $M\,[\mathrm{H}]$ とした場合，N_2 巻きのコイルに発生する起電力を求めよ．

(2) N_2 巻きのコイルに発生する起電力を時間に関し $t=0\,[\mathrm{s}]$ から無限大まで積分する場合の式を示せ．

(3) (2) の結果から相互インダクタンスの値を求めよ．

□**7** 半径 $R\,[\mathrm{m}]$ の直線導線に一様な電流 $I\,[\mathrm{A}]$ が流れている．導体の比透磁率 $\mu_\mathrm{r}=1$ として次の問に答えよ．

(1) 導線内部の磁界分布を求めよ．

(2) 電流方向の長さ $l\,[\mathrm{m}]$，半径 $r\,[\mathrm{m}]$（$0<r<R$）と $r+dr$ の間の円環を通る磁束 $d\varphi$ を求めよ．

(3) (2) の結果を利用して鎖交磁束 $d\Phi$ を求めよ．

(4) 単位長さあたりの内部インダクタンスを求めよ．

(5) エネルギー密度を算出して内部インダクタンスを求めよ．

第8章

マクスウェルの方程式

これまでに，電荷が静電界を作り，電荷が移動すると電流を生じ，電流が流れると静磁界が発生することを問題の解法を通して学んだ．その中で，磁性体のような非線形の性質がある材料の解析をする手法も経験した．さらに，第７章では動的な現象として電磁誘導に関わる問題の解法を学んだ．その結果，静電界と誘導電界とでは性質に違いはあるが，磁界の変化によって電界が発生する，つまり電界と磁界とは互いに従属関係にあることが明らかとなった．

本章では，ここまでに学んだ知識を整理してマクスウェルの方程式の表現と，そこから導かれる新しい現象の解釈を問題の解法を通して学ぶ．

第 8 章の重要項目

◎微分形で表現したマクスウェルの方程式

$$\mathrm{rot}\,\boldsymbol{H} = \nabla \times \boldsymbol{H} = \frac{\partial \boldsymbol{D}}{\partial t} + \boldsymbol{J} \tag{8.1}$$

$$\mathrm{rot}\,\boldsymbol{E} = \nabla \times \boldsymbol{E} = -\frac{\partial \boldsymbol{B}}{\partial t} \tag{8.2}$$

$$\mathrm{div}\,\boldsymbol{D} = \nabla \cdot \boldsymbol{D} = \rho \tag{8.3}$$

$$\mathrm{div}\,\boldsymbol{B} = \nabla \cdot \boldsymbol{B} = 0 \tag{8.4}$$

- 各物理量を結びつける補助的な関係として

$$\boldsymbol{D} = \varepsilon \boldsymbol{E}, \quad \boldsymbol{B} = \mu \boldsymbol{H}, \quad \boldsymbol{J} = \sigma \boldsymbol{E}$$

◎**電磁波**（平面波）：

- 空間あるいは誘電体内部を電界と磁界が直交する波としてそれぞれの波の振動面と垂直方向に伝搬する．

$$H_y(z,t) = H_{y0} \exp\{j(\omega t \pm \omega\sqrt{\varepsilon\mu}\, z)\}\,[\mathrm{A \cdot m^{-1}}] \tag{8.5}$$

$$E_x(z,t) = E_{x0} \exp\{j(\omega t \pm \omega\sqrt{\varepsilon\mu}\, z)\}\,[\mathrm{V \cdot m^{-1}}] \tag{8.6}$$

位相速度：$\frac{\partial z}{\partial t} = v = \frac{1}{\sqrt{\varepsilon\mu}}\,[\mathrm{m \cdot s^{-1}}]$,

真空中：$c = \frac{1}{\sqrt{\varepsilon_0\mu_0}} = 3.0 \times 10^8\,[\mathrm{m \cdot s^{-1}}]$

伝搬定数：$k = \omega\sqrt{\varepsilon\mu}\,[\mathrm{m^{-1}}]$,

周波数：$f = \frac{\omega}{2\pi}\,[\mathrm{Hz}]$

電界と磁界の振幅の比：**特性インピーダンス**：$\frac{E_x}{H_y} = \sqrt{\frac{\mu}{\varepsilon}}\,[\Omega]$　(8.7)

- 導体内では電磁波は減衰して伝搬する．

導体の表皮深さ：$\delta = \sqrt{\frac{2}{\omega\sigma\mu}}\,[\mathrm{m}]$　(8.8)

$$H_y(z,t) = H_{y2} \exp\left(-\sqrt{\frac{\omega\sigma\mu}{2}}\, z\right) \exp\left\{j\left(\omega t - \sqrt{\frac{\omega\sigma\mu}{2}}\, z\right)\right\}\,[\mathrm{A \cdot m^{-1}}] \tag{8.9}$$

$$E_x(z,t) = \sqrt{\frac{\omega\mu}{\sigma}} H_{y2} \exp\left(-\sqrt{\frac{\omega\sigma\mu}{2}}\, z\right) \exp\left\{j\left(\omega t - \sqrt{\frac{\omega\sigma\mu}{2}}\, z\right) + \frac{\pi}{4}\right\}\,[\mathrm{V \cdot m^{-1}}] \tag{8.10}$$

◎ポインティングベクトル：

$$\boldsymbol{S} = \boldsymbol{E} \times \boldsymbol{H}\,[\mathrm{W \cdot m^{-2}}] \tag{8.11}$$

電磁波として電力が送られ，伝送される電力は

$$P = \int \boldsymbol{S} \cdot d\boldsymbol{S}\,[\mathrm{W}]$$

◎問題の解法

いずれも電界の解析手法，磁界の解析手法を利用する．

(基本はガウスの法則とアンペールの法則)

8.1 変位電流とアンペールの法則

▶問題解法のポイント

◎**変位電流**（電束密度の時間変化が導電電流と同等の振舞い）：

$$\boldsymbol{J}_{\mathrm{d}} = \frac{\partial \boldsymbol{D}}{\partial t}\ [\mathrm{A \cdot m^{-2}}]$$

- 算出法：ガウスの法則を用い，電束密度を算出
  電束密度の時間微分：印加電圧の時間に対する変化率 = 傾き

◎アンペールの法則：

$$\begin{aligned}\oint \boldsymbol{H} \cdot d\boldsymbol{l} &= \int (\boldsymbol{J}_{\mathrm{c}} + \boldsymbol{J}_{\mathrm{d}}) \cdot d\boldsymbol{S} \\ &= \int \left(\boldsymbol{J}_{\mathrm{c}} + \frac{\partial \boldsymbol{D}}{\partial t}\right) \cdot d\boldsymbol{S}\end{aligned}$$

- 算出法：第 6 章の扱いと同一
  - 右辺：磁力線に対する一周積分
  - 左辺：磁力線で囲まれた断面内を流れる電流
    電流は導電電流と変位電流

アンペールの法則を微分形で表現すれば

$$\begin{aligned}\mathrm{rot}\,\boldsymbol{H} &= \nabla \times \boldsymbol{H} \\ &= \frac{\partial \boldsymbol{D}}{\partial t} + \boldsymbol{J}_{\mathrm{c}}\end{aligned}$$

例題 8.1

内側導体の外半径 a [m]，外側導体の内半径 b [m]，長さ l [m] の同軸電極がある．導体間に比誘電率 ε_{r}，透磁率 μ_0 [$\mathrm{H \cdot m^{-1}}$] の物質が詰められている．両電極間に $V = V_0 \sin \omega t$ [V] を印加した場合，電極間に流れる変位電流を求めよ．

【解答】 同軸電極配置であるから，円柱座標系を用いてガウスの法則を表現すれば

$$E_r(r) = \frac{V_0 \sin \omega t}{r \ln \frac{b}{a}} \ [\mathrm{V \cdot m^{-1}}],$$
$$D_r(r) = \frac{\varepsilon_0 \varepsilon_{\mathrm{r}} V_0 \sin \omega t}{r \ln \frac{b}{a}} \ [\mathrm{C \cdot m^{-2}}]$$

したがって，変位電流密度は

$$\begin{aligned} J_{dr}(r) &= \frac{\partial D_r(r)}{\partial t} \\ &= \frac{\varepsilon_0 \varepsilon_{\mathrm{r}} V_0 \omega \cos \omega t}{r \ln \frac{b}{a}} \ [\mathrm{A \cdot m^{-2}}] \end{aligned}$$

変位電流は

$$\begin{aligned} I_{\mathrm{d}} &= \int J_{dr} dS \\ &= \int_0^l \frac{\varepsilon_0 \varepsilon_{\mathrm{r}} V_0 \omega \cos \omega t}{r \ln \frac{b}{a}} 2\pi r dz \\ &= \frac{2\pi l \varepsilon_0 \varepsilon_{\mathrm{r}} V_0 \omega \cos \omega t}{\ln \frac{b}{a}} \ [\mathrm{A}] \end{aligned}$$

■

例題 8.2

面積が $S = a^2$ [$\mathrm{m^2}$]，電極間隔 d [m] の矩形の平行平板電極が置かれ，電極間は空間とする．一方の電極は接地し，他方に $V = V_0$ [V] を印加する．電極端部での電界の乱れは無視できるものとして，以下の問に答えよ．

(1) 電極間距離を

$$d = d_0 + d_1 \sin \omega t \ [\mathrm{m}]$$

で変化させた場合の変位電流を求めよ．なお，$d_0 \gg d_1$ とする．

(2) 接地電極の表面近傍に金属の接地されたシャッターが置かれている．接地電極の露出面積 S [$\mathrm{m^2}$] が時間とともに次のように変化した場合のそれぞれの時間領域における変位電流の大きさを求めよ．なお，v [$\mathrm{m \cdot s^{-1}}$] はシャッターの移動速度である．

(i) $0 < t < \frac{a}{v}$ では

$$S = avt \ [\mathrm{m^2}]$$

(ii) $\frac{a}{v} < t < \frac{2a}{v}$ では

$$S = 2a^2 - avt \ [\mathrm{m^2}]$$

【解答】 (1)　平行平板電極間の電界は

$$E = \frac{V}{d}\,[\mathrm{V\cdot m^{-1}}]$$

変位電流密度は

$$J_{\mathrm{d}} = \frac{\partial D}{\partial t}\,[\mathrm{A\cdot m^{-2}}]$$

である．ここで，$d_0 \gg d_1$ よりテイラー展開を用いれば

$$\begin{aligned} J_{dz} &= \frac{\partial D_z}{\partial t} = \frac{\partial}{\partial t}\frac{\varepsilon_0 V_0}{d_0 + d_1 \sin\omega t} \\ &\simeq \frac{\partial}{\partial t}\frac{\varepsilon_0 V_0}{d_0}\left(1 - \frac{d_1}{d_0}\sin\omega t\right) \\ &= \frac{-\varepsilon_0 V_0 d_1 \omega \cos\omega t}{d_0^2}\,[\mathrm{A\cdot m^{-2}}] \\ I_{dz} &= \int \boldsymbol{J}\cdot d\boldsymbol{S} \\ &= \frac{-\varepsilon_0 V_0 d_1 \omega \cos\omega t}{d_0^2}a^2\,[\mathrm{A}] \end{aligned}$$

(2)　$I_{\mathrm{d}} = \frac{\partial \int DdS(t)}{\partial t}$ であるから，露出面積の時間変化を計算すればよく

(i)　$I = \frac{\partial D_z S}{\partial t} = \frac{\varepsilon_0 V_0 av}{d}\,[\mathrm{A}]$

(ii)　$I = \frac{\partial D_z S}{\partial t} = \frac{-\varepsilon_0 V_0 av}{d}\,[\mathrm{A}]$　■

8.1 節の関連問題

□ **8.1**　導電率 $\sigma = 2.0 \times 10^{-5}\,[\mathrm{S\cdot m^{-1}}]$，比誘電率 2.0，比透磁率 1.0 の物質に次の周波数の電圧を印加した場合，導電電流と変位電流の値の比を求めよ．

(1)　50 Hz　　(2)　1.0 GHz

□ **8.2**　電極面積 $S\,[\mathrm{m^2}]$，電極間距離 $d\,[\mathrm{m}]$ の平行平板電極間に誘電率 $\varepsilon\,[\mathrm{F\cdot m^{-1}}]$ の物質が隙間なく挿入されているキャパシタに，周波数が $f\,[\mathrm{Hz}]$ の電圧を印加した場合に電極間を流れる電流を求め，キャパシタのインピーダンスを用いた結果と比較せよ．

□ **8.3**　外半径 $a\,[\mathrm{m}]$ の球導体と同心状に，内半径 $b\,[\mathrm{m}]$ の球殻導体がある．この導体間に誘電率が $\varepsilon\,[\mathrm{F\cdot m^{-1}}]$，導電率 $\sigma\,[\mathrm{S\cdot m^{-1}}]$ で透磁率 $\mu\,[\mathrm{H\cdot m^{-1}}]$ の物質が挿入されている．この導体間に，$V_0 \sin 2\pi ft\,[\mathrm{V}]$ の電圧が印加されている場合，次の問に答えよ．

(1)　導体間を流れる変位電流密度を求めよ．

(2)　導体間を流れる導電電流密度を求めよ．

(3)　導体間を流れる全電流を求めよ．

(4)　物質内部に蓄えられる電界のエネルギーの大きさを求めよ．

(5)　物質内部で消費する全電力を求めよ．

(6)　$f = 50\,[\mathrm{Hz}]$ の場合，物質内部で 1 秒間に消費する全エネルギーを求めよ．

8.2 マクスウェルの方程式と電磁波の伝搬と電力の伝搬

▶問題解法のポイント

◎電磁波（平面波）：

(1) 空間あるいは誘電体内部を電界と磁界が直交する波としてそれぞれの波の振動面と垂直方向に伝搬する．

- 波の伝わる速度

  位相速度：$\frac{\partial z}{\partial t} = v = \frac{1}{\sqrt{\varepsilon\mu}}\,[\mathrm{m \cdot s^{-1}}]$,

  真空中：$c = \frac{1}{\sqrt{\varepsilon_0\mu_0}} = 3.0 \times 10^8\,[\mathrm{m \cdot s^{-1}}]$

  伝搬定数：$k = \omega\sqrt{\varepsilon\mu}\,[\mathrm{m^{-1}}]$,

  周波数：$f = \frac{\omega}{2\pi}\,[\mathrm{Hz}]$

- 波の電界と磁界との振幅の比（特性インピーダンス）：

$$\frac{E_x}{H_y} = \sqrt{\frac{\mu}{\varepsilon}}\,[\Omega]$$

(2) 特性インピーダンスの一致しない境界では電磁波は反射

特性インピーダンスが Z_1 から Z_2 の物質に電磁波が伝搬する場合

$$\text{反射係数：} R = \frac{Z_2 - Z_1}{Z_2 + Z_1}$$

(3) 物質内では電磁波は減衰して伝搬

$$\text{物質の表皮深さ：} \delta = \sqrt{\frac{2}{\omega\sigma\mu}}\,[\mathrm{m}]$$

- 電磁波に関する解法：ガウスの法則とアンペールの法則を利用

◎ポインティングベクトル：電磁波として電力が送られる．

$$\boldsymbol{S} = \boldsymbol{E} \times \boldsymbol{H}\,[\mathrm{W \cdot m^{-2}}]$$

- エネルギーに関する解法：ガウスの法則とアンペールの法則を利用

例題 8.3

銅の導電率は $5.8\times10^7\ \mathrm{S\cdot m^{-1}}$ である．真空中での波長がそれぞれ 100 m, 1.0 m, 10 mm の電磁波の周波数を求めるとともに銅の表皮深さを求めよ．なお，銅は非磁性体である．

【解答】 真空中における波長と周波数の関係は

$$\lambda = \frac{2\pi}{\omega\sqrt{\varepsilon_0\mu_0}} = \frac{c}{f}\ [\mathrm{m}]$$

表皮深さは $\delta = \sqrt{\frac{2}{\omega\sigma\mu}}\ [\mathrm{m}]$ であるから数値を代入すると

$$\lambda = 100\,[\mathrm{m}], \quad f = 3.0\,[\mathrm{MHz}], \quad \delta = 3.2\times10^{-5}\,[\mathrm{m}]$$
$$\lambda = 1\,[\mathrm{m}], \quad f = 300\,[\mathrm{MHz}], \quad \delta = 3.2\times10^{-6}\,[\mathrm{m}]$$
$$\lambda = 10^{-2}\,[\mathrm{m}], \quad f = 30\,[\mathrm{GHz}], \quad \delta = 3.2\times10^{-7}\,[\mathrm{m}]$$

■

例題 8.4

太陽からの放射エネルギーは，年間平均して日本では，$1.0\,\mathrm{kW\cdot m^{-2}}$ 程度である．地表で，太陽から放射される電磁波の電界 $E\,[\mathrm{V\cdot m^{-1}}]$ および磁界 $H\,[\mathrm{A\cdot m^{-1}}]$ を求めよ．

【解答】 空間における特性インピーダンスは

$$Z = \frac{E}{H} = \sqrt{\frac{\mu_0}{\varepsilon_0}} \simeq 377\,[\Omega]$$

空間を伝搬するポインティングベクトルの大きさは

$$E\times H = 10^3\,[\mathrm{W\cdot m^{-2}}]$$

であるから

$$E = 614\,[\mathrm{V\cdot m^{-1}}],$$
$$H = 1.63\,[\mathrm{A\cdot m^{-1}}]$$

■

例題 8.5

特性インピーダンスが 50 Ω と 75 Ω の同軸ケーブルを接続した場合，50 Ω のケーブルから送られた信号の反射係数を求めよ．

【解答】 反射係数は $R = \frac{Z_2-Z_1}{Z_2+Z_1}$ で与えられるから，数値を代入すると

$$R = \frac{25}{125} = 0.2$$

■

例題 8.6

図 8.1 に示すような外半径 a [m] の非磁性体でできた十分に長い円柱導体と同軸状に内半径 b [m] で円筒状の長さ l [m] の導体がある．導体間には誘電率 ε [F · m^{-1}]，透磁率 μ_0 [H · m^{-1}] の物質が詰まっている．導体の一方の端部には V_0 [V] の電源が接続され，他方の端部には内導体と外導体の間を厚さ c [m] の円板状の抵抗体が挿入されている．なお，外導体は接地されているものとして，次の問に答えよ．

(1)　I [A] の電流が導体の長さ方向に一様に流れているものとし，導体間を伝わるポインティングベクトル $\boldsymbol{S}$ を求めよ．

(2)　抵抗体の抵抗率を ρ [Ω · m] とした場合，送られた電力が抵抗体の挿入されている端部で，反射しないようにするための ρ の条件を示せ．

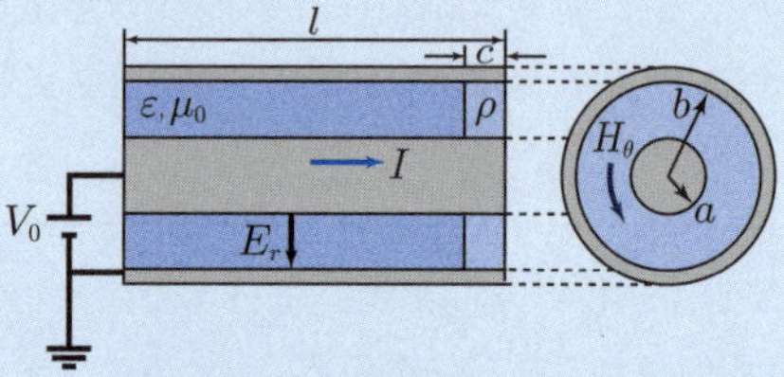

図 8.1　同軸導体と負荷

【解答】　(1)　円柱座標系でガウスの法則を用いると

$$E_r(r) = \frac{V_0}{r \ln \frac{b}{a}} \ [\mathrm{V \cdot m^{-1}}]$$

導体間の磁界の大きさをアンペールの法則を用いれば

$$H_\theta(r) = \frac{I}{2\pi r} \ [\mathrm{A \cdot m^{-1}}]$$

したがって

$$\boldsymbol{S} = \boldsymbol{E} \times \boldsymbol{H} = \frac{V_0 I}{2\pi r^2 \ln \frac{b}{a}} \boldsymbol{a}_z \ [\mathrm{W \cdot m^{-2}}]$$

(2)　反射をしないようにするためには，特性インピーダンスが負荷抵抗の値と一致すればよい．特性インピーダンスは

$$Z_0 = \frac{V_0}{I} = \sqrt{\frac{\mu_0}{\varepsilon}} \frac{1}{2\pi} \ln \frac{b}{a} \ [\Omega]$$

円板の抵抗値は

$$R = \int_a^b \rho \frac{dr}{2\pi r c} = \frac{\rho}{2\pi c} \ln \frac{b}{a} \ [\Omega]$$

したがって

$$\rho = c\sqrt{\frac{\mu_0}{\varepsilon}} \ [\Omega \cdot \mathrm{m}]$$

■

例題 8.7

図 8.2 に示すような半径 a [m]，間隔 d [m] の円板状平行平板キャパシタがある．電極間には，半径 a [m]，長さ d [m] の円柱状で誘電率 ε [F · m^{-1}]，透磁率 μ_0 [H · m^{-1}] の物質が詰まっている．この平行平板電極に $V = V_0 \sin \omega t$ [V] の電圧を印加した場合，円柱の表面を通過するポインティングベクトルを求め，物質に流入する電力と 1 周期の間に送り込まれるエネルギーを求めよ．

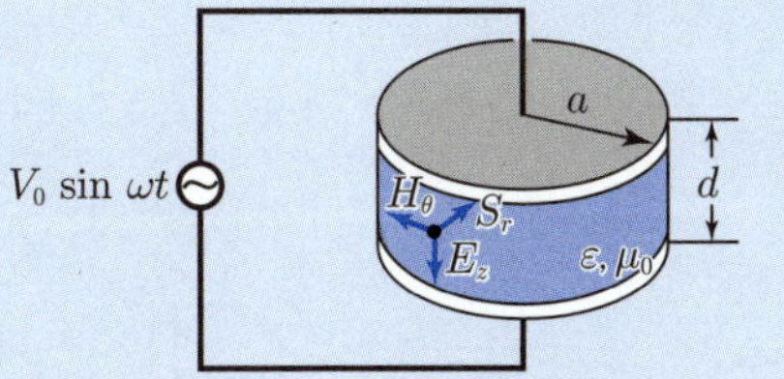

図 8.2 平行平板電極に流れ込むポインティングベクトル

【解答】 平行平板電極であるから電界は

$$E_z = \frac{V}{d} \, [\mathrm{V \cdot m^{-1}}]$$

磁界は変位電流が流れることによって発生するから $\int \boldsymbol{H} \cdot d\boldsymbol{l} = \int \frac{\partial \boldsymbol{D}}{\partial t} \cdot d\boldsymbol{S}$ より

$$H_\theta = \frac{V_0 \varepsilon a \omega \cos \omega t}{2d} \, [\mathrm{A \cdot m^{-1}}]$$

になる．したがって

$$\begin{aligned}
\boldsymbol{S} = \boldsymbol{E} \times \boldsymbol{H} &= E_z(-\boldsymbol{a}_z) \times H_\theta(-\boldsymbol{a}_\theta) \\
&= \frac{V_0^2 \varepsilon a \omega \sin \omega t \cos \omega t}{2d^2}(-\boldsymbol{a}_r) \, [\mathrm{W \cdot m^{-2}}] \\
P = \int \boldsymbol{S} \cdot d\boldsymbol{S} &= \int_0^d \frac{V_0^2}{2d^2} \omega a \varepsilon \sin \omega t \cos \omega t \; 2\pi a dz \\
&= \frac{V_0^2 \varepsilon \pi a^2}{d^2} \omega \sin \omega t \cos \omega t \, [\mathrm{W}]
\end{aligned}$$

が求まる．ポインティングベクトルの向きが $-r$ 方向であるから，物質の周辺部から電力が物質内部に流れ込む，つまりキャパシタに電力が供給されると理解できる．1 周期に注入されるエネルギーは次式となる．

$$\begin{aligned}
W = \int_0^T P dt &= \int_0^{2\pi/\omega} \frac{V_0^2 \varepsilon \pi a^2}{d^2} \omega \sin \omega t \cos \omega dt \\
&= \int_0^{2\pi/\omega} \frac{V_0^2 \varepsilon \pi a^2 \omega}{d^2} \frac{\sin 2\omega t}{2} dt = 0 \, [\mathrm{J}]
\end{aligned}$$

キャパシタは電力を消費しないので，1 周期ではエネルギーの蓄積と放出を繰り返しゼロになる． ■

8.2 節の関連問題

□ **8.4** 真空中の特性インピーダンスを求めよ．

□ **8.5** 図1のように，厚さ d [m]，誘電率 ε [F・m^{-1}]，透磁率 μ_0 [H・m^{-1}] のガラスエポキシ基板の両面に薄い導体がある．導体の長さは l [m]，幅は w [m] で，これの一端に電圧 V [V] の直流電源を，他端に終端抵抗を，それぞれ接続したとき，回路に流れた電流は I [A] であった．このとき，以下の問に答えよ．

(1) $\frac{V}{I} = \sqrt{\frac{L}{C}}$ の関係を用いて，この伝送線路の特性インピーダンス Z_0 [Ω] を求めよ．ただし，$w \gg d$ と仮定する．

(2) 基板の素材がガラスエポキシ（比誘電率：4.6），厚さ $d = 1.6$ [mm] であるとき，特性インピーダンスが 50 Ω となる導体の幅を求めよ．

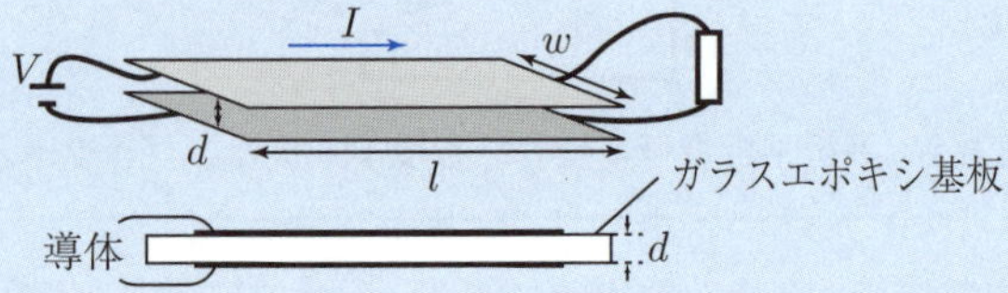

図1

□ **8.6** 図2のような半径 a [m] の円板状の平行平板電極が d [m] の間隔で配置され，電極間には電極と同一半径の円柱状で誘電率 ε [F・m^{-1}]，透磁率 μ [H・m^{-1}] の物質が挿入されている．電極には電圧源が接続されており，図2に示すような電圧を印加した．電極端部での電界の乱れは無視できるものとする．

(1) それぞれの時間帯における変位電流の大きさを求めよ．

(2) $0 < t < t_1$ の時間帯において P 点におけるポインティングベクトルの大きさと方向を求めよ．

(3) $t = t_1$ の時刻までにポインティングベクトルによって，この平行平板電極間に送り込まれる総エネルギーの値を求めよ．

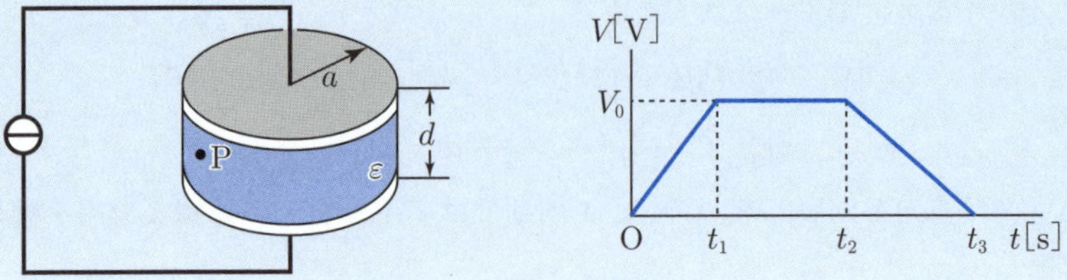

図2

第8章の問題

□ **1** 図 3 のように点電荷 q が等速度 $v\,[\mathrm{m\cdot s^{-1}}]$ で真空中を x 軸の正方向に運動するとき，任意の点 $\mathrm{P}(x,y)$ に生ずる変位電流密度の値を求めよ．

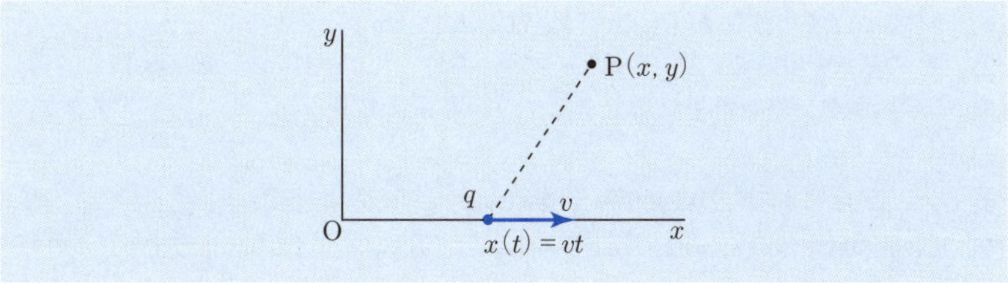

図 3

□ **2** 無限に広い導体面の外側に，導体面と平行に，$H = H_0 \sin\omega t\,[\mathrm{A\cdot m^{-1}}]$ の一様な磁界が存在している．磁界の周波数 $f = 50\,[\mathrm{Hz}]$, $5.0\,[\mathrm{MHz}]$, $5.0\,[\mathrm{GHz}]$，導体として銅（$\rho = 1.7\times10^{-8}\,[\Omega\cdot\mathrm{m}]$），アルミニウム（$\rho = 2.6\times10^{-8}\,[\Omega\cdot\mathrm{m}]$），鉄（$\mu_\mathrm{r} = 1000$, $\rho = 1.0\times10^{-7}\,[\Omega\cdot\mathrm{m}]$）を用いる場合の，それぞれの f と材質の組合せに対し，表皮深さを求めよ．なお，銅とアルミニウムは非磁性体である．真空の透磁率は $4\pi\times10^{-7}\,[\mathrm{H\cdot m^{-1}}]$ である．

□ **3** 外半径 $a\,[\mathrm{m}]$ の円柱導体と内半径 $b\,[\mathrm{m}]$ の円筒導体からなる，長さ $l\,[\mathrm{m}]$ の同軸電極がある．導体間には，誘電率 $\varepsilon\,[\mathrm{F\cdot m^{-1}}]$ の物質が満たされており，内側導体に $V = V_0\cos\omega t\,[\mathrm{V}]$ の電圧を与え，外側導体は接地したとき，電極間に流れる変位電流を求めよ．なお，電極端部での電界の乱れは無視できるものとする．

□ **4** 外半径 $a\,[\mathrm{m}]$ の円柱導体と同軸状に，内半径 $b\,[\mathrm{m}]$ の十分に長い円筒導体が設置されている．この導体間に誘電率が $\varepsilon\,[\mathrm{F\cdot m^{-1}}]$，導電率 $\sigma\,[\mathrm{S\cdot m^{-1}}]$ で透磁率 $\mu\,[\mathrm{H\cdot m^{-1}}]$ の物質が挿入されている．この導体間に，$V_0\sin 2\pi ft\,[\mathrm{V}]$ の電圧が印加されている．次の問に答えよ．

(1) 導体間の電界分布を求めよ．
(2) 導体間を流れる変位電流密度を求めよ．
(3) 導体間を流れる伝導電流密度を求めよ．
(4) 導体間を流れる導体単位長さあたりの全電流を求めよ．
(5) 導体単位長さあたりの物質内部に蓄えられる電界のエネルギーを求めよ．
(6) 導体単位長さあたりの物質内部で 1 周期の間に消費するエネルギーを求めよ．

□ **5** 内導体の外半径 a [m]，外導体の内半径 b [m]（$a < b$）の同軸ケーブルを考える．導体間には誘電率 ε [F · m^{-1}]，透磁率 μ_0 [H · m^{-1}] の物質が詰められているものとする．高周波においては表皮効果のため，電流は表面に集中する．$t = 0$ で同軸ケーブルのある場所 $z = 0$ で，z の正方向に I [A] の電流が流れている．また，内外導体間の電位差は V [V] となっているものとする．

(1) 導体間の磁界の強さ $\boldsymbol{H}$ [A · m^{-1}] と電界 $\boldsymbol{E}$ [V · m^{-1}] を求めよ．

(2) (1) の結果を用いて，$\frac{V}{I}$（同軸ケーブルの特性インピーダンス）を求めよ．

(3) この同軸ケーブルの単位長さあたりの静電容量 C [F · m^{-1}] と，インダクタンス L [H · m^{-1}] を求めよ．

(4) $\frac{V}{I} = \sqrt{\frac{L}{C}}$ であることにより，$\frac{E}{H}$ を求めよ．

(5) 電極間の誘電体が $\varepsilon_{\mathrm{r}} = 2.1$ のポリエチレンであり，$a = 1.0$ [mm] とする．このとき，ケーブルの特性インピーダンスを $Z_0 = 50$ [Ω] にするための b の値を計算せよ．

□ **6** 真空中において電界が $\boldsymbol{E}(z, t) = E_{x0}\cos(\omega t - kz)\boldsymbol{a}_x$ [V · m^{-1}] で示されるとき，電束密度，磁束密度，磁界の強さを求めよ．

問題解答

1章

▶関連問題の解答

1.1 電界は一定であり，電子の受ける力 $\boldsymbol{F}$ は $\boldsymbol{F}=e\boldsymbol{E}$ [N] となる．よって運動方程式から $m\boldsymbol{a}=e\boldsymbol{E}$（ここで $\boldsymbol{a}$ は電子の加速度）なので，以下の計算では大きさだけで表示すると

$$a=\frac{eE}{m}=\frac{1.6\times10^{-19}\times2\times10^{7}}{9.11\times10^{-31}}=3.5\times10^{18}\,[\mathrm{m\cdot s^{-2}}]$$

ここで $d=\frac{1}{2}at^2$（t はこの距離 d [m] を移動するのにかかる時間）であるので

$$t=\sqrt{\frac{2d}{a}}=\sqrt{\frac{2\times5\times10^{-8}}{3.5\times10^{18}}}=1.7\times10^{-13}\,[\mathrm{s}]$$

よって加速後の速度 v は

$$v=at=3.5\times10^{18}\times1.7\times10^{-13}\simeq6.0\times10^{5}\,[\mathrm{m\cdot s^{-1}}]$$

1.2 (1) 2.0 nC の電荷の位置から原点までの距離ベクトルは $\boldsymbol{r}_+=0.5\boldsymbol{a}_x$ [m] である．同様に −2.0 nC の電荷の位置からの距離ベクトルは $\boldsymbol{r}_-=-0.5\boldsymbol{a}_x$ [m] であるから

$$\boldsymbol{E}=\frac{2\times10^{-9}}{4\pi\varepsilon_0}\frac{0.5\boldsymbol{a}_x}{0.5^3}+\frac{-2\times10^{-9}}{4\pi\varepsilon_0}\frac{-0.5\boldsymbol{a}_x}{0.5^3}=144\boldsymbol{a}_x\,[\mathrm{V\cdot m^{-1}}]$$

(2) (1) と距離ベクトルは同一であるから

$$\boldsymbol{E}=\frac{2\times10^{-9}}{4\pi\varepsilon_0}\frac{0.5\boldsymbol{a}_x}{0.5^3}+\frac{2\times10^{-9}}{4\pi\varepsilon_0}\frac{-0.5\boldsymbol{a}_x}{0.5^3}=0\,[\mathrm{V\cdot m^{-1}}]$$

1.3 PA 間，PB 間の距離ベクトルは

$$\boldsymbol{r}_1=(x-x_0)\boldsymbol{a}_x+y\boldsymbol{a}_y+z\boldsymbol{a}_z\,[\mathrm{m}],\quad \boldsymbol{r}_2=x\boldsymbol{a}_x+y\boldsymbol{a}_y+(z-z_0)\boldsymbol{a}_z\,[\mathrm{m}]$$

であるから

$$\boldsymbol{E}=\boldsymbol{E}_1+\boldsymbol{E}_2=\frac{Q_1}{4\pi\varepsilon_0}\frac{(x-x_0)\boldsymbol{a}_x+y\boldsymbol{a}_y+z\boldsymbol{a}_z}{\{(x-x_0)^2+y^2+z^2\}^{3/2}}+\frac{Q_2}{4\pi\varepsilon_0}\frac{x\boldsymbol{a}_x+y\boldsymbol{a}_y+(z-z_0)\boldsymbol{a}_z}{\{x^2+y^2+(z-z_0)^2\}^{3/2}}\,[\mathrm{V\cdot m^{-1}}]$$

1.4 球殻表面の微小面積の電荷量は $dQ=\sigma a^2\sin\theta\,d\theta d\varphi$ [C] である．また電荷のある位置から P 点までの距離は $R=\{(r-a\cos\theta)^2+a^2\sin^2\theta)^{1/2}$ [m] である．この電荷が P 点に作る電界は［例題 1.7］を参考にすれば次式となる．

$$d\boldsymbol{E}(r)=\frac{\sigma}{4\pi\varepsilon_0}\frac{a^2\sin\theta\,d\theta d\varphi\{(r-a\cos\theta)\boldsymbol{a}_r+a\sin\theta\boldsymbol{a}\}}{\{(r-a\cos\theta)^2+a^2\sin^2\theta)^{3/2}}\,[\mathrm{V\cdot m^{-1}}]$$

ここで，全体として O を原点とする球座標系を用いている．その際，問の図 1 の青色部分のリング電荷が作る電界を表現するために電荷の位置から OP 軸方向を表現するために $\boldsymbol{a}$ を用いているが，［例題 1.7］よりこの方向は一周積分すると打ち消されるので

$$\boldsymbol{E}(r)=\iint_0^{2\pi}\frac{\sigma}{4\pi\varepsilon_0}\frac{a^2\sin\theta\,d\theta d\varphi(r-a\cos\theta)\boldsymbol{a}_r}{\{(r-a\cos\theta)^2+a^2\sin^2\theta)^{3/2}}=\int_0^{\pi}\frac{\sigma}{2\varepsilon_0}\frac{a^2\sin\theta\,d\theta(r-a\cos\theta)\boldsymbol{a}_r}{\{(r-a\cos\theta)^2+a^2\sin^2\theta)^{3/2}}$$

$$=\int_0^{\pi}\frac{\sigma}{2\varepsilon_0}\frac{a^2\sin\theta(r-a\cos\theta)d\theta\boldsymbol{a}_r}{(a^2-2ar\cos\theta+r^2)^{3/2}}\,[\mathrm{V\cdot m^{-1}}]$$

ここで，$A-k\cos\theta=X^2$ と置換すれば次式となる．

$$\boldsymbol{E}(r)=\int_{|r-a|}^{|r+a|}\frac{\sigma}{2\varepsilon_0}\frac{aXdX-\frac{aX(r^2+a^2-X^2)}{2r^2}dX\boldsymbol{a}_r}{X^3}=\int_{|r-a|}^{|r+a|}\frac{\sigma}{4\varepsilon_0}\left\{\frac{a(r^2-a^2)}{r^2X^2}+\frac{a}{r^2}\right\}dX\boldsymbol{a}_r$$

したがって，$r<a$ の場合には $a-r$ が積分の開始点となり $E_r(r)=0\,[\mathrm{V\cdot m^{-1}}]$，$a<r$ の場合は $E_r(r)=\frac{\sigma a^2}{\varepsilon_0 r^2}\,[\mathrm{V\cdot m^{-1}}]$ となる．

■ **1.5** (1) $\boldsymbol{A}\cdot\boldsymbol{B}=(A_x\boldsymbol{a}_x+A_y\boldsymbol{a}_y+A_z\boldsymbol{a}_z)\cdot(B_x\boldsymbol{a}_x+B_y\boldsymbol{a}_y+B_z\boldsymbol{a}_z)$
$=A_xB_x+A_yB_y+A_zB_z$

(2) $\boldsymbol{A}\cdot\boldsymbol{B}=(4\boldsymbol{a}_x-2\boldsymbol{a}_y-\boldsymbol{a}_z)\cdot(\boldsymbol{a}_x+4\boldsymbol{a}_y-4\boldsymbol{a}_z)=4-8+4=0$

したがって $|\boldsymbol{A}||\boldsymbol{B}|\cos\theta=0$ であるから $\theta=\frac{\pi}{2}$ [rad]

■ **1.6** $W=-\int Q\boldsymbol{E}\cdot d\boldsymbol{l}$ であり，電界は一様な場であるから

$$W=QV=1\,[\mathrm{J}]$$

電子を移動させる場合には eV [J] となり，1 V の電位差により電子が得るエネルギーは 1.6×10^{-19} J になる．この値を 1 eV と表現し，電子の挙動を解析する場合に広く用いられるエネルギーの単位となる．

■ **1.7** 直角座標系の場合の線素ベクトルは $d\boldsymbol{l}=dx\boldsymbol{a}_x+dy\boldsymbol{a}_y+dz\boldsymbol{a}_z$ [m] であり $V_{\mathrm{AB}}=-\int_{\mathrm{B}}^{\mathrm{A}}\boldsymbol{E}\cdot d\boldsymbol{l}$ [V] である．原点と点 $(4,0,0)$ との移動経路は x 方向のみであり，$y=0$ だから

$$V=-\int_{\mathrm{B}}^{\mathrm{A}}\left\{\frac{E_x}{a}\left(\frac{x}{2}+2y\right)\boldsymbol{a}_x+\frac{E_y}{b}2x\boldsymbol{a}_y\right\}\cdot(dx\boldsymbol{a}_x+dy\boldsymbol{a}_y+dz\boldsymbol{a}_z)$$
$$=-\int_0^4\frac{E_x}{a}\left(\frac{x}{2}+2y\right)dx=-\frac{E_x}{a}\left[\frac{x^2}{4}+2yx\right]_0^4=-4\frac{E_x}{a}\,[\mathrm{V}]$$

■ **1.8** 電位は $V=\frac{1}{4\pi\varepsilon_0}\frac{Q}{r}$ [V] であるから，電位が 0 V になる点を P とし，AP 間の距離を x [m] とすれば

$$V=\frac{1}{4\pi\varepsilon_0}\frac{4Q}{x}+\frac{1}{4\pi\varepsilon_0}\frac{-Q}{l-x}=0$$

より $4(l-x)-x=0$ となる．したがって，$x=\frac{4}{5}l$

■ **1.9** 点対称形状の電荷分布だから球座標系を用いるとガウスの法則は

$$左辺=\int_S\boldsymbol{E}\cdot d\boldsymbol{S}=\iint E_r\boldsymbol{a}_r\cdot r^2\sin\theta\,d\theta d\varphi\boldsymbol{a}_r=E_r(r)4\pi r^2$$
$$右辺=\frac{Q}{\varepsilon_0}$$

したがって $E_r(r)=\frac{Q}{4\pi\varepsilon_0r^2}\,[\mathrm{V\cdot m^{-1}}]$

■ **1.10** 面対称の分布であり，電界は x 方向に直線的に変化するから，$x=0$ で $E_x=0\,[\mathrm{V{\cdot}m^{-1}}]$ になる．直角座標系を用いて分布した電荷を囲むように $x=0$ と $x(0<x<10)$ を通る直方体の閉曲面をとり，ガウスの法則を表現すれば

$$左辺=\int_S\boldsymbol{E}\cdot d\boldsymbol{S}=E_x(x)S$$
$$右辺=\frac{1}{\varepsilon_0}\int_v\rho dv=\frac{1}{\varepsilon_0}\rho xS$$

したがって $E_x(x)=\frac{\rho x}{\varepsilon_0}\,[\mathrm{V\cdot m^{-1}}]$ となる．ここで，$x=-10$ で $E_x(x)=-100$ より

$$\rho=10\varepsilon_0\simeq8.9\times10^{-12}\,[\mathrm{C\cdot m^{-3}}]$$

図 1 に電界分布を示す．

■ **1.11** 軸対称形状だからガウスの法則を用い，有限な高さ h とすると

$$左辺=\int_S\boldsymbol{E}\cdot d\boldsymbol{S}=\iint E_r\boldsymbol{a}_r\cdot rd\theta dz\boldsymbol{a}_r$$
$$=\iint_0^{2\pi}E_rrd\theta dz=\int_0^h2\pi rE_rdz=2\pi rhE_r(r)$$

右辺は電荷が面上に分布しているので $\frac{1}{\varepsilon_0}\int_S\sigma dS$ で表現すればよいので

$0<r<a$ 　右辺 $=0$

$a<r$ 　右辺 $=\frac{1}{\varepsilon_0}\int_S\sigma dS=\frac{1}{\varepsilon_0}\int_0^{2\pi}\sigma had\theta=\frac{1}{\varepsilon_0}\sigma2\pi ah$

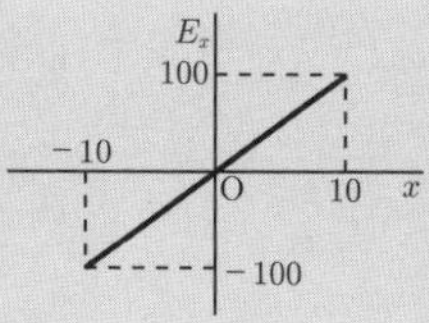

図1 電界分布

したがって

$$0 < r < a \quad E_r(r) = 0\,[\mathrm{V \cdot m^{-1}}]$$
$$a < r \quad E_r(r) = \frac{\sigma a}{\varepsilon_0 r}\,[\mathrm{V \cdot m^{-1}}]$$

電位分布は

$$0 < r < a \quad V(r) = -\left(\int_{a_0}^{a} \frac{\sigma a}{\varepsilon_0 r} dr + \int_a^r 0 dr\right) = \frac{\sigma a}{\varepsilon_0} \ln \frac{a_0}{a}\,[\mathrm{V}]$$
$$a < r \quad V(r) = -\int_{a_0}^{r} \frac{\sigma a}{\varepsilon_0 r} dr = \frac{\sigma a}{\varepsilon_0} \ln \frac{a_0}{r}\,[\mathrm{V}]$$

図2に電界分布と電位分布を示す.

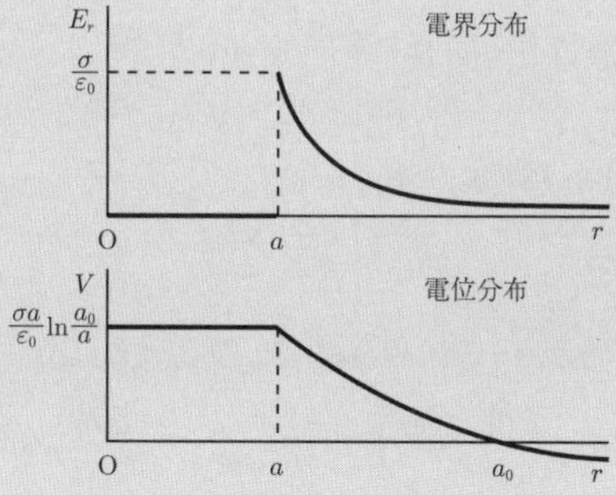

図2 電界分布と電位分布

1.12 点対称の形状であるから，ガウスの法則の左辺は

$$\text{左辺} = \int_S \boldsymbol{E} \cdot d\boldsymbol{S} = E_r(r) 4\pi r^2$$

右辺は

$$0 < r < a \quad \text{右辺} = \frac{1}{\varepsilon_0} \int_0^r \rho_0 \frac{r}{a} 4\pi r^2 dr = \frac{\rho_0}{a\varepsilon_0} \pi r^4$$
$$a < r \quad \text{右辺} = \frac{1}{\varepsilon_0} \int_0^a \rho_0 \frac{r}{a} 4\pi r^2 dr = \frac{\rho_0}{\varepsilon_0} \pi a^3$$

したがって

$$0 < r < a \quad E_r(r) = \frac{\rho_0}{4\varepsilon_0} \frac{r^2}{a}\,[\mathrm{V \cdot m^{-1}}]$$
$$a < r \quad E_r(r) = \frac{\rho_0}{4\varepsilon_0} \frac{a^3}{r^2}\,[\mathrm{V \cdot m^{-1}}]$$

電位分布は

$$0<r<a \quad V(r)=-\left(\int_a^r \frac{\rho_0}{4a\varepsilon_0}r^2dr + \int_\infty^a \frac{\rho_0 a^3}{4\varepsilon_0}\frac{1}{r^2}dr\right)$$

$$a<r \quad V(r)=-\int_\infty^r \frac{\rho_0 a^3}{4\varepsilon_0}\frac{1}{r^2}dr$$

を計算すれば

$$0<r<a \quad V(r)=\frac{\rho_0 a^2}{4\varepsilon_0}+\frac{\rho_0(a^3-r^3)}{12\varepsilon_0 a}\,[\mathrm{V}]$$

$$a<r \quad V(r)=\frac{\rho_0 a^3}{4\varepsilon_0 r}\,[\mathrm{V}]$$

発散は

$$0<r<a \quad \operatorname{div}\boldsymbol{E}=\frac{1}{r^2}\frac{\partial}{\partial r}\left(r^2E_r(r)\right)=\frac{\rho_0 r}{\varepsilon_0 a}=\frac{\rho(r)}{\varepsilon_0}$$

$$a<r \quad \operatorname{div}\boldsymbol{E}=0$$

図 3 に電界分布と電位分布を示す.

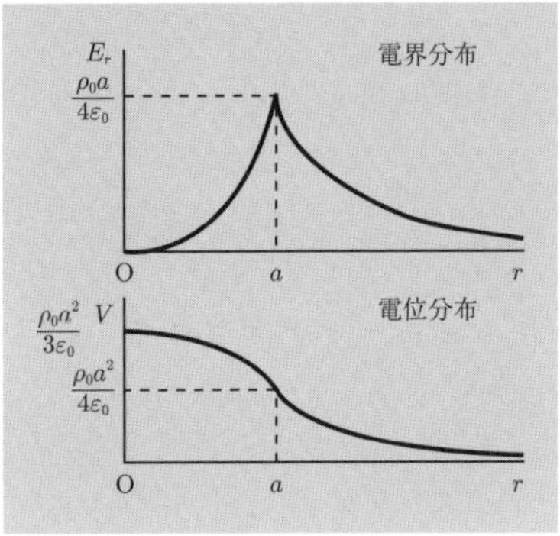

図 3 電界分布と電位分布

▶章末問題の解答

■ **1** $\boldsymbol{E}=\frac{Q}{4\pi\varepsilon_0 r^2}\boldsymbol{a}_r\,[\mathrm{V\cdot m^{-1}}]$

■ **2** $\boldsymbol{E}(0,y)=\frac{Q}{4\pi\varepsilon_0}\left\{\frac{a\boldsymbol{a}_x+y\boldsymbol{a}_y}{(a^2+y^2)^{3/2}}+\frac{-a\boldsymbol{a}_x+y\boldsymbol{a}_y}{(a^2+y^2)^{3/2}}+\frac{-\boldsymbol{a}_y}{(\sqrt{3}a-y)^2}\right\}$

$=\frac{Q}{4\pi\varepsilon_0}\left\{\frac{2y}{(a^2+y^2)^{3/2}}-\frac{1}{(\sqrt{3}a-y)^2}\right\}\boldsymbol{a}_y\,[\mathrm{V\cdot m^{-1}}]$

■ **3** $r<a \quad V(r)=\frac{\sigma a}{\varepsilon_0}\,[\mathrm{V}],\quad E_r(r)=0\,[\mathrm{V\cdot m^{-1}}]$

$a<r \quad V(r)=\frac{\sigma a^2}{\varepsilon_0 r}\,[\mathrm{V}],\quad E_r(r)=\frac{\sigma a^2}{\varepsilon_0 r^2}\,[\mathrm{V\cdot m^{-1}}]$

■ **4** $V=E_x(x_0-x_1)+E_y(y_0-y_1)\,[\mathrm{V}]$

■ **5** (1) $V=-\int_{r_1}^{r_2}\frac{\lambda}{2\pi\varepsilon_0 r}dr=\frac{\lambda}{2\pi\varepsilon_0}\ln\frac{r_1}{r_2}\,[\mathrm{V}]$

(2) $V=\frac{\lambda}{2\pi\varepsilon_0}\ln\frac{r_1}{r_3}\,[\mathrm{V}]$

■ **6** $V=V_++V_-=\frac{Q}{4\pi\varepsilon_0}\frac{1}{r}\left(1+\frac{a\cos\theta}{r}\right)-\frac{Q}{4\pi\varepsilon_0}\frac{1}{r}\left(1-\frac{a\cos\theta}{r}\right)=\frac{Q}{4\pi\varepsilon_0}\frac{2a\cos\theta}{r^2}\,[\mathrm{V}]$

$\boldsymbol{E}=-\operatorname{grad}V=\left(\frac{Q}{4\pi\varepsilon_0}\frac{4a\cos\theta}{r^3}\right)\boldsymbol{a}_r+\left(\frac{Q}{4\pi\varepsilon_0}\frac{2a\sin\theta}{r^3}\right)\boldsymbol{a}_\theta\,[\mathrm{V\cdot m^{-1}}]$

■ **7** $0<r<a \quad E_r(r)=0,\quad V(r)=\frac{\rho(b^2-a^2)}{6\varepsilon_0}-\frac{\rho a^3}{3\varepsilon_0}\left(\frac{1}{a}-\frac{1}{b}\right)+\frac{\rho(b^3-a^3)}{3\varepsilon_0 b}\,[\mathrm{V}]$

$a<r<b \quad E_r(r)=\frac{\rho(r^3-a^3)}{3\varepsilon_0 r^2},\quad V(r)=\frac{\rho(b^2-r^2)}{6\varepsilon_0}-\frac{\rho a^3}{3\varepsilon_0}\left(\frac{1}{r}-\frac{1}{b}\right)+\frac{\rho(b^3-a^3)}{3\varepsilon_0 b}\,[\mathrm{V}]$

$b<r \quad E_r(r)=\frac{\rho(b^3-a^3)}{3\varepsilon_0 r^2},\quad V(r)=-\int_\infty^r\frac{\rho(b^3-a^3)}{3\varepsilon_0 r^2}dr=\frac{\rho(b^3-a^3)}{3\varepsilon_0 r}\,[\mathrm{V}]$

■ **8** $0<r<a \quad E_r(r)=\frac{Q\left(1-\frac{r^3}{a^3}\right)}{4\pi\varepsilon_0 r^2}\,[\mathrm{V\cdot m^{-1}}],\quad V(r)=\frac{Q}{4\pi\varepsilon_0}\left\{\left(\frac{1}{r}-\frac{1}{a}\right)+\frac{a^2-r^2}{2a^3}\right\}\,[\mathrm{V}]$

$a<r \quad E_r(r)=0\,[\mathrm{V\cdot m^{-1}}],\quad V(r)=0\,[\mathrm{V}]$

■ **9** $r<a \quad \rho(r)=\rho_0\left(1-\frac{r}{a}\right)\,[\mathrm{C\cdot m^{-3}}]$

$a<r \quad \rho(r)=0\,[\mathrm{C\cdot m^{-3}}]$

$r<a \quad E_r=\frac{\rho_0}{\varepsilon_0}\left(\frac{r}{2}-\frac{r^2}{3a}\right)[\mathrm{V\cdot m^{-1}}],\quad V(r)=\frac{\rho_0}{\varepsilon_0}\left(\frac{5a^2}{36}-\frac{r^2}{4}+\frac{r^3}{9a}\right)+\frac{\rho_0 a^2}{6\varepsilon_0}\ln\frac{a_0}{a}\,[\mathrm{V}]$

$a<r \quad E_r=\frac{\rho_0 a^2}{6\varepsilon_0 r}\,[\mathrm{V\cdot m^{-1}}],\quad V(r)=\frac{\rho_0 a^2}{6\varepsilon_0}\ln\frac{a_0}{r}\,[\mathrm{V}]$

■ **10** $r < a \quad \rho = \varepsilon_0 \operatorname{div} \boldsymbol{E} = \varepsilon_0 \left\{ \frac{1}{r^2} \frac{\partial}{\partial r} \left(r^2 \frac{\rho_0 r}{\varepsilon_0} \right) \right\} = 3\rho_0 \, [\mathrm{C \cdot m^{-3}}]$

$r > a \quad \rho = \varepsilon_0 \operatorname{div} \boldsymbol{E} = \varepsilon_0 \left\{ \frac{1}{r^2} \frac{\partial}{\partial r} \left(r^2 \frac{\rho_0 a^3}{\varepsilon_0 r^2} \right) \right\} = 0 \, [\mathrm{C \cdot m^{-3}}]$

2章

▶関連問題の解答

■ **2.1** 無限に広い導体板であるので，電界は場所によらず一定であり

$$\sigma = \varepsilon_0 E = 8.85 \times 10^{-12} \times 6 \times 10^2 = 5.3 \times 10^{-9} \, [\mathrm{C \cdot m^{-2}}]$$

導体は接地されているので

$$V = -dE = -0.3 \times 6 \times 10^2 = -1.8 \times 10^2 \, [\mathrm{V}]$$

■ **2.2** (1) (i) $r < a$ 円柱導体内部の電界はゼロであるから $E_r = 0$．電圧 V_0 [V] が印加されているから

$$V(r) = V_0 \, [\mathrm{V}]$$

(ii) $a < r < b$ 半径 r，高さ h の円柱状の閉曲面を考えて，円柱導体に充電される電荷 λ を仮定してガウスの法則を用いる．

$$2\pi r h E_r(r) = \frac{\lambda h}{\varepsilon_0}$$

$$E_r(r) = \frac{\lambda}{2\pi\varepsilon_0 r} \, [\mathrm{V \cdot m^{-1}}]$$

円筒は接地されていることから，$V(b) = 0$，円柱には電圧 V_0 [V] が印加されていることを考慮して

$$V(a) = V_0 = -\int_b^a E_r dr = \frac{\lambda}{2\pi\varepsilon_0} \ln \frac{b}{a} \, [\mathrm{V}]$$

したがって $\lambda = \frac{2\pi\varepsilon_0 V_0}{\ln \frac{b}{a}} \, [\mathrm{C \cdot m^{-1}}]$ より

$$E_r(r) = \frac{V_0}{r \ln \frac{b}{a}} \, [\mathrm{V \cdot m^{-1}}], \quad V(r) = \frac{V_0}{\ln \frac{b}{a}} \ln \frac{b}{r} \, [\mathrm{V}]$$

(iii) $b < r$ 円筒導体は接地されており，円筒外部に電荷は存在しないので，円筒導体外部の電界はゼロ．円筒導体外部に閉曲面を作りガウスの法則を適用すれば，閉曲面内部の総電荷量はゼロである．いま，円柱の外側表面の電荷量と円筒内側表面の電荷量は打ち消しあってゼロとなっているので，円筒外側表面には電荷は存在しないことになる．

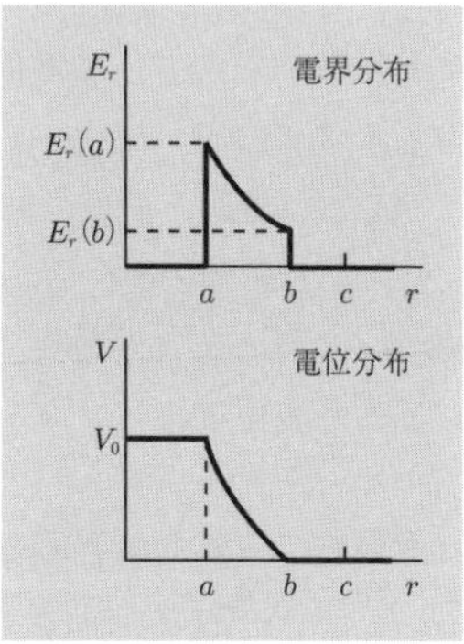

図 4

まとめると図 4 のグラフが描ける．

(2) 円柱導体の電荷は全て外側表面に分布する．高さ h の円柱における電荷量は λh [C] なので，面電荷密度は $\frac{\lambda h}{2\pi a h} = \frac{\varepsilon_0 V_0}{a \ln \frac{b}{a}} \, [\mathrm{C \cdot m^{-2}}]$ となる．

また，円筒導体内部の電界はゼロであることから，円筒導体内部に閉曲面を作りガウスの法則を適用すれば，閉曲面内部の総電荷量はゼロとなる．よって円筒導体内側表面の電荷量は $-\lambda h$ [C] である．すなわち，面電荷密度は

$$\frac{-\lambda h}{2\pi b h} = -\frac{\varepsilon_0 V_0}{b \ln \frac{b}{a}} \, [\mathrm{C \cdot m^{-2}}]$$

■ **2.3** 軸対称の形状であるから円柱座標系を用いてガウスの法則を用いると

左辺 $= \int \boldsymbol{E} \cdot d\boldsymbol{S} = \iint E_r r d\theta dz = E_r 2\pi r h$

右辺 $= \frac{1}{\varepsilon_0} \int \rho dv \frac{1}{\varepsilon_0} \int_0^r \rho 2\pi r h dr = \frac{\rho}{\varepsilon_0} \pi r^2 h$

これを領域ごとに計算すると

$0 < r < a$　$E_r(r) = \frac{\rho}{2\varepsilon_0} r\,[\mathrm{V \cdot m^{-1}}]$

$a < r$　接地されているから閉曲面内の電荷はゼロ

電位分布は

$0 < r < a$　$V(r) = -\int_a^r \frac{\rho}{2\varepsilon_0} r dr$

$= -\frac{\rho}{2\varepsilon_0} \left[\frac{r^2}{2}\right]_a^r$

$= \frac{\rho}{4\varepsilon_0}(a^2 - r^2)\,[\mathrm{V}]$

$a < r$　$V(r) = 0\,[\mathrm{V}]$

図 5 に電界分布と電位分布を示す.

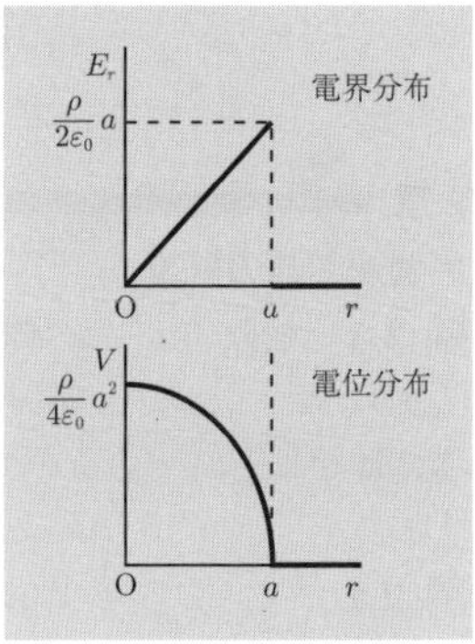

図 5　電界分布と電位分布

■ **2.4** (1)〔電界分布〕$r < c$ は導体内および導体で囲まれた内部の空間の電界はゼロ. $c < r$ は球殻導体に $Q_0\,[\mathrm{C}]$ の電荷が充電されているので $E_r(r) = \frac{1}{4\pi\varepsilon_0}\frac{Q_0}{r^2}\,[\mathrm{V \cdot m^{-1}}]$

〔電位分布〕 $c < r$　$V(r) = -\int_\infty^r \frac{Q_0}{4\pi\varepsilon_0 r^2} dr = \frac{Q_0}{4\pi\varepsilon_0 r}\,[\mathrm{V}]$

$r < c$　$V(r) = -\left(\int_\infty^c \frac{Q_0}{4\pi\varepsilon_0 r^2} dr + \int_c^r 0 dr\right) = \frac{Q_0}{4\pi\varepsilon_0 c}\,[\mathrm{V}]$

(2) 球電極が接地されているのだから, 電位はゼロとなり, 球殻電極との間に電位差が生じる. そこで, 球電極に $q\,[\mathrm{C}]$ の電荷が充電されているものと仮定すると $a < r < b$ の電界は $E_r(r) = \frac{1}{4\pi\varepsilon_0}\frac{q}{r^2}\,[\mathrm{V \cdot m^{-1}}]$ となる. 球殻導体の電位は

$$V_b = -\int_{V=0\text{ の場所}}^b \boldsymbol{E} \cdot d\boldsymbol{l} = -\int_a^b \frac{1}{4\pi\varepsilon_0}\frac{q}{r^2} dr = \frac{q}{4\pi\varepsilon_0}\left(\frac{1}{b} - \frac{1}{a}\right) = \frac{q}{4\pi\varepsilon_0}\frac{-(b-a)}{ab}\,[\mathrm{V}]$$

$c < r$ は球殻導体に $Q_0\,[\mathrm{C}]$ の電荷が充電されているが, 球電極に $q\,[\mathrm{C}]$ の電荷が充電されているものとしたので, 球殻電極の内側表面には $-q\,[\mathrm{C}]$ の電荷が誘導する. したがって, 外側表面には $Q_0 + q\,[\mathrm{C}]$ が分布することになるので, 外側の電界は

$$E_r(r) = \frac{1}{4\pi\varepsilon_0}\frac{Q_0+q}{r^2}\,[\mathrm{V \cdot m^{-1}}]$$

したがって, 外側の電界を用いて球殻電極の電位は

$$V_c = -\int_{V=0\text{ の場所}}^c \boldsymbol{E} \cdot d\boldsymbol{l} = -\int_\infty^c \frac{1}{4\pi\varepsilon_0}\frac{Q_0+q}{r^2} dr = \frac{Q_0+q}{4\pi\varepsilon_0 c}\,[\mathrm{V}]$$

外側の電界を用いて算出した電位と内側の電界を用いて算出した電位は等しくなければならないので

$$\frac{Q_0+q}{4\pi\varepsilon_0 c} = \frac{q}{4\pi\varepsilon_0}\frac{-(b-a)}{ab}$$

したがって $\frac{Q_0}{c} = \left(\frac{a-b}{ab} - \frac{1}{c}\right)q$, 整理すると $q = \frac{-ab}{ab+bc-ca}Q_0\,[\mathrm{C}]$ となる.

以上の結果を利用して電界分布をまとめると

$0 < r < a$　$E_r(r) = 0\,[\mathrm{V \cdot m^{-1}}]$

$a < r < b$　$E_r(r) = \frac{1}{4\pi\varepsilon_0}\frac{-ab}{ab+bc-ca}\frac{Q_0}{r^2}\,[\mathrm{V \cdot m^{-1}}]$

$b < r < c$　$E_r(r) = 0\,[\mathrm{V \cdot m^{-1}}]$

$c < r$　$E_r(r) = \frac{1}{4\pi\varepsilon_0}\frac{bc-ca}{ab+bc-ca}\frac{Q_0}{r^2}\,[\mathrm{V \cdot m^{-1}}]$

電位分布は

$$
\begin{aligned}
&0<r<a \quad V(r)=0\,[\mathrm{V}]\\
&a<r<b \quad V(r)=-\int_{V=0\text{ の場所}}^{r}\boldsymbol{E}\cdot d\boldsymbol{l}\\
&\qquad\qquad\quad =-\frac{1}{4\pi\varepsilon_0}\int_a^r\frac{-ab}{ab+bc-ca}\frac{Q_0}{r^2}dr=\frac{1}{4\pi\varepsilon_0}\frac{r-a}{ab+bc-ca}\frac{b}{r}Q_0\,[\mathrm{V}]\\
&b<r<c \quad V(r)=\frac{Q_0}{4\pi\varepsilon_0}\frac{b-a}{ab+bc-ca}\,[\mathrm{V}]\\
&c<r \qquad\ \ V(r)=\frac{1}{4\pi\varepsilon_0}\frac{bc-ca}{ab+bc-ca}\frac{Q_0}{r}\,[\mathrm{V}]
\end{aligned}
$$

■ **2.5**　半径 r，高さ h の円柱状の閉曲面を考えてガウスの法則を用いる．

$$
2\pi rhE_r(r)=\frac{\lambda h}{\varepsilon_0}
$$

$$
E_r(r)=\frac{\lambda}{2\pi\varepsilon_0 r}\,[\mathrm{V\cdot m^{-1}}]
$$

円筒は接地されていることから $V(b)=0$ であることを考慮して，導体間の電位差 V_{ab} は

$$
V_{ab}=V(a)=-\int_b^a E_r dr=-\int_b^a\frac{\lambda}{2\pi\varepsilon_0 r}dr=-\frac{\lambda}{2\pi\varepsilon_0}\ln\frac{a}{b}=\frac{\lambda}{2\pi\varepsilon_0}\ln\frac{b}{a}\,[\mathrm{V}]
$$

単位長さあたりの静電容量を C' とすると，長さ h の部分の静電容量は hC'，電荷量は λh なので $C=\frac{Q}{V}$ の関係式に当てはめて

$$
hC'=\frac{\lambda h}{V(a)}
$$

$$
C'=\frac{\lambda}{V(a)}=\frac{\lambda}{\frac{\lambda}{2\pi\varepsilon_0}\ln\frac{b}{a}}=\frac{2\pi\varepsilon_0}{\ln\frac{b}{a}}\,[\mathrm{F\cdot m^{-1}}]
$$

■ **2.6**　それぞれに単位長さあたり $+\lambda$, $-\lambda\,[\mathrm{C\cdot m^{-1}}]$ の電荷が充電されているとする．このとき，導線間に x 座標をとり，左の導線を基準とすれば，導線間の電界は円柱の周りの電界が $E_r=\frac{\lambda}{2\pi\varepsilon_0 r}\,[\mathrm{V\cdot m^{-1}}]$ で与えられるので両導体が作る電場の和を考えて，$E=\frac{\lambda}{2\pi\varepsilon_0}\left(\frac{1}{x}+\frac{1}{d-x}\right)[\mathrm{V\cdot m^{-1}}]$ となる．これより両導体間の電位差は

$$
V=-\int_{d-a}^{a}Edx=-\int_{d-a}^{a}\frac{\lambda}{2\pi\varepsilon_0}\left(\frac{1}{x}+\frac{1}{d-x}\right)dx=\frac{\lambda}{\pi\varepsilon_0}\ln\frac{d-a}{a}\,[\mathrm{V}]
$$

よって単位長さあたりの静電容量は

$$
C=\frac{\lambda}{V}=\frac{\pi\varepsilon_0}{\ln\frac{d-a}{a}}\,[\mathrm{F\cdot m^{-1}}]
$$

■ **2.7**　キャパシタ $C\,[\mathrm{F}]$ に $V\,[\mathrm{V}]$ の電圧が印加されている場合に蓄えられるエネルギーは $W=\frac{CV^2}{2}\,[\mathrm{J}]$ である．したがって，それぞれの回路においてキャパシタの合成容量と印加される電圧を求めると

(1)　C [F], V [V]　　(2)　$\frac{C}{2}\,[\mathrm{F}]$, $2V\,[\mathrm{V}]$　　(3)　$2C\,[\mathrm{F}]$, $2V\,[\mathrm{V}]$

(4)　$\frac{C}{2}\,[\mathrm{F}]$, V [V]　　(5)　$2C\,[\mathrm{F}]$, $V\,[\mathrm{V}]$

になるから，エネルギーは

(1)　$W=\frac{CV^2}{2}\,[\mathrm{J}]$　　(2)　$W=CV^2\,[\mathrm{J}]$　　(3)　$W=4CV^2\,[\mathrm{J}]$

(4)　$W=\frac{CV^2}{4}\,[\mathrm{J}]$　　(5)　$W=CV^2\,[\mathrm{J}]$

となり，(4) が一番小さい．

■ **2.8**　(1), (2)　平行平板電極間の静電容量は，電極間が空間の場合には $C=\frac{\varepsilon_0 S}{d}\,[\mathrm{F}]$ である．したがって

$$
C_{13}=\frac{\varepsilon_0 S}{x}\,[\mathrm{F}],\quad C_{23}=\frac{\varepsilon_0 S}{d-x}\,[\mathrm{F}]
$$

(3)　A_3 の電位は A_1 から測っても A_2 から測っても等しく，その値を $V\,[\mathrm{V}]$ とすれば

$Q = C_{13}V + C_{23}V$ [C] であるから

$$V = \frac{Q}{C_{13}+C_{23}} \text{ [V]}$$

$W = \frac{CV^2}{2}$ [J] であるから

$$W = \frac{C_{13}V^2}{2} + \frac{C_{23}V^2}{2} = \frac{Q^2}{2(C_{13}+C_{23})} = \frac{Q^2x(d-x)}{2\varepsilon_0 Sd} \text{ [J]}$$

(4) 電極に働く力は仮想変位法を用いれば，電荷が充電されている状態であるから

$$F = -\frac{\partial W}{\partial x} = \frac{-Q^2}{2\varepsilon_0 Sd}\{(d-x)-x\} = \frac{-Q^2}{2\varepsilon_0 Sd}(d-2x) \text{ [N]}$$

$0 < x < \frac{d}{2}$ のときに F は負，つまり x が小さくなる方向（A_1 電極の方向）の力になる．

▶章末問題の解答

1 〔電界分布〕 $0 < r < a,\ b < r < c \quad E_r(r) = 0\ [\mathrm{V\cdot m^{-1}}]$

$a < r < b,\ c < r \quad E_r(r) = \frac{V_0}{r^2}\frac{abc}{ab+bc-ca}\ [\mathrm{V\cdot m^{-1}}]$

〔電位分布〕 $c < r \quad V(r) = \frac{V_0}{r}\frac{abc}{ab+bc-ca}$ [V]

$b < r < c \quad V(r) = \frac{V_0}{c}\frac{abc}{ab+bc-ca}$ [V]

$a < r < b \quad V(r) = V_0\left(\frac{1}{c}+\frac{1}{r}-\frac{1}{b}\right)\frac{abc}{ab+bc-ca}$ [V]

$0 < r < a \quad V(r) = V_0$ [V]

2 (1) 〔電界分布〕 $r < c \quad E_r(r) = 0\ [\mathrm{V\cdot m^{-1}}]$

$c < r \quad E_r(r) = \frac{1}{4\pi\varepsilon_0}\frac{Q}{r^2} = \frac{cV_0}{r^2}\ [\mathrm{V\cdot m^{-1}}]$

〔電位分布〕 $c < r \quad V(r) = -\int_\infty^r \frac{cV_0}{r^2}dr = \frac{cV_0}{r}$ [V]

$r < c \quad V(r) = -\left(\int_\infty^c \frac{cV_0}{r^2}dr + \int_c^r 0dr\right) = V_0$ [V]

(2) 〔電界分布〕 $0 < r < a \quad E_r(r) = 0\ [\mathrm{V\cdot m^{-1}}]$

$a < r < b \quad E_r(r) = \frac{-ab}{b-a}\frac{V_0}{r^2}\ [\mathrm{V\cdot m^{-1}}]$

$b < r < c \quad E_r(r) = 0\ [\mathrm{V\cdot m^{-1}}]$

$c < r \quad E_r(r) = \frac{cV_0}{r^2}\ [\mathrm{V\cdot m^{-1}}]$

〔電位分布〕 $0 < r < a \quad V(r) = 0$ [V]

$a < r < b \quad V(r) = \frac{r-a}{b-a}\frac{b}{r}V_0$ [V]

$b < r < c \quad V(r) = V_0$ [V]

$c < r \quad V(r) = \frac{cV_0}{r}$ [V]

3 (1) $C = \frac{Q}{V} = 4\pi\varepsilon_0\frac{abc}{bc-ca+ab}$ [F]

(2) $C = \frac{Q}{V} = 4\pi\varepsilon_0 c$ [F]

(3) $C = \frac{Q}{V} = \frac{4\pi\varepsilon_0 ab}{b-a} + 4\pi\varepsilon_0 c$ [F]

4 $C = \frac{Q}{V} = 2\pi\varepsilon_0\frac{a(d-a)}{d-2a}$ [F]

5 (1) $W = \frac{C_1{V_1}^2}{2} + \frac{C_2{V_2}^2}{2}$ [J]

(2) $V_0 = \frac{C_1V_1+C_2V_2}{C_1+C_2}$ [V]

(3) $\Delta W = W - W' = \frac{1}{2}\frac{C_1C_2(V_1-V_2)^2}{C_1+C_2}$ [J]

(4) 抵抗でジュール熱として消費する．

■ **6** (1) 〔電界分布〕 $0 < r < a \quad E_r(r) = \frac{\frac{4\pi r^3}{3}\rho}{4\pi\varepsilon_0 r^2} = \frac{\rho r}{3\varepsilon_0}$ [V · m^{-1}]

$a < r < b \quad E_r(r) = \frac{\frac{4\pi a^3}{3}\rho}{4\pi\varepsilon_0 r^2} = \frac{\rho a^3}{3\varepsilon_0 r^2}$ [V · m^{-1}]

〔電位分布〕 $0 < r < a \quad V(r) = \frac{\rho}{6\varepsilon_0}(a^2 - r^2) + \frac{\rho a^2}{3\varepsilon_0}$ [V]

$a < r < b \quad V(r) = \frac{\rho a^3}{3\varepsilon_0 r}$ [V]

(2) $0 < r < a \quad w(r) = \frac{(\rho r)^2}{18\varepsilon_0}$ [J · m^{-3}]

$a < r < b \quad w(r) = \frac{(\rho a^3)^2}{18\varepsilon_0 r^4}$ [J · m^{-3}]

(3) $W = \frac{2\pi\rho^2 a^5}{45\varepsilon_0} + \frac{2\pi\rho^2 a^6}{9\varepsilon_0}\left(\frac{1}{a} - \frac{1}{b}\right)$ [J]

(4) ① $F = -\frac{2\pi\rho^2 a^6}{9\varepsilon_0 b^2}$ [N]，b が縮む方向．単位面積あたりの力の大きさは

$$f = \frac{F}{4\pi b^2} = \frac{\rho^2 a^6}{18\varepsilon_0 b^4} \text{ [N · m}^{-2}\text{]}$$

② $f(b) = \frac{\rho^2 a^6}{18\varepsilon_0 b^4}$ [N · m^{-2}]，$4\pi b^2$ を掛ければ上式と同一になる．電気力線方向には空間が縮む方向の力になる．

■ **7** (1) $E_r(r) = \frac{V_0}{\ln\frac{b}{a} r}$ [V · m^{-1}]

(2) $C = \frac{\lambda}{V} = \frac{2\pi\varepsilon_0}{\ln\frac{b}{a}}$ [F · m^{-1}]

(3) $W = \frac{C}{2}{V_0}^2 = \frac{\pi\varepsilon_0 {V_0}^2}{\ln\frac{b}{a}}$ [J · m^{-1}]

(4) $F_a = \frac{\partial W}{\partial a} = \frac{\pi\varepsilon_0 {V_0}^2}{\left(\ln\frac{b}{a}\right)^2 a}$ [N · m^{-1}]，a が大きくなる方向．

$F_b = \frac{\partial W}{\partial b} = -\frac{\pi\varepsilon_0 {V_0}^2}{\left(\ln\frac{b}{a}\right)^2 b}$ [N · m^{-1}]，b が小さくなる方向．

(5) $w = \frac{\varepsilon_0}{2}E_r(r)^2 = \frac{\varepsilon_0 {V_0}^2}{2\left(r\ln\frac{b}{a}\right)^2}$ [J · m^{-3}]

$f_a = \frac{\varepsilon_0}{2}E(a)^2 = \frac{\varepsilon_0 {V_0}^2}{2\left(a\ln\frac{b}{a}\right)^2}$ [N · m^{-2}]，$f_b = \frac{\varepsilon_0}{2}E(b)^2 = \frac{\varepsilon_0 {V_0}^2}{2\left(b\ln\frac{b}{a}\right)^2}$ [N · m^{-2}]

電気力線方向には空間が縮む方向の力が働くから a は大きく，b は小さくなる方向．

■ **8** (1) $E_1 d_1 = E_2 d_2$

(2) $E_1 = \frac{d_2}{d_1+d_2}\frac{Q}{\varepsilon_0 S}$ [V · m^{-1}]，$E_2 = \frac{d_1}{d_1+d_2}\frac{Q}{\varepsilon_0 S}$ [V · m^{-1}]

(3) 問図から $d_1 < d_2$ とすれば

$$F = (f_1 - f_2)S = \frac{Q^2}{2\varepsilon_0 S}\frac{{d_2}^2 - {d_1}^2}{(d_1+d_2)^2} = \frac{Q^2}{2\varepsilon_0 S}\frac{d_2 - d_1}{(d_1+d_2)} \text{ [N]，上方}$$

(4) $C = \frac{Q}{V} = \frac{\varepsilon_0 S}{d_1} + \frac{\varepsilon_0 S}{d_2}$ [F]

3章

▶関連問題の解答

■ **3.1** (1) 平行平板電極に電圧が印加されているので

$$E = \frac{V}{d} = \frac{5}{5\times10^{-3}} = 1.0\times10^3 \text{ [V · m}^{-1}\text{]}$$

(2) $D = \varepsilon_0 E = 8.85\times10^{-12}\times10^3 = 8.9\times10^{-9}$ [C · m^{-2}]

(3) 静電容量は電位差と電荷量との比であるから

$$C = \frac{Q}{V} = \frac{DS}{V} = \frac{8.9\times10^{-9}\cdot5\times10^{-3}}{5} = 8.9\times10^{-12}\,[\mathrm{F}]$$

(4) 誘電体が挿入されても，電極間の電位差は同一だから

$$E = 1.0\times10^{3}\,[\mathrm{V\cdot m^{-1}}]$$

(5) $D = \varepsilon_0\varepsilon_\mathrm{r}E = 8.85\times10^{-12}\cdot5\cdot1\times10^{3} = 4.4\times10^{-8}\,[\mathrm{C\cdot m^{-2}}]$

(6) $C = 4.4\times10^{-11}\,[\mathrm{F}]$

■ **3.2** (1) 電束密度は $D = \sigma = \frac{Q}{S} = \frac{5\times10^{-9}}{5\times10^{-3}} = 1.0\times10^{-6}\,[\mathrm{C\cdot m^{-2}}]$

(2) $E = \frac{D}{\varepsilon_0} = \frac{1\times10^{-6}}{8.85\times10^{-12}} = 1.1\times10^{5}\,[\mathrm{V\cdot m^{-1}}]$

(3) $C = \frac{Q}{V} = \frac{Q}{Ed} = \frac{5\times10^{-9}}{1.1\times10^{5}\cdot5\times10^{-3}} = 8.9\times10^{-12}\,[\mathrm{F}]$

(4) 充電された電荷量は誘電体が挿入されても変化はしないので

$$D = \frac{Q}{S} = 1.0\times10^{-6}\,[\mathrm{C\cdot m^{-2}}]$$

(5) $E = \frac{D}{\varepsilon_0\varepsilon_\mathrm{r}} = \frac{1\times10^{-6}}{5\cdot8.85\times10^{-12}} = 2.3\times10^{4}\,[\mathrm{V\cdot m^{-1}}]$

(6) $C = 4.4\times10^{-11}\,[\mathrm{F}]$

■ **3.3** 2つの並列のキャパシタの静電容量の合成値は6 μF になり，3 μF のキャパシタとは 1 : 2 に分圧される．したがって，3 μF のキャパシタに 20 V，2 μF と 4 μF のキャパシタには 10 V になる．電極間隔はいずれも等しいから，電界は 3 μF のキャパシタに対して半分になる．それぞれのキャパシタに蓄えられる電荷量は

3 μF のキャパシタ　$Q = 3\times10^{-6}\times20 = 6\times10^{-5}\,[\mathrm{C}]$

2 μF のキャパシタ　$Q = 2\times10^{-6}\times10 = 2\times10^{-5}\,[\mathrm{C}]$

4 μF のキャパシタ　$Q = 4\times10^{-6}\times10 = 4\times10^{-5}\,[\mathrm{C}]$

電極間隔はいずれも等しいから，電束密度は電荷量の比率と等しくなり 2 μF のキャパシタは3分の1，4 μF のキャパシタは3分の2になる．

■ **3.4** 導体の軸方向単位長さあたり $\lambda\,[\mathrm{C\cdot m^{-1}}]$ の電荷が充電されているものとして電束密度に関するガウスの法則を用いれば $D_r(r) = \frac{\lambda}{2\pi r}\,[\mathrm{C\cdot m^{-2}}]$ であり，電界は

$$E_r(r) = \frac{D_r(r)}{\varepsilon} = \frac{\lambda}{\varepsilon 2\pi r}\,[\mathrm{V\cdot m^{-1}}]$$

となる．仮定した λ の値を決定するために電位差を計算すると次式になる．

$$V_0 = -\int_b^a E_r(r)dr = -\int_b^a \frac{\lambda}{2\pi\varepsilon}\frac{dr}{r} = \frac{\lambda}{2\pi\varepsilon}\ln\frac{b}{a}\,[\mathrm{V}]$$

したがって，$\lambda = \frac{2\pi\varepsilon}{\ln\frac{b}{a}}V_0\,[\mathrm{C\cdot m^{-1}}]$ となり

$$E_r(r) = \frac{V_0}{r\ln\frac{b}{a}}\,[\mathrm{V\cdot m^{-1}}]$$

内導体表面の電界が一番高く $E_r(a) = \frac{V_0}{a\ln\frac{b}{a}}$ である．この値を最小にするためには，分母の値 $f(a) = a\ln\frac{b}{a} = a\ln b - a\ln a$ を最大にするための a の条件を決定すればよい．したがって

$$f'(a) = \ln b - \ln a - 1 = \ln\frac{b}{a} - 1 = 0$$

つまりネイピア数 e を用いて $a = \frac{b}{e}$ となる．そのときの電界の値は

$$E_r(a) = \frac{V_0}{\frac{b}{e}} = e\frac{V_0}{b} = 2.7\frac{V_0}{b}\,[\mathrm{V\cdot m^{-1}}]$$

■ **3.5** 平行平板電極と誘電体の配置から電界が連続し，また電圧が印加された状態なので，$E_z = \frac{V_0}{d}$ [$\mathrm{V \cdot m^{-1}}$] である．電界の存在する場所には，必ずマクスウェルのひずみ力が発生するので

$$\text{空間が広がろうとする力は} \quad f_{\mathrm{a}} = \frac{\varepsilon_0}{2}\left(\frac{V_0}{d}\right)^2 \ [\mathrm{N \cdot m^{-2}}]$$
$$\text{誘電体が広がろうとする力は} \quad f_{\mathrm{d}} = \frac{\varepsilon}{2}\left(\frac{V_0}{d}\right)^2 \ [\mathrm{N \cdot m^{-2}}]$$

であるから，電極に働く力は

$$F = f_{\mathrm{d}} ax + f_{\mathrm{a}} a(a-x) = \frac{ax\varepsilon + a(a-x)\varepsilon_0}{2}\left(\frac{V_0}{d}\right)^2 \ [\mathrm{N}]$$

電気力線方向には縮む力になるから，電極間は引き合う力になる．誘電体表面に働く力は

$$F = (f_{\mathrm{d}} - f_{\mathrm{a}})da = \frac{ad(\varepsilon - \varepsilon_0)}{2}\left(\frac{V_0}{d}\right)^2 \ [\mathrm{N}]$$

となる．誘電体の比誘電率は 1 以上であるから $F > 0$ であり誘電体には x を大きくする力が働く．したがって，誘電体は右方向，つまり電極内部に引き込まれる方向の力になる．

■ **3.6** ［例題 3.14］と同様な条件であるから $f = \frac{\varepsilon}{2}E^2$ より円柱電極表面に働く単位面積あたりの力は

$$f_a = \frac{\varepsilon_0\varepsilon_{\mathrm{r}}}{2}E_r(a)^2 = \frac{\varepsilon_0\varepsilon_{\mathrm{r}}}{2}\left(\frac{V_0}{a\ln\frac{b}{a}}\right)^2 \ [\mathrm{N \cdot m^{-2}}]$$

円筒電極表面に働く単位面積あたりの力は

$$f_b = \frac{\varepsilon_0\varepsilon_{\mathrm{r}}}{2}E_r(b)^2 = \frac{\varepsilon_0\varepsilon_{\mathrm{r}}}{2}\left(\frac{V_0}{b\ln\frac{b}{a}}\right)^2 \ [\mathrm{N \cdot m^{-2}}]$$

となる．導体内部の電界はゼロであるから，電極表面に働く力は誘電体が電気力線方向に縮む力として働く．したがって，f_a は a が大きくなる方向，f_b は b が小さくなる方向である．

■ **3.7** (1) 円柱座標系でガウスの法則を用いれば

$$\text{左辺} = \int \boldsymbol{D} \cdot d\boldsymbol{S} = \iint D_r r d\theta dz = D_r(r) 2\pi r h$$
$$\text{右辺} = \int \lambda dz = \lambda h$$

であり，電束密度は $D_r(r) = \frac{\lambda}{2\pi r}$ [$\mathrm{C \cdot m^{-2}}$] となる．導体間に蓄えられるエネルギー密度は

$$w = \frac{{D_r}^2}{2\varepsilon} = \frac{1}{2\varepsilon}\left(\frac{\lambda}{2\pi r}\right)^2 \ [\mathrm{J \cdot m^{-3}}]$$

長さ h [m] の部分に蓄えられるエネルギーは

$$W_h = \int w dv = \int_a^b w 2\pi r h dr = \int_a^b \frac{1}{2\varepsilon}\left(\frac{\lambda}{2\pi r}\right)^2 2\pi r h dr$$
$$= \frac{\lambda^2 h}{4\pi\varepsilon}\ln\frac{b}{a} \ [\mathrm{J}]$$

単位長さあたりであれば $W = \frac{W_h}{h} = \frac{\lambda^2}{4\pi\varepsilon}\ln\frac{b}{a}$ [$\mathrm{J \cdot m^{-1}}$] となる．

(2) 仮想変位の考え方を利用すれば電荷が一定であるから

$$F_a = -\frac{\partial W}{\partial a} = \frac{\lambda^2}{4\pi\varepsilon a} \ [\mathrm{N \cdot m^{-1}}]$$

正になるから a が大きくなる方向になる．

(3) マクスウェルのひずみ力を考えれば

$$f_b = \frac{{D_r}^2}{2\varepsilon} = \frac{1}{2\varepsilon}\left(\frac{\lambda}{2\pi b}\right)^2 \ [\mathrm{N \cdot m^{-2}}]$$

電気力線の方向には誘電体は縮む力になるから，b が小さくなる方向である．

■ **3.8** (1) 電気力線と誘電体の配置から電束密度が連続するから

$$D = \sigma = \frac{Q_0}{a^2} \ [\mathrm{C \cdot m^{-2}}]$$

(2) エネルギー密度は

$$\text{真空の部分は}\quad w_{\mathrm{a}} = \frac{D^2}{2\varepsilon_0} = \frac{1}{2\varepsilon_0}\left(\frac{Q_0}{a^2}\right)^2\ [\mathrm{J\cdot m^{-3}}]$$

$$\text{誘電体内部は}\quad w_{\mathrm{d}} = \frac{D^2}{2\varepsilon_0\varepsilon_{\mathrm{r}}} = \frac{1}{2\varepsilon_0\varepsilon_{\mathrm{r}}}\left(\frac{Q_0}{a^2}\right)^2\ [\mathrm{J\cdot m^{-3}}]$$

したがって，電極間に蓄えられる電界のエネルギーは

$$W = \int w dv = \frac{1}{2\varepsilon_0\varepsilon_{\mathrm{r}}}\left(\frac{Q_0}{a^2}\right)^2 (ta^2) + \frac{1}{2\varepsilon_0}\left(\frac{Q_0}{a^2}\right)^2 (d-t)a^2\ [\mathrm{J}]$$

(3) 誘電体に働く力は仮想変位法を用いれば Q が一定なので

$$F = -\frac{\partial W}{\partial t} = \frac{{Q_0}^2}{2\varepsilon_0 a^2}\left(1 - \frac{1}{\varepsilon_{\mathrm{r}}}\right)\ [\mathrm{N}]$$

$\varepsilon_{\mathrm{r}} > 1$ であるから，$F > 0$ で t が大きくなる，つまり誘電体が膨らむ力になる．

マクスウエルのひずみ力で考えれば，空間も誘電体も電気力線方向に縮む力が働くから，界面にはその差の力が働く．$\varepsilon_{\mathrm{r}} > 1$ であるから，誘電体が膨らむ力になる．

$$f = \frac{1}{2\varepsilon_0\varepsilon_{\mathrm{r}}}\left(\frac{Q_0}{a^2}\right)^2 - \frac{1}{2\varepsilon_0}\left(\frac{Q_0}{a^2}\right)^2\ [\mathrm{N\cdot m^{-2}}]$$

■ **3.9** 球座標系におけるラプラスの方程式は

$$\frac{1}{r^2}\frac{\partial}{\partial r}\left(r^2\frac{\partial V}{\partial r}\right) = 0$$

この微分方程式を解くためには，両辺に r^2 を掛けて不定積分すると

$$r^2\frac{\partial V}{\partial r} = C$$

さらに両辺を r^2 で割って不定積分すると

$$V = -\frac{C}{r} + D$$

となり，境界条件は $r = a$ で $V = V_0$，無限遠点では $V = 0$ であるから

$$D = 0, \quad C = -V_0 a$$

したがって

$$V(r) = \frac{a}{r}V_0\ [\mathrm{V}], \quad \boldsymbol{E}(r) = -\nabla V = -\left(\frac{\partial V}{\partial r}\boldsymbol{a}_r\right) = \left(\frac{aV_0}{r^2}\right)\boldsymbol{a}_r\ [\mathrm{V\cdot m^{-1}}]$$

電極表面に誘導される電荷密度は

$$\sigma_a = \boldsymbol{D}(a)\cdot\boldsymbol{n} = \varepsilon_0\frac{V_0}{a}\ [\mathrm{C\cdot m^{-2}}], \quad Q = \sigma_a 4\pi a^2 = 4\pi\varepsilon_0 a V_0\ [\mathrm{C}]$$

■ **3.10** 点 $(a, -b)$ と点 $(-a, b)$ に $-Q\,[\mathrm{C}]$，点 $(-a, -b)$ に $Q\,[\mathrm{C}]$ を置けばよい．各電荷が作る電界をクーロンの法則に従って表現し，ベクトルの総和をとればよい．

$$\boldsymbol{E}(x,y) = \frac{Q}{4\pi\varepsilon_0}\left[\frac{(x-a)\boldsymbol{a}_x + (y-b)\boldsymbol{a}_y}{\{(x-a)^2+(y-b)^2\}^{3/2}} - \frac{(x+a)\boldsymbol{a}_x + (y-b)\boldsymbol{a}_y}{\{(x+a)^2+(y-b)^2\}^{3/2}}\right.$$
$$\left. - \frac{(x-a)\boldsymbol{a}_x + (y+b)\boldsymbol{a}_y}{\{(x-a)^2+(y+b)^2\}^{3/2}} + \frac{(x+a)\boldsymbol{a}_x + (y+b)\boldsymbol{a}_y}{\{(x+a)^2+(y+b)^2\}^{3/2}}\right]\ [\mathrm{V\cdot m^{-1}}]$$

■ **3.11** 影像電荷を球の中心から電荷のある方向に $\frac{a^2}{h}$ の位置に $-\frac{a}{h}Q$ を置き，球の中心に $\frac{a}{h}Q$ を置けばよいから

$$V = \frac{Q}{4\pi\varepsilon_0 h}\ [\mathrm{V}], \quad V(t) = \frac{Q}{4\pi\varepsilon_0(h-vt)}\ [\mathrm{V}]$$

▶章末問題の解答

■ **1** (1) $D_z = \sigma = \frac{Q}{S}\ [\mathrm{C\cdot m^{-2}}]$，$E_z = \frac{D_z}{\varepsilon} = \frac{Q}{\varepsilon S}\ [\mathrm{V\cdot m^{-1}}]$，$P_z = \frac{Q}{S}\left(1 - \frac{\varepsilon_0}{\varepsilon}\right)\ [\mathrm{C\cdot m^{-2}}]$

(2) 上部表面 $\sigma_{\mathrm{P}} = -\frac{Q}{S}\left(1 - \frac{\varepsilon_0}{\varepsilon}\right)\ [\mathrm{C\cdot m^{-2}}]$，下部表面 $\sigma_{\mathrm{P}} = \frac{Q}{S}\left(1 - \frac{\varepsilon_0}{\varepsilon}\right)\ [\mathrm{C\cdot m^{-2}}]$

■ **2** $D_r(r) = \frac{V_0}{r^2}\frac{\varepsilon ab}{b-a}\ [\mathrm{C\cdot m^{-2}}]$，$E_r(r) = \frac{V_0}{r^2}\frac{ab}{b-a}\ [\mathrm{V\cdot m^{-1}}]$，

$P_r(r) = D_r(r) - \varepsilon_0 E_r(r) = \frac{\varepsilon_0 V_0}{r^2} \frac{ab}{b-a} (\varepsilon - \varepsilon_0)$ [C · m^{-2}]

$\sigma_P(a) = -\boldsymbol{P} \cdot \boldsymbol{n} = -\frac{\varepsilon_0 V_0}{a^2} \frac{ab}{b-a} (\varepsilon - \varepsilon_0)$ [C · m^{-2}]

■ **3** $D_r(r) = \frac{V_0}{r^2} \frac{1}{\left\{\frac{1}{\varepsilon_2}\left(\frac{1}{b}-\frac{1}{c}\right)+\frac{1}{\varepsilon_1}\left(\frac{1}{a}-\frac{1}{b}\right)\right\}}$ [C · m^{-2}]

$a < r < b$ $E_r(r) = \frac{D_r(r)}{\varepsilon_1} = \frac{V_0}{\varepsilon_1 r^2} \frac{1}{\left\{\frac{1}{\varepsilon_2}\left(\frac{1}{b}-\frac{1}{c}\right)+\frac{1}{\varepsilon_1}\left(\frac{1}{a}-\frac{1}{b}\right)\right\}}$ [V · m^{-1}]

$b < r < c$ $E_r(r) = \frac{V_0}{\varepsilon_2 r^2} \frac{1}{\left\{\frac{1}{\varepsilon_2}\left(\frac{1}{b}-\frac{1}{c}\right)+\frac{1}{\varepsilon_1}\left(\frac{1}{a}-\frac{1}{b}\right)\right\}}$ [V · m^{-1}]

■ **4** $E_r(a) = \frac{Vb}{(b-a)a}$ [V · m^{-1}]　この式で分母が最大になるには $a = \frac{b}{2}$

■ **5** (1) $W = \frac{Q^2}{8\pi\varepsilon_0 a}$ [J]

(2) $F = \frac{Q^2}{8\pi\varepsilon_0 a^2}$ [N]，a が大きくなる方向に力は働く．

(3) $W = \frac{Q^2}{8\pi\varepsilon_0}\left\{\frac{1}{\varepsilon_0 a_1} + \frac{1}{\varepsilon}\left(\frac{1}{a} - \frac{1}{a_1}\right)\right\}$ [J]

(4) $F_a = -\frac{\partial W}{\partial a} = \frac{Q^2}{8\pi\varepsilon a^2}$ [N]，a が大きくなる方向に力は働く．

(5) $F = -\frac{\partial W}{\partial a_1} \frac{Q^2}{8\pi {a_1}^2}\left(\frac{1}{\varepsilon} - \frac{1}{\varepsilon_0}\right)$ [N]

$\varepsilon > \varepsilon_0$ であるから全体として a_1 が小さくなる方向に力は働く．

■ **6** $D_r(r) = \frac{1}{\frac{1}{\varepsilon_1}\ln\frac{b}{a} + \frac{1}{\varepsilon_2}\ln\frac{c}{b}} \frac{V_0}{r}$ [C · m^{-2}]

$E_{r1}(r) = \frac{D_r}{\varepsilon_1} = \frac{1}{\frac{1}{\varepsilon_1}\ln\frac{b}{a} + \frac{1}{\varepsilon_2}\ln\frac{c}{b}} \frac{V_0}{\varepsilon_1 r}$ [V · m^{-1}]，$E_{r2}(r) = \frac{1}{\frac{1}{\varepsilon_1}\ln\frac{b}{a} + \frac{1}{\varepsilon_2}\ln\frac{c}{b}} \frac{V_0}{\varepsilon_2 r}$ [V · m^{-1}]

(1) $\varepsilon_1 a = \varepsilon_2 b$

(2) $C = \frac{\lambda}{V_0} = \frac{2\pi}{\frac{1}{\varepsilon_1}\ln\frac{b}{a} + \frac{1}{\varepsilon_2}\ln\frac{c}{b}}$ [F · m^{-1}]

(3) $W = \int w dv = \int_a^b w_1 2\pi r dr + \int_b^c w_2 2\pi r dr = \frac{2\pi {V_0}^2}{\frac{1}{\varepsilon_1}\ln\frac{b}{a} + \frac{1}{\varepsilon_2}\ln\frac{c}{b}}$ [J · m^{-1}]

(4) マクスウェルのひずみ力を考えれば

$$f_1 = \frac{{D_r}^2(a)}{2\varepsilon_1} = \frac{1}{2\varepsilon_1}\left(\frac{1}{\frac{1}{\varepsilon_1}\ln\frac{b}{a} + \frac{1}{\varepsilon_2}\ln\frac{c}{b}} \frac{V_0}{a}\right)^2 \text{ [N} \cdot \text{m}^{-2}\text{]}$$

の力になる．誘電体は電気力線方向に縮む力になるから，a は大きくなる方向の力．

仮想変位法によれば

$$F_a = \frac{\partial W}{\partial a} \text{ [N]}$$

(5) マクスウェルのひずみ力を考えれば

$$f = f_1 - f_2 = \frac{{D_r}^2(b)}{2\varepsilon_1} - \frac{{D_r}^2(b)}{2\varepsilon_2} = \left(\frac{1}{\frac{1}{\varepsilon_1}\ln\frac{b}{a} + \frac{1}{\varepsilon_2}\ln\frac{c}{b}} \frac{V_0}{b}\right)^2 \left(\frac{1}{2\varepsilon_1} - \frac{1}{2\varepsilon_2}\right) \text{ [N} \cdot \text{m}^{-2}\text{]}$$

となり，誘電率の大きい誘電体が小さい誘電体側に引き付ける力の向きになる．

■ **7** (1) $\boldsymbol{E}(x) = -\nabla V(x) - \frac{4}{3}\frac{V_0}{d}\left(\frac{x}{d}\right)^{1/3} \boldsymbol{a}_x$ [V · m^{-1}]

(2) $\rho(x) = \varepsilon_0 \nabla \cdot \boldsymbol{E}(x) = -\frac{4}{9}\varepsilon_0 \frac{V_0}{d^2}\left(\frac{x}{d}\right)^{-2/3}$ [C · m^{-3}]

■ **8** $V(\theta) = \frac{V_0}{\alpha}\theta$ [V]，$E_\theta(\theta) = -\frac{\partial V(\theta)}{r\partial\theta} = -\frac{V_0}{\alpha r}$ [V · m^{-1}]

■ **9** (1) $V(x) = -\frac{\rho_0}{2\varepsilon_0}x^2 + \frac{V_0 + \frac{\rho_0}{2\varepsilon_0}d^2}{d}x$ [V]，$E_x(x) = -\frac{\partial V}{\partial x} = \frac{\rho_0}{\varepsilon_0}x - \frac{V_0 + \frac{\rho_0}{2\varepsilon_0}d^2}{d}$ [V · m^{-1}]

(2) $W = \frac{S}{24}\frac{{\rho_0}^2}{\varepsilon_0}d^3 + \frac{\varepsilon_0 {V_0}^2}{2d}S$ [J]

4章

▶関連問題の解答

4.1 抵抗は電流の電圧に対する変化率であるが，特性は直線であるから，その傾きから

$$R = \frac{\Delta V}{\Delta I} = \frac{2}{10} = 2 \times 10^{-1}\,[\Omega]$$

4.2 (1) 導線内を電流は一様に流れるから $I = \int \boldsymbol{J} \cdot d\boldsymbol{S}\,[\mathrm{A}]$ より

$$J = \frac{I}{S} = \frac{3}{5 \times 10^{-6}} = 6.0 \times 10^{5}\,[\mathrm{A \cdot m^{-2}}]$$

(2) $\boldsymbol{J} = qn\boldsymbol{v}\,[\mathrm{A \cdot m^{-2}}]$ より

$$v = \frac{J}{qn} = \frac{6 \times 10^{5}}{(1.6 \times 10^{-19})(8.5 \times 10^{28})} = 4.4 \times 10^{-5}\,[\mathrm{m \cdot s^{-1}}]$$

4.3 一様な材質でできた抵抗は $R = \rho \frac{l}{S}\,[\Omega]$ であるから

$$R = \rho \frac{l}{S} = 1.7 \times 10^{-8} \frac{1}{5 \times 10^{-6}} = 3.4 \times 10^{-3}\,[\Omega]$$

4.4 電力量は $W = \int P dt$ であり，1 時間は 3600 s であるから

$$100\,[\mathrm{kW \cdot hr}] = 10^{5} \times 3600 = 3.6 \times 10^{8}\,[\mathrm{J}]$$

4.5 電流は電極から大地内を放射状に流出入する．そこで，電流の流れる方向と垂直の断面で考えれば，電流密度はそれぞれの電極からの電流のベクトル和になる．したがって，半径 $a\,[\mathrm{m}]$ の導体から半径 $b\,[\mathrm{m}]$ の導体に流れる電流を考え，半径 $a\,[\mathrm{m}]$ の導体から $r\,[\mathrm{m}]$ の位置で考えれば

$$\boldsymbol{J} = \boldsymbol{J}_a + \boldsymbol{J}_b = \frac{I}{2\pi r^2}\boldsymbol{a}_r + \frac{I}{2\pi (D-r)^2}\boldsymbol{a}_r\,[\mathrm{A \cdot m^{-2}}]$$

導体間の電位差を $V\,[\mathrm{V}]$ とすれば

$$V = -\int_{D-b}^{a} \boldsymbol{E} \cdot d\boldsymbol{r} = -\int_{D-b}^{a} \rho \boldsymbol{J} \cdot d\boldsymbol{r} = \frac{\rho I}{2\pi}\left[\frac{1}{r} - \frac{1}{D-r}\right]_{D-b}^{a}$$

$$= \frac{\rho I}{2\pi}\left\{\frac{1}{a} + \frac{1}{b} - \left(\frac{1}{D-a} + \frac{1}{D-b}\right)\right\}\,[\mathrm{V}]$$

$D \gg a,\, D \gg b$ であれば $V \simeq \frac{\rho I}{2\pi}\left(\frac{1}{a} + \frac{1}{b}\right)\,[\mathrm{V}]$ であるから

$$R = \frac{V}{I} \simeq \frac{\rho}{2\pi}\left(\frac{1}{a} + \frac{1}{b}\right)\,[\Omega]$$

数値を代入すれば $R = 743\,[\Omega]$

4.6 電流は地中に一様に広がって流れ込むから $J_r = \frac{I}{2\pi r^2}\,[\mathrm{A \cdot m^{-2}}]$ であり

$$E_r = \rho J_r = \frac{\rho I}{2\pi r^2}\,[\mathrm{V \cdot m^{-1}}]$$

になる．したがって，電位差は

$$V = -\int_{a+l}^{a} \frac{\rho I}{2\pi r^2} dr = \frac{\rho I}{2\pi}\left(\frac{1}{a} - \frac{1}{a+l}\right)\,[\mathrm{V}]$$

4.7 (1) ［例題 4.5］で求めたように $R = \frac{\rho}{2\pi} \ln \frac{b}{a}\,[\Omega \cdot \mathrm{m}]$ であった．したがって

$$I = \frac{2\pi V_0}{\rho \ln \frac{b}{a}}\,[\mathrm{A \cdot m^{-1}}]$$

(2) 電流は連続するから，電流の値はどの点においても同一である．

(3) $J = \frac{I}{2\pi r \cdot 1} = \frac{V_0}{r\rho \ln \frac{b}{a}}\,[\mathrm{A \cdot m^{-2}}]$

(4) ジュール熱は $p = \rho J^2 = \frac{{V_0}^2}{r^2 \rho (\ln \frac{b}{a})^2}\,[\mathrm{W \cdot m^{-3}}]$

(5) 物質が消費する電力は体積積分すれば求まり

$$P = \int p dv = \int_a^b p 2\pi r dr = \frac{2\pi {V_0}^2}{\rho \ln \frac{b}{a}}\,[\mathrm{W \cdot m^{-1}}]$$

■ **4.8** (1) 円柱座標系においてガウスの法則より

$$D_r = \frac{\lambda_0}{2\pi r}\,[\mathrm{C\cdot m^{-2}}]$$

したがって $E_r = \frac{\lambda_0}{\varepsilon 2\pi r}\,[\mathrm{V\cdot m^{-1}}]$ であり，電位差は

$$V = -\int_b^a \frac{\lambda_0}{\varepsilon 2\pi r}dr = \frac{\lambda_0}{\varepsilon 2\pi}\ln\frac{b}{a}\,[\mathrm{V}]$$

(2) 導体間の抵抗は前問にもあるように $CR = \varepsilon\rho$ を用いれば $R = \frac{\rho}{2\pi}\ln\frac{b}{a}\,[\Omega\cdot\mathrm{m}]$ であり

$$I = \frac{V}{R} = \frac{\lambda_0}{\varepsilon\rho}\,[\mathrm{A\cdot m^{-1}}]$$

(3) 抵抗での電圧降下とキャパシタの端子電圧とは等しいから $\frac{\lambda}{C} = IR = -\frac{\partial\lambda}{\partial t}R$ となる．したがって $\frac{\partial\lambda}{\partial t} = -\frac{\lambda}{CR}$ の微分方程式を解くには，不定積分することにより

$$\ln\lambda = -\frac{t}{CR} + A \quad (\text{ここで } A \text{ は積分定数})$$

$$\lambda = A'\exp\left(-\frac{t}{CR}\right)$$

と表現し直すことができる．初期条件を用いると $t=0$ で λ_0 より $A' = \lambda_0$ となり

$$\lambda(t) = \lambda_0\exp\left(-\frac{t}{CR}\right) = \lambda_0\exp\left(-\frac{t}{\varepsilon\rho}\right)\,[\mathrm{C\cdot m^{-1}}]$$

$$I(t) = -\frac{\partial\lambda}{\partial t} = \frac{\lambda_0}{\varepsilon\rho}\exp\left(-\frac{t}{\varepsilon\rho}\right)\,[\mathrm{A\cdot m^{-1}}]$$

(4) 抵抗で消費する電力は

$$P = RI^2 = \frac{1}{2\pi\rho}\ln\frac{b}{a}\left(\frac{\lambda_0}{\varepsilon}\right)^2\exp\left(-\frac{2t}{\varepsilon\rho}\right)\,[\mathrm{W\cdot m^{-1}}]$$

消費するエネルギーは

$$W = \int_0^\infty \frac{1}{2\pi\rho}\ln\frac{b}{a}\left(\frac{\lambda_0}{\varepsilon}\right)^2\exp\left(-\frac{2t}{\varepsilon\rho}\right)dt$$

$$= \frac{1}{2\pi\rho}\ln\frac{b}{a}\left(\frac{\lambda_0}{\varepsilon}\right)^2\frac{\varepsilon\rho}{2} = \frac{{\lambda_0}^2}{2}\frac{\ln\frac{b}{a}}{2\pi\varepsilon}\,[\mathrm{J\cdot m^{-1}}]\ \left(= \frac{{\lambda_0}^2}{2C}\right)$$

▶章末問題の解答

■ **1** $I_4 = 467\,[\mathrm{mA}]$

■ **2** $R = 4\,[\Omega]$, $r = 8\,[\Omega]$

■ **3** $R = 20\,[\Omega]$

■ **4** $W = 10^4 \times 3600 = 3.6\times 10^7\,[\mathrm{J}]$

■ **5** 直径 34 mm の電線が必要．電線での電力損失は 5 kW となる．

6,600 V で直径 0.56 mm の電線が必要．

■ **6** $\rho \simeq 1.7\times 10^{-8}\{1 + 4.4\times 10^{-3}(80-20)\} = 2.1\times 10^{-8}\,[\Omega\cdot\mathrm{m}]$

■ **7** (1) $R = \frac{\varepsilon_0\rho}{C} = \frac{\varepsilon_0\rho}{4\pi\varepsilon_0}\left(\frac{1}{a}-\frac{1}{b}\right) = \frac{\rho}{4\pi}\left(\frac{1}{a}-\frac{1}{b}\right)[\Omega]$

(2) $J_a = \frac{I}{4\pi a^2} = \frac{V}{a^2\rho\left(\frac{1}{a}-\frac{1}{b}\right)}\,[\mathrm{A\cdot m^{-2}}]$, $J_b = \frac{I}{4\pi b^2} = \frac{V}{b^2\rho\left(\frac{1}{a}-\frac{1}{b}\right)}\,[\mathrm{A\cdot m^{-2}}]$

■ **8** $R = \int_0^d \frac{\rho(x)}{S}dx = \int_0^d 2\rho_0\left(1-\frac{x}{2d}\right)\frac{1}{S}dx$

$$= \frac{2\rho_0}{S}\left[x - \frac{x^2}{4d}\right]_0^d = \frac{2\rho_0}{S}\left(d - \frac{d^2}{4d}\right) = \frac{3\rho_0 d}{2S}\,[\Omega]$$

$I = \frac{V}{R} = \frac{2SV}{3\rho_0 d}\,[\mathrm{A}]$, $E = J\rho(x) = \frac{2V}{3\rho_0 d}2\rho_0\left(1-\frac{x}{2d}\right) = \frac{4V}{3d}\left(1-\frac{x}{2d}\right)\,[\mathrm{V\cdot m^{-1}}]$

■ **9** $S(x) = \pi\left(\frac{b-a}{d}x + a\right)^2\,[\mathrm{m^2}]$ より $R = \int_0^d \frac{\rho}{S(x)}dx = \frac{\rho}{\pi}\frac{d}{ab}\,[\Omega]$, $I = \frac{V}{R} = \frac{\pi abV}{\rho d}\,[\mathrm{A}]$

■ **10** $R = \frac{\varepsilon\rho}{C} = \frac{\rho}{2\pi}\frac{D-a-b}{a(D-b)}\,[\Omega]$

■ **11** (1) $E = \frac{Q_0}{\varepsilon A}$ [V $\cdot$ m^{-1}], $V = Ed = \frac{Q_0 d}{\varepsilon A}$ [V]

(2) $R = \frac{\varepsilon\rho}{C} = \rho\frac{d}{A}$ [Ω], $I = \frac{V}{R} = \frac{Q_0}{\varepsilon\rho}$ [A]

(3) $RI(t) = \frac{Q_0}{C}$, したがって $\frac{dQ(t)}{dt} = -\frac{Q(t)}{CR}$

(4) $I(t) = -\frac{dQ}{dt} = \frac{Q_0}{CR}\exp\left(-\frac{t}{CR}\right)$ [A]

(5) $\tau = CR$ [s]

(6) $P = RI^2 = \frac{\rho d}{A}\left(\frac{Q}{CR}\right)^2\exp\left(-\frac{2t}{CR}\right)$ [W], $W = \frac{{Q_0}^2}{2C}$ [J]

5章

▶関連問題の解答

■ **5.1** 直線電流が作る磁束密度は $\boldsymbol{B} = \frac{\mu_0 I}{2\pi r}\boldsymbol{a}_\theta$ [T] であり，磁界の中に流れる電流に働く力は $\boldsymbol{F} = Id\boldsymbol{s} \times \boldsymbol{B}$ [N] であるから，力は導体が互いに反発する方向になり力の大きさは

$$F = 1 \times \frac{4\pi\times10^{-7}}{2\pi} = 2\times10^{-7}\ [\mathrm{N\cdot m^{-1}}]$$

■ **5.2** $\boldsymbol{F} = Id\boldsymbol{s} \times \boldsymbol{B}$ [N] であるから，力は磁束密度の方向と導体に対して，それぞれ垂直方向に働き，力の大きさは

$$F = 5\cdot1\times10^{-3}\sin 30^\circ = 2.5\times10^{-3}\ [\mathrm{N\cdot m^{-1}}]$$

■ **5.3** (1) 電極間では電荷は電界によって力を受け，加速度運動をする．その加速度は

$$F = q\frac{V}{d} = ma \quad より \quad a = \frac{qV}{md}\ [\mathrm{m\cdot s^{-2}}]$$

また，電極間を移動する時間は $t = \frac{l}{v_0}$ [s] であるから電極と平行な方向には v_0 [m $\cdot$ s^{-1}] の速度を保ち電極方向へは $v = at = \frac{qV}{md}\frac{l}{v_0}$ [m $\cdot$ s^{-1}] となる．

(2) ローレンツ磁気力と電界による力とが釣り合えば直進運動をするので

$$qv_0B = q\frac{V}{d} \quad したがって \quad B = \frac{V}{dv_0}\ [\mathrm{T}]$$

を紙面に垂直で表から裏向きに加える．

■ **5.4** (1) 磁界によってローレンツ磁気力を受け $r = \frac{mv_0}{eB}$ [m] の回転半径で円運動をする．したがって，問の図 2 のように $r^2 = l^2 + (r-\delta)^2$ になるから $\delta \ll r$ とすれば

$$\delta \simeq \frac{l^2}{2r} = \frac{eBl^2}{2mv_0}\ [\mathrm{m}]$$

(2) 問の図 2 より $\tan\theta = \frac{l}{r-\delta} \simeq \frac{l}{r} = \frac{eBl}{mv_0}$ になるから

$$d = \delta + L\tan\theta \simeq \frac{eBl}{mv_0}\left(L + \frac{l}{2}\right)\ [\mathrm{m}]$$

■ **5.5** ビオ-サバールの法則を用いると，直線部分は距離ベクトルと電流の経路とが同一方向なので外積がゼロになり，円周部分を計算すれば

$$\boldsymbol{B} = \frac{\mu_0}{4\pi}\int_\theta^{2\pi-\theta}\frac{Iad\theta\boldsymbol{a}_\theta\times\boldsymbol{a}_r}{a^3} = \frac{\mu_0 I}{2\pi a}(\pi-\theta)\boldsymbol{a}_z\ [\mathrm{T}]$$

■ **5.6** ビオ-サバールの法則を用い，リング電流がその軸上に作る磁束密度を加算すれば

$$B_x(x) = \frac{\mu_0 Ia^2}{2\{a^2+(x-\frac{a}{2})^2\}^{3/2}} + \frac{\mu_0 Ia^2}{2\{a^2+(x+\frac{a}{2})^2\}^{3/2}}\ [\mathrm{T}]$$

■ **5.7** (1) P 点を原点とし，紙面に垂直方向で裏から表を z 軸の正とした円柱座標系をとる．この場合，$d\boldsymbol{s} = -dr\boldsymbol{a}_r$ [m], $\boldsymbol{r} = -r\boldsymbol{a}_r$ [m] であるから，$d\boldsymbol{s}\times\boldsymbol{r} = 0$ になる．したがって

$$\boldsymbol{B} = \int \frac{\mu_0 I d\boldsymbol{s}}{4\pi r^2} \times \frac{\boldsymbol{r}}{r} = 0\,[\mathrm{T}]$$

【参考】「点Pを原点として，A方向をx軸とした直角座標系を用いた場合$d\boldsymbol{s} = -dx\boldsymbol{a}_x$ [m]，$\boldsymbol{r} = -x\boldsymbol{a}_r$ [m]であるから，$d\boldsymbol{s} \times \boldsymbol{r} = 0$」でもok.

(2)　(1)と同様に座標系をとる．半径a [m]の円周部分の微小区間$d\boldsymbol{s} = ad\theta\boldsymbol{a}_\theta$ [m]で，$\boldsymbol{r} = -a\boldsymbol{a}_r$ [m]である．したがって

$$d\boldsymbol{s} \times \boldsymbol{r} = (ad\theta\boldsymbol{a}_\theta) \times (-a\boldsymbol{a}_r) = -a^2 d\theta(\boldsymbol{a}_\theta \times \boldsymbol{a}_r) = a^2 d\theta\boldsymbol{a}_z$$

になる．円弧の長さは角度θで$0°$から$270°$ $\left(\frac{3\pi}{2}\,\mathrm{rad}\right)$であるので

$$\boldsymbol{B} = \int \frac{\mu_0 I d\boldsymbol{s}}{4\pi r^2} \times \frac{\boldsymbol{r}}{r} = \int_0^{(3/2)\pi} \frac{\mu_0 I}{4\pi a^2}\frac{a^2 d\theta\boldsymbol{a}_z}{a} = \frac{\mu_0 I}{4\pi a}[\theta]_0^{(3/2)\pi}\boldsymbol{a}_z = \frac{3\mu_0 I}{8a}\boldsymbol{a}_z\,[\mathrm{T}]$$

（裏から表の方向）（参考：$\boldsymbol{a}_\theta \times \boldsymbol{a}_r = -\boldsymbol{a}_z$）

(3)　C点を原点とし，CD方向にz軸（C→Dの向きが正）とした円柱座標系をとる．この場合$d\boldsymbol{s} = dz\boldsymbol{a}_z$ [m], $\boldsymbol{r} = a\boldsymbol{a}_r - z\boldsymbol{a}_z$ [m]であるから

$$d\boldsymbol{s} \times \boldsymbol{r} = (dz\boldsymbol{a}_z) \times (a\boldsymbol{a}_r - z\boldsymbol{a}_z) = adz(\boldsymbol{a}_z \times \boldsymbol{a}_r) + zdz(\boldsymbol{a}_z \times \boldsymbol{a}_z) = adz\boldsymbol{a}_\theta$$

になるので

$$\boldsymbol{B} = \int_0^\infty \frac{\mu_0 I d\boldsymbol{s}}{4\pi r^2} \times \frac{\boldsymbol{r}}{r}$$
$$= \int_0^\infty \frac{\mu_0 I}{4\pi(\sqrt{a^2+z^2})^3} adz\boldsymbol{a}_\theta = \frac{\mu_0 I}{4\pi a}\boldsymbol{a}_\theta\,[\mathrm{T}]$$ （裏から表の方向）

積分は$z = a\tan\alpha$と変数変換すればよい．

(4)　(1)から(3)までの答を向きを考えて足し合わせればよい．(3)の答を(1)の座標系（P点を原点とし，紙面に垂直方向（裏から表が正の方向）をz軸とした円柱座標系をとる）で表わすと

$$\boldsymbol{B} = \frac{\mu_0 I}{4\pi a}\boldsymbol{a}_z$$

向きを考慮して足し合わせると

$$\boldsymbol{B} = \frac{3\mu_0 I}{8a}\boldsymbol{a}_z + \frac{\mu_0 I}{4\pi a}\boldsymbol{a}_z = \frac{\mu_0 I}{4a}\left(\frac{3}{2} + \frac{1}{\pi}\right)\boldsymbol{a}_z\,[\mathrm{T}]$$

■ **5.8**　アンペールの法則を用いる．その際，右辺を計算する上で電流は分布して流れているが電流密度は定義できる状態ではない．したがって，鎖交の考えを用いる．

$r < a$では積分経路内に電流は流れていないから$B_\theta(r) = 0$ [T]

$a < r < b$では積分経路で囲まれた断面内の電流はI [A]であり$B_\theta(r) = \frac{\mu_0}{2\pi r}I$ [T]

$b < r$では積分経路で囲まれた断面内の電流は$I - I = 0$ [A]であり$B_\theta(r) = 0$ [T]

磁束密度分布を図6に示す

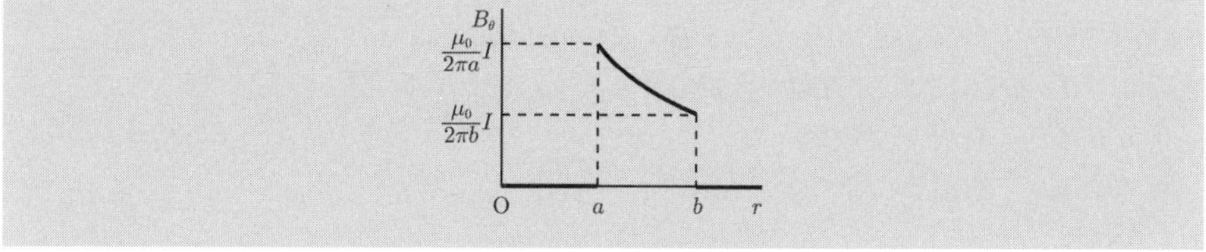

図6　円筒導体の磁束密度分布

■ **5.9** アンペールの法則を用いれば，左辺 $= \oint \boldsymbol{B} \cdot d\boldsymbol{l} = B_\theta(r) 2\pi r$
右辺を領域に分けて計算すると

$0 < r < a$

$$右辺 = \mu_0 \int_0^r kr 2\pi r dr = \frac{2\pi\mu_0}{3} kr^3, \quad B_\theta(r) = \frac{\mu_0 k}{3} r^2$$

$a < r$

$$右辺 = \mu_0 \int_0^a kr 2\pi r dr = \frac{2\pi\mu_0}{3} ka^3, \quad B_\theta(r) = \frac{\mu_0 k a^3}{3r}\,[\mathrm{T}]$$

磁束密度分布を図 7 に示す．

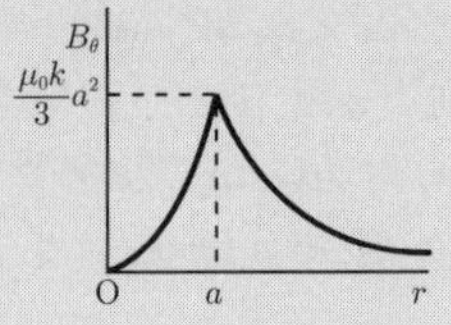

図 7　電流が分布して流れる円柱導体内外の磁束密度分布

■ **5.10** (1)　問の図 6 中の (1) の周回積分路に沿って演算する．コイルの外側の磁場はゼロと考えることができ，軸に垂直方向は内積がゼロである．積分経路内を貫く電流は Ln_1I_1 と Ln_2I_2 である．積分方向と電流方向に注意して

$$LB = \mu_0(-Ln_1I_1 + Ln_2I_2) \quad したがって \quad B = \mu_0(-n_1I_1 + n_2I_2)\,[\mathrm{T}]$$

(2)　問の図 6 中の (2) の周回積分路に沿って演算する．コイルの外側は磁場をゼロと考えることができる．積分経路内を貫く電流は Ln_2I_2 である．方向に注意して

$$LB = \mu_0 Ln_2I_2 \quad したがって \quad B = \mu_0 n_2 I_2\,[\mathrm{T}]$$

$I_2 > 0$ なので，$B > 0$ だから，磁場の向きは上向き．

(3)　ゼロとなる条件は

$$B = \mu_0(-n_1I_1 + n_2I_2) = 0 \quad したがって \quad I_2 = \frac{n_1}{n_2} I_1\,[\mathrm{A}]$$

(4)　上向きとなる条件は

$$B = \mu_0(-n_1I_1 + n_2I_2) > 0 \quad したがって \quad n_1I_1 < n_2I_2$$

■ **5.11** 問の図 7 中の破線に沿った積分経路を考えるとアンペールの法則の左辺は x 方向の経路では磁束密度との内積がゼロであるから y 軸方向の積分経路の長さを $2y$ とすれば

$$\oint \boldsymbol{B} \cdot d\boldsymbol{l} = B_y 4y$$

右辺は $\oint \boldsymbol{J} \cdot d\boldsymbol{S}$ であり x 方向の経路の長さを $2x$ とすれば

$0 < x < w$　右辺 $= J2x2y$

$w < x$　　右辺 $= J2w2y$

したがって

$0 < x < w$　$B_y(x) = \mu_0 Jx\,[\mathrm{T}]$

$w < x$　　$B_y(x) = \mu_0 Jw\,[\mathrm{T}]$

▶章末問題の解答

1 (1) $\boldsymbol{F}_{\mathrm{RS}} = a\boldsymbol{I}_{\mathrm{RS}} \times \boldsymbol{B} = aIB\,\boldsymbol{a}_y$ [N]

(2) $\boldsymbol{F}_{\mathrm{SP}} = a\boldsymbol{I}_{\mathrm{SP}} \times \boldsymbol{B} = -aIB\cos\theta\,\boldsymbol{a}_x$ [N]

(3) $\boldsymbol{I}_{\mathrm{QR}} = I\cos\theta\boldsymbol{a}_y - I\sin\theta\,\boldsymbol{a}_z$ [A],　$\boldsymbol{F}_{\mathrm{QR}} = a\boldsymbol{I}_{\mathrm{QR}} \times \boldsymbol{B} = aIB\cos\theta\,\boldsymbol{a}_x$ [N]

全体として，θ を小さくする方向に回転させる力が生じる．

2 (1) $\boldsymbol{F} = q(\boldsymbol{v} \times \boldsymbol{B}) = q(v\boldsymbol{a}_y \times B\boldsymbol{a}_z) = qvB\boldsymbol{a}_x$ [N]

(2) $I = Wtv\,[\mathrm{m}^3 \cdot \mathrm{s}^{-1}] \times p\,[\mathrm{m}^{-3}] \times q\,[\mathrm{C}] = qpvWt\,[\mathrm{C} \cdot \mathrm{s}^{-1} = \mathrm{A}]$

(3) $\boldsymbol{E} = -vB\boldsymbol{a}_x\,[\mathrm{V} \cdot \mathrm{m}^{-1}]$

(4) $V = -\int_{\mathrm{B}}^{\mathrm{A}} E dx = -\int_{\mathrm{B}}^{\mathrm{A}}(-vB)dx = vBW$ [V]

(5) $p = \frac{IB}{qVt} = \frac{0.01\times10^{-3}\times0.4}{1.6\times10^{-19}\times5\times10^{-3}\times100\times10^{-9}} = 5 \times 10^{22}\,[\mathrm{m}^{-3}]$

3 $B_z(z) = \frac{\mu_0 I 3\sqrt{3}\,a^2}{4\pi\left(\frac{3a^2}{4}+z^2\right)\sqrt{a^2+z^2}}$ [T]

4 $B_z(z) = \frac{\mu_0 Iab}{\pi(b^2+{z_0}^2)\sqrt{a^2+{z_0}^2+b^2}} + \frac{\mu_0 Iab}{\pi(a^2+{z_0}^2)\sqrt{a^2+{z_0}^2+b^2}}$ [T]

5 $I = 0.1$ [A]

6 (1) $\boldsymbol{B} = \int d\boldsymbol{B} = \int_0^{2\pi} \frac{\mu_0}{4\pi}\frac{I_1 d\varphi}{a}\boldsymbol{a}_z = \frac{\mu_0 I_1}{2a}\boldsymbol{a}_z$ [T]

(2) $I_2 = -\frac{b}{a}I_1$ [A]

7 $r < a$　$B_\theta(r) = -\frac{\mu_0}{2\pi r}I_2$ [T]　　$a < r$　$B_\theta(r) = \frac{\mu_0}{2\pi r}(I_1 - I_2)$ [T]

8 $r < a$　　$B_\theta(r) = \mu_0\frac{r}{2\pi a^2}I$ [T]

$a < r < b$　$B_\theta(r) = \mu_0\frac{I}{2\pi r}$ [T]

$b < r < c$　$B_\theta(r) = \frac{\mu_0 I}{2\pi r}\frac{c^2-r^2}{c^2-b^2}$ [T]

$c < r$　　$B_\theta(r) = 0$ [T]

9 $r < a$　　$B_\theta(r) = \mu_0 J_0\frac{2a-r}{2}$ [T]

$a < r < b$　$B_\theta(r) = \mu_0 J_0\frac{a^2}{2r}$ [T]

6章

▶関連問題の解答

6.1 (1)　空隙の界面は磁界に垂直なので，境界条件から磁束密度が連続するから

$\mu_0 H_0 = B = \mu_0(H + M)$ [T]　したがって　$H_0 = H + M\,[\mathrm{A} \cdot \mathrm{m}^{-1}]$

(2)　空隙の界面は磁界に平行なので，境界条件から磁界が連続するから

$$H_0 = H\,[\mathrm{A} \cdot \mathrm{m}^{-1}]$$

6.2 (1)　磁界に関するアンペールの法則は $\int \boldsymbol{H} \cdot d\boldsymbol{l} = NI = \int \boldsymbol{J} \cdot d\boldsymbol{S}$ より

$$左辺 = \int \boldsymbol{H} \cdot d\boldsymbol{l} = H_\theta 2\pi r$$

$$右辺 = I$$

であるから，磁界の強さはどの領域においても

$$H_\theta(r) = \frac{I}{2\pi r}\,[\mathrm{A} \cdot \mathrm{m}^{-1}]$$

(2) 磁束密度は $\boldsymbol{B} = \mu_0\mu_r\boldsymbol{H}$ [T] であるから

$0 < r < a \quad B_\theta(r) = \frac{\mu_0\mu_{r1}I}{2\pi r}$ [T]

$a < r < b \quad B_\theta(r) = \frac{\mu_0\mu_{r2}I}{2\pi r}$ [T]

$b < r \quad B_\theta(r) = \frac{\mu_0 I}{2\pi r}$ [T]

(3) 磁界の強さが $\boldsymbol{H} = \frac{\boldsymbol{B}}{\mu_0} - \boldsymbol{M}$ と定義されているから，磁化の強さは

$$\boldsymbol{M} = \frac{\boldsymbol{B}}{\mu_0} - \boldsymbol{H}\,[\mathrm{A\cdot m^{-1}}]$$

となる．したがって

$0 < r < a \quad M_\theta(r) = \frac{I}{2\pi r}(\mu_{r1} - 1)\,[\mathrm{A\cdot m^{-1}}]$

$a < r < b \quad M_\theta(r) = \frac{I}{2\pi r}(\mu_{r2} - 1)\,[\mathrm{A\cdot m^{-1}}]$

$b < r \quad M_\theta(r) = 0\,[\mathrm{A\cdot m^{-1}}]$

■ **6.3** 磁界に関するアンペールの法則を用いる．その際，磁性体の内部とエアギャップ内の磁界の強さをそれぞれ H_{m1}, H_{m2}, H_g $[\mathrm{A\cdot m^{-1}}]$ とすれば

$$\oint \boldsymbol{H}\cdot d\boldsymbol{l} = H_{m1}l_1 + H_{m2}l_2 + H_g 2g = NI$$

となる．また境界条件より磁束密度が磁性体の内部とエアギャップ内とで等しくなるから B [T] と置けば，$\frac{B}{\mu_1}l_1 + \frac{B}{\mu_2}l_2 + \frac{B}{\mu_0}2g = NI$ となり

$$B = \frac{NI}{\frac{l_1}{\mu_1} + \frac{l_2}{\mu_2} + \frac{2g}{\mu_0}}\,[\mathrm{T}]$$

それぞれの場所における磁界の強さは

$$H_{m1} = \frac{B}{\mu_1} = \frac{1}{\mu_1}\frac{NI}{\frac{l_1}{\mu_1} + \frac{l_2}{\mu_2} + 2\frac{g}{\mu_0}}, \quad H_{m2} = \frac{1}{\mu_2}\frac{NI}{\frac{l_1}{\mu_1} + \frac{l_2}{\mu_2} + 2\frac{g}{\mu_0}},$$

$$H_g = \frac{1}{\mu_0}\frac{NI}{\frac{l_1}{\mu_1} + \frac{l_2}{\mu_2} + 2\frac{g}{\mu_0}}\,[\mathrm{A\cdot m^{-1}}]$$

■ **6.4** (1) アンペールの法則は $\oint \boldsymbol{H}\cdot d\boldsymbol{l} = \int \boldsymbol{J}\cdot d\boldsymbol{S}$ である．いずれの領域においても左辺は $2\pi r H_\theta$ である．また，境界条件より H が連続するから $H_\theta = \frac{I}{2\pi r}\,[\mathrm{A\cdot m^{-1}}]$

(2) $\boldsymbol{B} = \mu\boldsymbol{H}$ よりグラフの傾きを求めれば $\mu = \frac{\Delta B}{\Delta H} = \frac{0.5}{0.2\times 10^4} = 2.5\times 10^4\,[\mathrm{H\cdot m^{-1}}]$

$$\mu_r = \frac{\mu}{\mu_0} = \frac{2.5\times 10^4}{4\pi\times 10^{-7}} = \frac{2.5}{4\pi}\times 10^3 \simeq 200$$

(3) $\boldsymbol{B} = \mu\boldsymbol{H}$ より

$0 < r < a \quad B_\theta = \frac{\mu_0 I}{2\pi r}$ [T]

$a < r < b \quad B_\theta = \mu H_\theta = \frac{\mu I}{2\pi r}$ [T]

$b < r \quad B_\theta = \mu_0 H_\theta = \frac{\mu_0 I}{2\pi r}$ [T]

(4) $\boldsymbol{B} = \mu_0(\boldsymbol{H} + \boldsymbol{M})$ だから $M_\theta = \frac{I}{2\pi r}\left(\frac{\mu}{\mu_0} - 1\right)\,[\mathrm{A\cdot m^{-1}}]$

(5) $r = a$ の磁界の強さは

$$H_\theta = \frac{I}{2\pi a} = \frac{200\pi}{2\pi\times 10^{-2}} = 1.0\times 10^4\,[\mathrm{A\cdot m^{-1}}]$$

そのときの磁束密度はグラフより 1.5 T

$r = b$ の磁界の強さは

$$H_\theta = \frac{I}{2\pi b} = \frac{200\pi}{2\pi\times 5.0\times 10^{-2}} = 0.2\times 10^4\,[\mathrm{A\cdot m^{-1}}]$$

そのときの磁束密度はグラフより 0.5 T

(6) 半径 r [m] の磁力線に関して周回積分すると

$$\oint \boldsymbol{H}\cdot d\boldsymbol{l} = H_{\mathrm{m}}(2\pi r-\delta)+H_{\mathrm{g}}\delta = I$$

設問より，磁束密度が連続する条件であり $B_{\mathrm{m}} = B_{\mathrm{g}}$ となる．また，透磁率を使える磁界の強さの領域であるから

$$\frac{B}{\mu}(2\pi r-\delta)+\frac{B}{\mu_0}\delta = I$$

$$B = \frac{\mu\mu_0 I}{\mu_0(2\pi r-\delta)+\mu\delta}\,[\mathrm{T}]$$

したがって

$$H_{\mathrm{m}} = \frac{B}{\mu} = \frac{\mu_0 I}{\mu_0(2\pi r-\delta)+\mu\delta},\quad H_{\mathrm{g}} = \frac{B}{\mu_0} = \frac{\mu I}{\mu_0(2\pi r-\delta)+\mu\delta}\,[\mathrm{A\cdot m^{-1}}]$$

■ **6.5** 磁気抵抗は $R_{\mathrm{m}} = \frac{l}{\mu S}$ と与えられ，等価回路を示すと図 8 のようになる．

(1) g_1 のエアギャップ

$$\varphi_{11} = \frac{N_1 I_1}{\frac{g_1}{\mu_0 S_1}} \quad \text{より} \quad B_{11} = \frac{N_1 I_1}{\frac{g_1}{\mu_0}}$$

g_2 のエアギャップ

$$\varphi_{21} = \frac{N_1 I_1}{\frac{g_2}{\mu_0 S_2}} \quad \text{より} \quad B_{21} = \frac{N_1 I_1}{\frac{g_2}{\mu_0}}$$

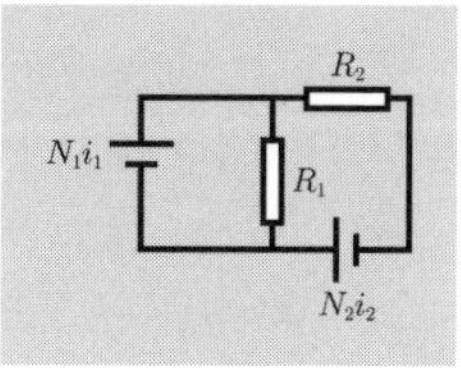

図 8

(2) g_1 のエアギャップ $B_{12} = 0$

g_2 のエアギャップ $B_{22} = \frac{N_2 I_2}{\frac{g_2}{\mu_0}}$

(3) g_1 のエアギャップ $B_1 = \frac{N_1 I_1}{g_1}\mu_0$

g_2 のエアギャップ $B_2 = \frac{N_1 I_1}{g_2}\mu_0 + \frac{N_2 I_2}{g_2}\mu_0$

■ **6.6** $H = \frac{200\cdot 30}{0.1} = 60\,[\mathrm{kA\cdot m^{-1}}]$ より飽和領域に達しているから，グラフより $B_{\mathrm{r}} = 0.6\,[\mathrm{T}]$

■ **6.7** (1) アンペールの法則より

$$H_{\mathrm{m}} l + H_{\mathrm{g}} g = 0$$

境界条件より磁束密度が連続し，磁束密度と磁界の強さとの関係は

$$B_{\mathrm{m}} = -\mu_0 \frac{l}{g} H_{\mathrm{m}}$$

(2) 数値を代入してグラフにこの直線を記入すると交点は $B_{\mathrm{m}} = 0.58\,[\mathrm{T}]$，したがって $H_{\mathrm{g}} = \frac{B}{\mu_0} = \frac{B_{\mathrm{m}}}{\mu_0} = 4.6\times 10^5\,[\mathrm{A\cdot m^{-1}}]$

(3) $M = \frac{B_{\mathrm{m}}}{\mu_0} - H_{\mathrm{m}} = 4.7\times 10^5\,[\mathrm{A\cdot m^{-1}}]$

(4) $N = -\frac{H_{\mathrm{m}}}{M} = 2.1\times 10^{-2}$

■ **6.8** $H_{\mathrm{l}} l + H_{\mathrm{g}} g = 0$ と $B = \mu_0(H_{\mathrm{l}} + M)$ より

$$H_{\mathrm{l}} = -\frac{g}{l+g}M,\quad H_{\mathrm{g}} = \frac{l}{l+g}M\,[\mathrm{A\cdot m^{-1}}],$$

$$B_{\mathrm{m}} = B_{\mathrm{g}} = \mu_0\frac{l}{l+g}M\,[\mathrm{T}]$$

(2) $N = -\frac{H_{\mathrm{l}}}{M} = \frac{g}{l+g}$

(3) (2) より g をゼロにする．

▶章末問題の解答

■ **1** $B = \frac{NI\mu_0\mu}{\mu g+\mu_0 l}\,[\mathrm{T}]$，$H_{\mathrm{m}} = \frac{NI\mu_0}{\mu g+\mu_0 l}$，$H_{\mathrm{g}} = \frac{NI\mu}{\mu g+\mu_0 l}\,[\mathrm{A\cdot m^{-1}}]$

$\frac{H_{\mathrm{g}}}{H_{\mathrm{m}}} = \frac{\mu}{\mu_0}$，$M = \frac{B}{\mu_0} - H_{\mathrm{m}} = \frac{NI}{\mu g+\mu_0 l}(\mu-\mu_0)\,[\mathrm{A\cdot m^{-1}}]$

■ **2** (1) $\varphi = \frac{30\cdot 3}{\frac{0.5}{4\pi\times 10^{-7}\times 1000\times 0.0012}+\frac{5\times 10^{-4}}{4\pi\times 10^{-7}\times 0.0012}} \simeq 1.4\times 10^{-4}$ [Wb]

(2) $I = \frac{\varphi R}{N} = \frac{BSR}{N} = \left(\frac{l}{\mu_0\mu_{\mathrm{r}}} + \frac{g}{\mu_0}\right)\frac{B}{N} = 27$ [A]

■ **3** (1) $R_1 = \frac{l}{\mu_{\mathrm{r}}\mu_0 S}$,　$R_2 = \frac{l-g}{\mu_{\mathrm{r}}\mu_0 S} + \frac{g}{\mu_0 S}$ [H^{-1}]

(2) $\varphi_1 = \frac{NI}{R} = NI\frac{3R_1+R_2}{9{R_1}^2+6R_1R_2}$ [Wb], $\varphi_2 R_2 = 3R_1(\varphi_1 - \varphi_2)$ より

$$\varphi_2 = NI\frac{3R_1}{9{R_1}^2+6R_1R_2}\ \text{[Wb]}$$

(3) $\varphi_1 = NI\frac{3R_1+2R_2}{9{R_1}^2+6R_1R_2}$ [Wb], $\varphi_2 = 0$ [Wb]

■ **4** (1) $B = \mu_{\mathrm{r}}\mu_0 H = \frac{\mu_{\mathrm{r}}\mu_0 I}{2\pi r}$ [T]

$\varphi = \int_a^b Bwdr = \int_a^b \frac{\mu_{\mathrm{r}}\mu_0 I}{2\pi r}wdr = \frac{\mu_{\mathrm{r}}\mu_0 wI}{2\pi}\ln\frac{b}{a} = \frac{800\times 4\pi\times 10^{-7}\times 0.02\times 1000}{2\pi}\ln\frac{0.11}{0.09}$
$= 6.4\times 10^{-4}$ [Wb]

(2) $R_{\mathrm{m}} = \frac{l}{\mu_{\mathrm{r}}\mu_0 S} = \frac{2\pi R}{\mu_{\mathrm{r}}\mu_0 w(b-a)} = \frac{2\pi\times 0.1}{800\times 4\pi\times 10^{-7}\times 0.02\times 0.02} = 1.56\times 10^6$ [H^{-1}]

$\varphi = \frac{I}{R_{\mathrm{m}}} = \frac{1000}{1.56\times 10^6} = 6.4\times 10^{-4}$ [Wb]

■ **5** $\oint \boldsymbol{H}\cdot d\boldsymbol{l} = H_{\mathrm{m1}}l_1 + H_{\mathrm{m2}}l_2 + H_{\mathrm{g}}2x = 0$ より $B = \frac{Ml_1}{\frac{l_1}{\mu_0}+\frac{l_2}{\mu_2}+\frac{2x}{\mu_0}}$ [T]

$$H_{\mathrm{g}} = \frac{B}{\mu_0} = \frac{1}{\mu_0}\frac{Ml_1}{\frac{l_1}{\mu_0}+\frac{l_2}{\mu_2}+\frac{2x}{\mu_0}}\ [\mathrm{A\cdot m^{-1}}]$$

■ **6** (1) $B_{\mathrm{g}} = B_{\mathrm{m}} = \mu_0(H_{\mathrm{m}} + M)$,　$H_{\mathrm{m}}l + H_{\mathrm{g}}g = 0$

(2) グラフより $H_{\mathrm{m}} = -1.25\times 10^4$ [A·m^{-1}]

$$\frac{l}{g} = -\frac{B_{\mathrm{g}}}{\mu_0 H_{\mathrm{m}}} = \frac{0.4}{4\pi\times 10^{-7}(1.25\times 10^4)} = 25.5$$

(3) $H_{\mathrm{m}} = -1.25\times 10^4$ [A·m^{-1}],　$H_{\mathrm{g}} = \frac{B}{\mu_0} = \frac{0.4}{4\pi\times 10^{-7}} = 3.18\times 10^5$ [A·m^{-1}]

(4) $M = \frac{B}{\mu_0} - H_{\mathrm{m}} = 33.1\times 10^4$ [A·m^{-1}]

■ **7** 0.4 T のとき $H_{\mathrm{m}} = -1.25\times 10^4$ [A·m^{-1}],

$$M = -\frac{H_{\mathrm{m}}}{N} = \frac{1.25\times 10^4}{0.2} = 6.25\times 10^4\ [\mathrm{A\cdot m^{-1}}]$$

■ **8** (1) $\oint \boldsymbol{H}\cdot d\boldsymbol{l} = H_{\mathrm{c}}l_1 + H_{\mathrm{c}}l_2 + H_{\mathrm{g}}l_{\mathrm{g}} + H_{\mathrm{m}}l_{\mathrm{m}} = H_{\mathrm{c}}l_{\mathrm{c}} + H_{\mathrm{g}}l_{\mathrm{g}} + H_{\mathrm{m}}l_{\mathrm{m}} = 0$

(2) 磁束密度が等しくなる．

(3) グラフより $B = \mu_0 H_{\mathrm{m}} + B_{\mathrm{r}}$, $\frac{B}{\mu}l_{\mathrm{c}} + \frac{B}{\mu_0}l_{\mathrm{g}} + \left(\frac{B}{\mu_0} - \frac{B_{\mathrm{r}}}{\mu_0}\right)l_{\mathrm{m}} = 0$

$$B = \frac{\frac{B_{\mathrm{r}}}{\mu_0}l_{\mathrm{m}}}{\frac{l_{\mathrm{c}}}{\mu}+\frac{l_{\mathrm{g}}+l_{\mathrm{m}}}{\mu_0}} = \frac{\mu B_{\mathrm{r}}l_{\mathrm{m}}}{\mu_0 l_{\mathrm{c}}+\mu(l_{\mathrm{g}}+l_{\mathrm{m}})}\ \text{[T]}$$

(4) $H_{\mathrm{g}} = \frac{B}{\mu_0} = \frac{1}{\mu_0}\frac{\mu B_{\mathrm{r}}l_{\mathrm{m}}}{\mu_0 l_{\mathrm{c}}+\mu(l_{\mathrm{g}}+l_{\mathrm{m}})}$ [A·m^{-1}]

(5) $H_{\mathrm{m}} = \frac{B}{\mu_0} - \frac{B_{\mathrm{r}}}{\mu_0} = \frac{B_{\mathrm{r}}}{\mu_0}\left\{\frac{\mu l_{\mathrm{m}}}{\mu_0 l_{\mathrm{c}}+\mu(l_{\mathrm{g}}+l_{\mathrm{m}})} - 1\right\} = -\frac{B_{\mathrm{r}}}{\mu_0}\frac{\mu l_{\mathrm{g}}+\mu_0 l_{\mathrm{c}}}{\mu_0 l_{\mathrm{c}}+\mu(l_{\mathrm{g}}+l_{\mathrm{m}})}$ [A·m^{-1}]

7章

▶関連問題の解答

■ **7.1** (1), (2)　グラフより，$B(t) = \frac{B_1}{t_1}t$ [T] となる．よって $\varphi(t) = \frac{alB_1}{t_1}t$ [Wb]
ファラデーの法則より

(I) $U(t) = -\frac{d\varphi(t)}{dt} = -\frac{d}{dt}\left(\frac{alB_1}{t_1}t\right) = -\frac{alB_1}{t_1}$ [V]，P の電位の方が高い，左向き．

(II)，(III) $U(t) = \frac{alB_1}{t_1}$，Q の電位の方が高い，右向き．

(3) $\varphi(t) = alB(t) = alB_2 \cos\frac{\pi}{2t_2}t$ [Wb] となり

$$U(t) = -\frac{d\varphi(t)}{dt} = -\frac{d}{dt}\left(alB_2\cos\frac{\pi}{2t_2}t\right) = alB_2\frac{\pi}{2t_2}\sin\frac{\pi}{2t_2}t\,[\mathrm{V}]$$

正の傾きの期間は左向き，負の傾きの期間は右向き．

■ **7.2** (1) $0 < t < x_1$ では グラフより $B(x) = \frac{B_1}{x_1}x$ であり，時刻 t でのコイルの位置は vt なので，磁束密度は $0 < t < \frac{x_1}{v}$ において $B(t) = \frac{B_1}{x_1}vt$ [T] となる．ファラデーの法則より

$$U(t) = -\frac{d\varphi(t)}{dt} = -\frac{d}{dt}\left(\frac{SB_1}{x_1}vt\right) = -\frac{SB_1}{x_1}v\,[\mathrm{V}] \quad \left(0 < t < \frac{x_1}{v}\right)$$

符号が負であるが，これはコイルに，上から見て時計回りに電流を流す起電力が発生することを意味し，AB 間に抵抗をつなげば，B から A に電流が流れる．つまり A より B の電位の方が高くなる．

$\frac{x_1}{v} < t < \frac{2x_1}{v}$ においては，$\varphi(t)$ は 1 次関数なので，その傾きに注目すればよい．磁束密度の空間分布 $B(t)$ は $0 < t < \frac{x_1}{v}$ と同じ傾きで，増加から減少に変わっており，v は一定なので，$\varphi(t)$ の傾きも正から負へ同じ大きさで変化する．よって

$$U(t) = -\frac{d\varphi(t)}{dt} = \frac{SB_1}{x_1}v\,[\mathrm{V}]$$

符号は正であり，B より A の電位の方が高くなる．

(2) グラフより

$$B(x) = B_2\sin 2\pi\frac{x}{2x_2} = B_2\sin\frac{\pi}{x_2}x\,[\mathrm{T}]$$
$$\varphi(t) = SB(t) = SB_2\sin\frac{\pi}{x_2}vt\,[\mathrm{Wb}]$$
$$U(t) = -\frac{d\varphi(t)}{dt} = -\frac{d}{dt}\left(SB_2\sin\frac{\pi}{x_2}vt\right) = -SB_2\frac{\pi v}{x_2}\cos\frac{\pi}{x_2}vt\,[\mathrm{V}]$$

■ **7.3** 平均磁路長が l [m] で巻数が N のコイルに I [A] の電流を流した場合に発生する磁界の強さは $H = \frac{NI}{l}$ [$\mathrm{A\cdot m^{-1}}$] であり，磁束密度は $B = \mu_0\mu_\mathrm{r}H = \mu_0\mu_\mathrm{r}\frac{NI}{l}$ [T]
したがって，N 巻きの一次コイルに発生する起電力は磁性体の断面積が S [$\mathrm{m^2}$] とすれば $U_1(t) = -\frac{\partial N\varphi}{\partial t} = -\frac{\partial}{\partial t}\left(\mu_0\mu_\mathrm{r}\frac{N^2I}{l}S\right)$ [V] になり，$I = I_0\sin\omega t$ より $U_1(t) = -\omega\mu_0\mu_\mathrm{r}\frac{N^2I_0}{l}S\cos\omega t$ [V] であり，この値が 20 kV である．

ここでは，電流の値と電圧の値は実効値で示されているものとすれば，$I_0 = \sqrt{2}I_\mathrm{rms}$ であり

$$\sqrt{2}\,(20\times10^3) = \omega\mu_0\mu_\mathrm{r}\frac{N^2}{l}\sqrt{2}\,I_\mathrm{rms}S = (100\pi)(4\pi\times10^{-7})(5\times10^3)\frac{10^2}{8}\sqrt{2}\,I_\mathrm{rms}\,[\mathrm{V}]$$

であり $I_\mathrm{rms} = 811$ [A]．

二次側のコイルに発生する起電力は，二次コイルの巻き数を n 回とすれば $U_2(t) = -\omega\mu_0\mu_\mathrm{r}\frac{nNI_0}{l}S\cos\omega t$ [V] であり，一次コイルに発生する起電力との比をとれば $\frac{U_2(t)}{U_1(t)} = \frac{n}{N}$ になるから

$$n = 250\,[回]$$

■ **7.4** 直線導体の作る磁界の強さは $H_\theta = \frac{I}{2\pi r}\sin\omega t$ [$\mathrm{A\cdot m^{-1}}$] であり，矩形コイルと

の鎖交磁束を求めると

$$\varPhi(t) = N\int \boldsymbol{B}\cdot d\boldsymbol{S} = N\int_a^{2a} \frac{\mu_0 I}{2\pi r}\sin\omega t\, a dr$$
$$= \frac{\mu_0 NI}{2\pi}\sin\omega t\, a\ln\frac{2a}{a} = \frac{\mu_0 NIa}{2\pi}\sin\omega t\ln 2\,[\mathrm{Wb}]$$

したがって，ファラデーの法則より

$$U = -\frac{\partial\varPhi}{\partial t} = -\frac{\mu_0 NIa}{2\pi}\omega\cos\omega t\ln 2\,[\mathrm{V}]$$

■ 7.5 (1) 問の図 3 より，時刻 t における導体棒の位置は $x = vt\,[\mathrm{m}]$ になり，回路と導体棒で作られる三角形の閉回路の面積は $S(t) = \frac{1}{2}(vt)(2vt) = v^2t^2\,[\mathrm{m^2}]$ となる．閉回路を貫く磁束は，磁束密度は一定なので $\varphi(t) = B_0S(t) = B_0v^2t^2\,[\mathrm{Wb}]$ である．よって，誘導起電力は $U(t) = -\frac{d\varphi(t)}{dt} = -2B_0v^2t\,[\mathrm{V}]$

(2) 閉回路内で磁束密度は一定なので $\varphi(t) = B(t)S(t) = B_0v^2t^2\sin\omega t\,[\mathrm{Wb}]$

$$U(t) = -\frac{d\varphi(t)}{dt} = -B_0v^2\frac{d}{dt}(t^2\sin\omega t) = -B_0v^2(2t\sin\omega t + \omega t^2\cos\omega t)\,[\mathrm{V}]$$

(3) 閉回路内で磁束密度が変化するから，積分により磁束を求める．図 9 において微小面積 $2x \times dx$ の内部を貫く磁束は $B(x)2xdx$ である．よって，導体棒が x の位置にあるときの閉回路を貫く磁束は

$$\varphi(x) = \int_0^x B(x)2xdx = \int_0^x B_0\frac{x}{x_0}2xdx$$
$$= \frac{2B_0}{x_0}\int_0^x x^2dx = \frac{2B_0x^3}{3x_0}$$

$x = vt$ より，$\varphi(t) = \frac{2B_0v^3t^3}{3x_0}\,[\mathrm{Wb}]$ となるので

$$U(t) = -\frac{d\varphi(t)}{dt} = -\frac{2B_0v^3}{3x_0}\frac{d}{dt}t^3 = -\frac{2B_0v^3t^2}{x_0}\,[\mathrm{V}]$$

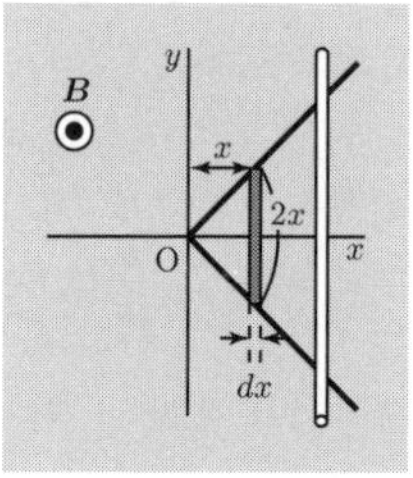

図 9

【別解】 導体棒に生じる起電力は $U(t) = \int(\boldsymbol{v}\times\boldsymbol{B})d\boldsymbol{l} = vB(t)l\,[\mathrm{V}]$ であることを利用する．時刻 t での導体棒の位置は $x = vt\,[\mathrm{m}]$ より，その位置での磁束密度は $B(t) = B_0\frac{vt}{x_0}\,[\mathrm{Wb}]$ と表わせる．また，そのとき導体棒の閉回路を構成する部分の長さは $2vt$ より $l = 2vt\,[\mathrm{m}]$ となる．よって

$$U(t) = vB(t)l = v\times B_0\frac{vt}{x_0}\times 2vt = \frac{2B_0v^3t^2}{x_0}\,[\mathrm{V}]$$ （導体棒の $-y$ 方向側が正）

■ 7.6 環状ソレノイドの自己インダクタンスは

$$L = \frac{\mu_0N^2S}{2\pi a}\,[\mathrm{H}]$$

直線電流との相互インダクタンスは

$$M = \frac{\mu_0NS}{2\pi a}\,[\mathrm{H}]$$

直線電流によって環状ソレノイドに発生する起電力は

$$U = -\mu_0\frac{NSI_0}{2\pi a}\omega\cos\omega t\,[\mathrm{V}]$$

したがって，起電力と電流が流れた場合の電圧降下との関係は

$$-\mu_0\frac{NSI_0}{2\pi a}\omega\cos\omega t = Ri + L\frac{di}{dt}$$

となる．この微分方程式を解き i を誘導すると

$$i = \frac{-I_0}{N}\frac{1}{(\frac{R}{\omega L})^2+1}\left(\frac{R}{\omega L}\cos\omega t + \sin\omega t\right)\,[\mathrm{A}]$$

となるので，$\omega L \gg R$ であれば $i = \frac{-I_0}{N}\sin\omega t\,[\mathrm{A}]$

■ **7.7** 第6章の関連問題6.5を参考にすれば

$$L_1 = \frac{\mu_0 S_1 {N_1}^2}{g_1} + \frac{\mu_0 S_2 {N_1}^2}{g_2}, \quad L_2 = \frac{\mu_0 S_2 {N_2}^2}{g_2}, \quad M = \frac{\mu_0 S_2 N_1 N_2}{g_2} \text{ [H]}$$

■ **7.8** (1) 1-3間の巻き数を n' とすれば，$\varphi = \frac{NI}{R}$ であるから

$$L_{1\text{-}3} = \frac{n'^2}{R}, \quad L_{2\text{-}3} = \frac{(n-n')^2}{R}, \quad M = \frac{(n-n')n'}{R}$$

(2) 最大値は $\frac{\partial M}{\partial n'} = 0$ より $n' = \frac{n}{2}$

■ **7.9** (1) 磁性体の部分の磁気抵抗は $R_\mathrm{m} = \frac{l}{\mu S}$ [H^{-1}]，空隙部分の磁気抵抗は $R_\mathrm{g} = \frac{d}{\mu_0 S}$ [H^{-1}] となる．ac間に I [A] の電流を流した場合，発生する磁束は $\varphi_\mathrm{ac} = \frac{2NI+NI}{R_\mathrm{m}+R_\mathrm{g}} = \frac{3NI}{R_\mathrm{m}+R_\mathrm{g}}$ [Wb] であり，そのコイルの自己インダクタンスは

$$L_\mathrm{ac} = \frac{3N\varphi_{ac}}{I} = \frac{9N^2}{R_\mathrm{m}+R_\mathrm{g}} = \frac{9N^2 S}{\frac{l}{\mu}+\frac{d}{\mu_0}} \text{ [H]}$$

(2) bc間に I [A] の電流を流した場合，発生する磁束は $\varphi_\mathrm{bc} = \frac{NI}{R_\mathrm{m}+R_\mathrm{g}}$ であり，そのコイルの自己インダクタンスは $L_\mathrm{bc} = \frac{N\varphi_\mathrm{bc}}{I} = \frac{N^2}{R_\mathrm{m}+R_\mathrm{g}} = \frac{N^2 S}{\frac{l}{\mu}+\frac{d}{\mu_0}}$ [H]

(3) bc間に I [A] の電流を流した場合発生する磁束は (2) で求めた値であり，ab間のコイルと鎖交する磁束は $\Phi_\mathrm{ab} = 2N\varphi_\mathrm{bc} = \frac{2N^2 I}{R_\mathrm{m}+R_\mathrm{g}}$ [Wb] となる．したがって

$$M = \frac{\Phi_\mathrm{ab}}{I} = \frac{2N^2}{R_\mathrm{m}+R_\mathrm{g}} = \frac{2N^2 S}{\frac{l}{\mu}+\frac{d}{\mu_0}} \text{ [H]}$$

(4) $U_\mathrm{bc} = -M\frac{\partial I}{\partial t} = -M\omega I_\mathrm{m}\cos\omega t$ [V]

(5) (4) より $\frac{\partial I}{\partial t} = -\frac{U_\mathrm{bc}}{M}$ であるから $I = -\int \frac{U_\mathrm{bc}}{M} dt$ [A] となる．一定値を積分することになり，図10に示すような直線的な変化を示す三角波になる．

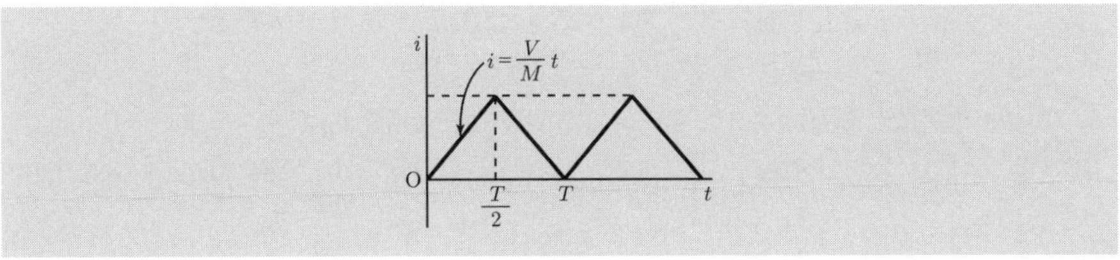

図10

■ **7.10** アンペールの法則より，無限長ソレノイドの内部の磁界は $H = nI$ [$\mathrm{A \cdot m^{-1}}$] であるから，マクスウェルのひずみ力を利用すれば $f = \frac{\mu_0}{2}H^2 = \frac{\mu_0}{2}(nI)^2$ [$\mathrm{N \cdot m^{-2}}$] の力が，磁力線方向（コイルの長さ方向）には縮む方向に，半径方向（コイルの半径方向）には膨らむ方向に働く．コイル全体に働く力は

半径方向の力　$F_a = \frac{\mu_0}{2}(nI)^2 2\pi al$ [N]，膨らむ力

長さ方向の力　$F_l = \frac{\mu_0}{2}(nI)^2 \pi a^2$ [N]，縮む力

【別解】 仮想変位法を用いる場合には，磁界に蓄えられるエネルギーを，力が働いた結果変化する距離で偏微分すればよい．コイル内部に蓄えられる磁界のエネルギーは $w = \frac{\mu_0}{2}(nI)^2$ [$\mathrm{J \cdot m^{-3}}$] になるから，長さ l [m] で考えれば

$$W = wl\pi a^2 = \frac{\mu_0}{2}(nI)^2 l\pi a^2 \text{ [J]}$$

である．半径方向の力は $F_a = \frac{\partial W}{\partial a} = \frac{\mu_0}{2}(nI)^2 2\pi al$ [N] となり，正であるから半径が大きくなる方向の力になる．単位面積あたりではこの力を $2\pi al$ [m^2] で割ればよい．長さ方向の力は，長さ方向に働く力によってコイルの長さが変化し，単位長さあたりの巻き数が変化するから $nl = N$（総巻き数）は不変として $n\partial l + l\partial n = 0$ となる．したがって

$$F_l = \frac{\partial W}{\partial l} = \frac{\mu_0}{2} I^2 \pi a^2 \frac{\partial}{\partial l}(n^2 l) = \frac{\mu_0}{2} I^2 \pi a^2 \left(2n\frac{\partial n}{\partial l} l + n^2\right) = -\frac{\mu_0}{2}(nI)^2 \pi a^2 \text{ [N]}$$

となり，負になるから長さが短くなる方向の力である．単位面積あたりではこの力を πa^2 [m^2] で割ればよい．

7.11 (1) アンペールの法則を用いれば導体間の空間は $H_\theta = \frac{I}{2\pi r}$ [A$\cdot$m^{-1}] となる．

(2) 導体間のエネルギー密度は $w_\mathrm{a} = \frac{\mu_0}{2} H_\theta{}^2 = \frac{\mu_0}{2}\left(\frac{I}{2\pi r}\right)^2$ [J$\cdot$m^{-3}]

(3) 導体の長さ h [m] の部分に蓄えるエネルギーはエネルギー密度を体積積分すればよく

$$W_h = \int_a^b \frac{\mu_0}{2}\left(\frac{I}{2\pi r}\right)^2 2\pi r h dr = \frac{\mu_0 I^2 h}{4\pi} \ln\frac{b}{a} \text{ [J]}, \quad W = \frac{\mu_0 I^2}{4\pi} \ln\frac{b}{a} \text{ [J}\cdot\text{m}^{-1}\text{]}$$

(4) 内側導体表面に働く力は $F_a = \frac{\partial W}{\partial a} = \frac{\mu_0 I^2}{4\pi}\left(-\frac{1}{a}\right)$ [N$\cdot$m^{-1}]，a が小さくなる方向．あるいは $f_a = \frac{\mu_0}{2} H_\theta(a)^2 = \frac{\mu_0}{2}\left(\frac{I}{2\pi a}\right)^2$ [N$\cdot$m^{-2}]，磁力線が膨らむ方向．

(5) 外側導体表面に働く力は $F_b = \frac{\partial W}{\partial b} = \frac{\mu_0 I^2}{4\pi}\left(\frac{1}{b}\right)$ [N$\cdot$m^{-1}]，b が大きくなる方向．あるいは $f_b = \frac{\mu_0}{2} H_\theta(b)^2 = \frac{\mu_0}{2}\left(\frac{I}{2\pi b}\right)^2$ [N$\cdot$m^{-2}]，磁力線が膨らむ方向

7.12 第 6 章の章末問題 6 と同一の条件であり，磁界に関するアンペールの法則を用い

$$\oint \boldsymbol{H}\cdot d\boldsymbol{l} = H_\mathrm{c} l_1 + H_\mathrm{c} l_2 + H_\mathrm{g} l_\mathrm{g} + H_\mathrm{m} l_\mathrm{m} = H_\mathrm{c} l_\mathrm{c} + H_\mathrm{g} l_\mathrm{g} + H_\mathrm{m} l_\mathrm{m} = 0$$

また，永久磁石の磁化特性はグラフより $B = \mu_0 H_\mathrm{m} + B_\mathrm{r}$ と読み取れ

$$B = \frac{\mu B_\mathrm{r} l_\mathrm{m}}{\mu_0 l_\mathrm{c} + \mu(l_\mathrm{g} + l_\mathrm{m})} \text{ [T]}$$

エアギャップに働く力はマクスウェルのひずみ力を利用すれば

$$f = \frac{B^2}{2\mu_0} = \frac{1}{2\mu_0}\left\{\frac{\mu B_\mathrm{r} l_\mathrm{m}}{\mu_0 l_\mathrm{c} + \mu(l_\mathrm{g} + l_\mathrm{m})}\right\}^2 \text{ [N}\cdot\text{m}^{-2}\text{]}, \quad F = fS = \left\{\frac{\mu B_\mathrm{r} l_\mathrm{m}}{\mu_0 l_\mathrm{c} + \mu(l_\mathrm{g} + l_\mathrm{m})}\right\}^2 \frac{S}{2\mu_0} \text{ [N]}$$

7.13 (1) 導線 1 による磁界の強さは $H_1 = \frac{I}{2\pi r}$ [A$\cdot$m^{-1}]，導線 2 による磁界の強さは $H_2 = \frac{I}{2\pi(d-r)}$ [A$\cdot$m^{-1}] となる．P 点においてこれらは

$$H = H_1 + H_2 = \frac{I}{2\pi r} + \frac{I}{2\pi(d-r)} = \frac{I}{2\pi}\left(\frac{1}{r} + \frac{1}{d-r}\right) \text{ [A}\cdot\text{m}^{-1}\text{]}$$

(2) 問図中の長さ l [m] の部分を貫く磁束は

$$\varphi = \int_a^{d-a} Bl dr = \frac{\mu_0 Il}{\pi} \ln\left(\frac{d-a}{a}\right) \text{ [Wb]}$$

よって単位長さあたりのインダクタンスは

$$L' = \frac{\mu_0}{\pi} \ln\left(\frac{d-a}{a}\right) \text{ [H}\cdot\text{m}^{-1}\text{]}$$

(3) $a \ll d$ を考慮して，$L' \simeq \frac{\mu_0}{\pi}\ln\left(\frac{d}{a}\right)$ [H] となる．単位長さあたりの磁気エネルギー W は

$$W = \frac{1}{2} L' I^2 = \frac{1}{2}\frac{\mu_0}{\pi} \ln\left(\frac{d}{a}\right) I^2 \text{ [J}\cdot\text{m}^{-1}\text{]}$$

(4) 電源が接続され電流が流れている場合であるので，単位長さあたりの導線に働く力 F は $F = \frac{\partial W}{\partial d} = \frac{\mu_0 I^2}{2\pi d}$ [N$\cdot$m^{-1}] となる．向きは導線 1 については上向きとなる．この結果は電流間に働く力の考え方からも理解できる．

▶章末問題の解答

■ **1**　$a = 0.11\,[\mathrm{m}]$

■ **2**　(1)　$U = \int (\boldsymbol{v} \times \boldsymbol{B}) \cdot d\boldsymbol{l} = vB\cos\theta l\,[\mathrm{V}]$

(2)　$\frac{v(Bl)^2\cos^2\theta}{R} = mg\sin\theta, \quad v = \frac{Rmg}{(Bl)^2\cos\theta}\tan\theta\,[\mathrm{m\cdot s^{-1}}]$

■ **3**　$Q = \int Idt = \int \frac{U}{R}dt = \int_0^\infty \left(-\frac{\partial\Phi}{\partial t}\right)\frac{1}{R}dt = \int_{\Phi_0}^0 -\frac{d\Phi}{R} = \frac{\Phi_0}{R}\,[\mathrm{C}]$

■ **4**　(1)　$R_{\mathrm{m1}} = \frac{2a}{\mu_1 S} + \frac{2b}{\mu_0 S}\,[\mathrm{H^{-1}}]$

(2)　$\varphi_1 = \frac{NI}{R_{\mathrm{m1}}} = \frac{NIS}{\frac{2a}{\mu_1}+\frac{2b}{\mu_0}}\,[\mathrm{Wb}]$

(3)　$L_1 = \frac{N^2}{R_{\mathrm{m1}}} = \frac{N^2S}{\frac{2a}{\mu_1}+\frac{2b}{\mu_0}}\,[\mathrm{H}]$

(4)　$L_2 = \frac{N^2}{R_{\mathrm{m2}}} = \frac{N^2S}{\frac{2a}{\mu_2}+\frac{2b}{\mu_0}}\,[\mathrm{H}], \quad L_3 = \frac{(1.5N)^2}{R_{\mathrm{m3}}} = \frac{(1.5N)^2S}{\frac{a}{\mu_1}+\frac{a}{\mu_2}+\frac{2b}{\mu_0}}\,[\mathrm{H}]$ より

$$L_3 = 4.5\frac{L_1L_2}{L_1+L_2}\,[\mathrm{H}]$$

■ **5**　(1)　$\frac{R_{\mathrm{g}}}{R_{\mathrm{m}}} = \frac{\mu_{\mathrm{r}}g}{l}$

(2)　$\frac{L_{b\text{-}c}}{L_{a\text{-}b}} = 1.5^2 = 2.25$

(3)　$\frac{M}{L_{a\text{-}b}} = 3$

■ **6**　(1)　$U_2 = -M\frac{\partial I_1}{\partial t}$

(2)　$\int_0^\infty U_2dt = \int_0^\infty \left(M\frac{\partial I_1}{\partial t}\right)dt = \int_0^{E/R} MdI_1 = M\frac{E}{R}$

(3)　$M = \frac{R}{E}\int_0^\infty U_2dt\,[\mathrm{H}]$

■ **7**　(1)　$H_\theta(r) = \frac{r}{2\pi a^2}I\,[\mathrm{A\cdot m^{-1}}]$

(2)　$d\varphi = B_\theta dS = \frac{\mu_0 rI}{2\pi a^2}drdz$

(3)　$d\Phi = \frac{\mu_0 rI}{2\pi a^2}\frac{\pi r^2}{\pi a^2}drdz\,[\mathrm{Wb}]$

(4)　単位長さで考えれば $dz = 1$ なので，

$$L_{\mathrm{i}} = \frac{\Phi}{I} = \int_0^a \frac{\mu_0 r}{2\pi a^2}\frac{r^2}{a^2}dr = \frac{\mu_0}{2\pi a^4}\frac{a^4}{4} = \frac{\mu_0}{8\pi}\,[\mathrm{H\cdot m^{-1}}]$$

(5)　$w = \frac{\mu_0}{2}H^2 = \frac{\mu_0}{2}\left(\frac{r}{2\pi a^2}I\right)^2\,[\mathrm{J\cdot m^{-3}}]$,

$L = \frac{2W}{I^2} = \int_0^a \mu_0\left(\frac{r}{2\pi a^2}\right)^2 2\pi rdr = \mu_0\frac{1}{2\pi a^4}\frac{a^4}{4} = \frac{\mu_0}{8\pi}\,[\mathrm{H\cdot m^{-1}}]$

8章

▶関連問題の解答

■ **8.1**　(1)　導電電流密度は $J_{\mathrm{c}} = \sigma E\,[\mathrm{A\cdot m^{-2}}]$，変位電流密度は $J_{\mathrm{d}} = \frac{\partial D}{\partial t} = \varepsilon\frac{\partial E}{\partial t}\,[\mathrm{A\cdot m^{-2}}]$ であるから，その比は

$$\frac{J_{\mathrm{c}}}{J_{\mathrm{d}}} = \frac{\sigma}{\varepsilon\omega} = \frac{\sigma}{2\pi f\varepsilon} = \frac{2\times10^{-5}}{2\pi 50\cdot 8.85\times10^{-12}\cdot 2} \simeq 3.6\times10^3$$

(2)　同様に $\frac{J_{\mathrm{c}}}{J_{\mathrm{d}}} \simeq 1.8\times10^{-4}$

■ **8.2**　キャパシタに流れる変位電流は

$$I_{\mathrm{d}} = \frac{\partial D}{\partial t}S = \frac{\varepsilon}{d}S\frac{\partial V}{\partial t}\,[\mathrm{A\cdot m^{-2}}]$$

ここで，$V = V_0\cos\omega t\,[\mathrm{V}]$ とすれば

$$I_{\mathrm{d}} = -\omega \tfrac{\varepsilon S}{d} V_0 \sin \omega t \, [\mathrm{A}]$$

インピーダンスで考えれば $Z_{\mathrm{c}} = \frac{1}{j\omega C}\,[\Omega]$ となる．したがって

$$I = \tfrac{V}{Z} = -\varepsilon CV = -\omega \tfrac{\varepsilon S}{d} V_0 \sin \omega t \, [\mathrm{A}]$$

つまり，同一の量である．

■ **8.3** (1) ガウスの法則を利用すれば $E_r(r) = \frac{abV_0 \sin 2\pi ft}{r^2(b-a)}\,[\mathrm{V \cdot m^{-1}}]$ であるから

$$J_{\mathrm{d}} = \tfrac{\partial D_r}{\partial t} = 2\pi f \tfrac{ab\varepsilon V_0 \cos 2\pi ft}{r^2(b-a)}\,[\mathrm{A \cdot m^{-2}}]$$

(2) $J_{\mathrm{c}} = \sigma E_r = \sigma \frac{abV_0 \sin 2\pi ft}{r^2(b-a)}\,[\mathrm{A \cdot m^{-2}}]$

(3) $I = \int (J_{\mathrm{d}} + J_{\mathrm{c}}) dS = \frac{4\pi abV_0}{b-a}(2\pi f\varepsilon \cos 2\pi ft + \sigma \sin 2\pi ft)\,[\mathrm{A}]$

(4) $W = \int_a^b \frac{\varepsilon E_r(r)^2}{2} 4\pi r^2 dr = \frac{4\pi\varepsilon abV_0{}^2}{2(b-a)} \sin^2 2\pi ft\,[\mathrm{J}]$

(5) 変位電流は印加電圧と 90° の位相差があり電力を消費しないので消費電力は

$$P = \int_a^b \sigma E_r(r)^2 4\pi r^2 dr = \tfrac{4\pi\sigma abV_0{}^2}{b-a} \sin^2 2\pi ft\,[\mathrm{W}]$$

(6) 1 周期では

$$W = \int P dt = \tfrac{4\pi\sigma abV_0{}^2}{b-a} \int_0^{1/f} \sin^2 2\pi ft\, dt = \tfrac{2\pi\sigma abV_0{}^2}{(b-a)f}\,[\mathrm{J}]$$

したがって，1 秒では 50 Hz なのでこの 50 倍．

■ **8.4** $Z = \frac{E}{H} = \sqrt{\frac{\mu_0}{\varepsilon_0}} \simeq 377\,[\Omega]$

■ **8.5** (1) 導体間の電界 $E = \frac{V}{d}\,[\mathrm{V \cdot m^{-1}}]$ で，静電容量は

$$C = \tfrac{Q}{V} = \tfrac{\sigma wl}{V} = \tfrac{\varepsilon Ewl}{V} = \tfrac{\varepsilon wl}{d}\,[\mathrm{F}]$$

導体間の磁界の強さは，第 5 章の章末問題 6 を参考にしてアンペールの法則を用いれば $w \gg d$ の場合 $H = \frac{I}{w}\,[\mathrm{A \cdot m^{-1}}]$ となる．インダクタンスは

$$L = \tfrac{\varphi}{I} = \tfrac{1}{I} \int_0^d \mu_0 Hl dx = \mu_0 \tfrac{ld}{w}\,[\mathrm{H}]$$

したがって

$$Z_0 = \sqrt{\tfrac{L}{C}} = \sqrt{\tfrac{\mu_0 ld}{w} \tfrac{d}{\varepsilon wl}} = \sqrt{\tfrac{\mu_0}{\varepsilon}}\, \tfrac{d}{w}\,[\Omega]$$

(2) 数値を代入すれば $w = 5.6\,[\mathrm{mm}]$

■ **8.6** (1) $I_{\mathrm{d}} = \frac{\partial D_z S}{\partial t} = \frac{\varepsilon\pi a^2}{d} \frac{\partial V}{\partial t}\,[\mathrm{A}]$ であるから

$0 < t < t_1 \quad I_{\mathrm{d}} = \frac{\varepsilon\pi a^2}{d} \frac{V_0}{t_1}\,[\mathrm{A}]$

$t_1 < t < t_2 \quad I_{\mathrm{d}} = 0\,[\mathrm{A}]$

$t_2 < t < t_3 \quad I_{\mathrm{d}} = -\frac{\varepsilon\pi a^2}{d} \frac{V_0}{t_3 - t_2}\,[\mathrm{A}]$

(2) $E_z(a) = \frac{V_0}{d} \frac{t}{t_1}\,[\mathrm{V \cdot m^{-1}}]$,　$H_\theta(a) = \frac{\varepsilon a}{2d} \frac{V_0}{t_1}\,[\mathrm{A \cdot m^{-1}}]$

したがって

$$\boldsymbol{S} = \boldsymbol{E} \times \boldsymbol{H} = \tfrac{\varepsilon a}{2d^2} \left(\tfrac{V_0}{t_1}\right)^2 t(-\boldsymbol{a}_r)\,[\mathrm{W \cdot m^{-2}}]$$

(3) $W = \int P dt = \int \left(\int \boldsymbol{S} \cdot d\boldsymbol{S}\right) dt = \int_0^{t_1} \frac{\varepsilon a}{2d^2} \left(\frac{V_0}{t_1}\right)^2 2\pi ad \cdot tdt$

$= \frac{\varepsilon\pi a^2}{d} \left(\frac{V_0}{t_1}\right)^2 \frac{t_1{}^2}{2} = \frac{\varepsilon\pi a^2}{d} \frac{V_0{}^2}{2}\,[\mathrm{W}]$

▶章末問題の解答

1 電荷が点 P(x,y) に作る電界はクーロンの法則より

$$\boldsymbol{E}(x,y)=\frac{1}{4\pi\varepsilon_0}\frac{q\{(x-vt)\boldsymbol{a}_x+y\boldsymbol{a}_y\}}{\{(x-vt)^2+y^2\}^{3/2}}\,[\mathrm{V\cdot m^{-1}}]$$

$$\boldsymbol{J}_{\mathrm{d}}=\frac{\partial\boldsymbol{D}}{\partial t}=\frac{qv}{4\pi}\frac{2(x-vt)^2-y^2}{\{(x-vt)^2+y^2\}^{5/2}}\boldsymbol{a}_x+\frac{3qv}{4\pi}\frac{(x-vt)y}{\{(x-vt)^2+y^2\}^{5/2}}\boldsymbol{a}_y\,[\mathrm{A\cdot m^{-2}}]$$

2 表皮深さは $\delta=\sqrt{\frac{2}{\omega\sigma\mu}}=\sqrt{\frac{2\rho}{2\pi f\mu_0}}$ [m] であるから，数値を代入すると

	50 Hz	5.0 MHz	5.0 GHz
銅	$\delta=9.3\times10^{-3}$ [m]	$\delta=2.9\times10^{-5}$ [m]	$\delta=9.3\times10^{-7}$ [m]
アルミニウム	$\delta=1.1\times10^{-2}$ [m]	$\delta=3.6\times10^{-5}$ [m]	$\delta=1.1\times10^{-6}$ [m]
鉄	$\delta=7.1\times10^{-4}$ [m]	$\delta=2.2\times10^{-6}$ [m]	$\delta=7.1\times10^{-8}$ [m]

3 $J_{\mathrm{d}}=\frac{dD}{dt}=\frac{d}{dt}\left(\frac{\varepsilon V}{\ln\frac{b}{a}}\frac{1}{r}\right)=\frac{\varepsilon}{\ln\frac{b}{a}}\frac{1}{r}\frac{d}{dt}(V_0\cos\omega t)=\frac{\varepsilon}{\ln\frac{b}{a}}\frac{1}{r}(-\omega V_0\sin\omega t)$ [A·m^{-2}]

$I_{\mathrm{d}}=J_{\mathrm{d}}(a)\times2\pi al=\frac{\varepsilon}{\ln\frac{b}{a}}\frac{1}{a}(-\omega V_0\sin\omega t)\times2\pi al=\frac{2\pi l\varepsilon}{\ln\frac{b}{a}}(-\omega V_0\sin\omega t)$ [A]

4 (1) ガウスの法則を利用すれば $E=\frac{V_0}{\ln\frac{b}{a}}\frac{1}{r}\sin2\pi ft$ [V·m^{-1}] である．

(2) $J_{\mathrm{d}}=\frac{\partial D_r}{\partial t}=\varepsilon\frac{\partial E}{\partial t}=2\pi f\frac{\varepsilon V_0\cos2\pi ft}{r\ln\frac{b}{a}}$ [A·m^{-2}]

(3) $J_{\mathrm{c}}=\sigma E_r=\sigma\frac{V_0\sin2\pi ft}{r\ln\frac{b}{a}}$ [A·m^{-2}]

(4) $I=\int(J_{\mathrm{d}}+J_{\mathrm{c}})dS=\frac{2\pi V_0}{\ln\frac{b}{a}}(2\pi f\varepsilon\cos2\pi ft+\sigma\sin2\pi ft)$ [A·m^{-1}]

(5) 単位長さあたりでは $W=\int_a^b\frac{\varepsilon E_r(r)^2}{2}2\pi rdr=\frac{\pi\varepsilon V_0{}^2}{\ln\frac{b}{a}}\sin^2 2\pi ft$ [J·m^{-1}]

(6) 単位体積あたりの電力は電流密度と電界の内積であり

$$W=\iint pdtdv$$
$$=\int_0^{1/f}\left(2\pi f\frac{\varepsilon V_0}{r\ln\frac{b}{a}}\cos2\pi ft+\sigma\frac{V_0}{r\ln\frac{b}{a}}\sin2\pi ft\right)\left(\frac{V_0}{\ln\frac{b}{a}}\frac{1}{r}\sin2\pi ft\right)dvdt$$

であるが，一周期の間積分をすれば，上式の第一項はゼロになり

$$W=\iint_a^b\sigma E_r(r)^2 2\pi rdrdt=\int_0^{1/f}\frac{2\pi\sigma V_0{}^2}{\ln\frac{b}{a}}\sin^2 2\pi ft\,dt=\frac{\pi\sigma V_0{}^2}{f\ln\frac{b}{a}}\,[\mathrm{J\cdot m^{-1}}]$$

5 (1) $E_r=\frac{V}{\ln\frac{b}{a}}\frac{1}{r}$ [V·m^{-1}], $H_\theta=\frac{I}{2\pi r}$ [A·m^{-1}]

(2) $\frac{V}{I}=\frac{\ln\frac{b}{a}rE_r}{2\pi rH_\theta}=\frac{\ln\frac{b}{a}}{2\pi}\frac{E_r}{H_\theta}$ [Ω]

(3) $L=\frac{\Phi}{I}=\mu_0\int_a^b\frac{hdr}{2\pi r}=\frac{\mu_0 h}{2\pi}\ln\frac{b}{a}$ [H], $C=\frac{Q}{V}=\frac{\int\varepsilon E_r dS}{V}=\frac{\varepsilon V}{\ln\frac{b}{a}}2\pi h$ [F]

(4) $\sqrt{\frac{L}{C}}=\sqrt{\frac{\mu_0 h}{2\pi}\ln\frac{b}{a}\frac{1}{2\pi h\varepsilon}\ln\frac{b}{a}}=\frac{\ln\frac{b}{a}}{2\pi}\sqrt{\frac{\mu_0}{\varepsilon}}$ これより $\frac{E_r}{H_\theta}=\sqrt{\frac{\mu_0}{\varepsilon}}$ [Ω]

(5) 数値を代入すれば 3.3 mm

6 $\boldsymbol{D}(z,t)=\varepsilon_0\boldsymbol{E}(z,t)=\varepsilon_0E_{x0}\cos(\omega t-kz)\boldsymbol{a}_x$ [C·m^{-2}]

rot $\boldsymbol{E}=-\frac{\partial\boldsymbol{B}}{\partial t}$ であるから時間で積分すれば

$$\boldsymbol{B}(z,t)=\frac{\varepsilon_0}{\omega}E_{x0}\cos(\omega t-kz)\boldsymbol{a}_y\,[\mathrm{T}]$$

$$\boldsymbol{H}(z,t)=\frac{\boldsymbol{B}(z,t)}{\mu_0}=\frac{\varepsilon_0}{\mu_0\omega}E_{x0}\cos(\omega t-kz)\boldsymbol{a}_y\,[\mathrm{A\cdot m^{-1}}]$$

索　　引

あ　行

か　行

さ　行

た　行

は　行

ま　行

や　行

ら　行

わ　行

著者略歴

湯本雅恵（ゆもと もとしげ）

1978年　武蔵工業大学大学院工学研究科博士課程修了　工学博士
1978年　武蔵工業大学工学部助手　　1995年　同教授
2009年　校名変更により東京都市大学工学部教授
　　　　電気学会，IEEE，放電学会など会員

主要著書　電気工学ハンドブック（分担執筆，電気学会，2013）
　　　　　電気磁気学の基礎（数理工学社，2012）
　　　　　電磁気学の講義と演習（共著，日新出版，2000）
　　　　　放電ハンドブック（分担執筆，電気学会，1998）
　　　　　静電気ハンドブック（分担執筆，静電気学会，1998）

澤野憲太郎（さわの けんたろう）

2005年　東京大学大学院工学系研究科博士課程修了　博士（工学）
2005年　武蔵工業大学総合研究所助手　　2008年　同講師
2009年　校名変更により東京都市大学工学部講師
2011年　ミュンヘン工科大学客員研究員
2012年　東京都市大学工学部准教授

電気・電子工学ライブラリ＝UKE–ex.1

演習と応用　電気磁気学

2013年12月10日 ©　　　　初　版　発　行

著　者　湯本雅恵　　　　発行者　矢沢和俊
　　　　澤野憲太郎　　　印刷者　山岡景仁
　　　　　　　　　　　　製本者　関川安博

【発行】　　株式会社　数理工学社

〒151–0051　東京都渋谷区千駄ヶ谷1丁目3番25号
編集 ☎ (03)5474–8661(代)　　サイエンスビル

【発売】　　株式会社　サイエンス社

〒151–0051　東京都渋谷区千駄ヶ谷1丁目3番25号
営業 ☎ (03)5474–8500(代)　　振替 00170–7–2387
FAX ☎ (03)5474–8900

印刷　三美印刷　　　　製本　関川製本所

《検印省略》

ISBN978-4-86481-010-4

PRINTED IN JAPAN